**Bile Acid Chemistry**

# 胆汁酸化学

胡祥正　著

### 图书在版编目（CIP）数据

胆汁酸化学 / 胡祥正著. — 天津：天津大学出版社，2020.5（2022.5重印）
ISBN 978-7-5618-6671-9

Ⅰ.①胆… Ⅱ.①胡… Ⅲ.①胆酸—生物化学—研究 Ⅳ.①Q548

中国版本图书馆CIP数据核字（2020）第077828号

| | |
|---|---|
| 出版发行 | 天津大学出版社 |
| 地　　址 | 天津市卫津路92号天津大学内（邮编：300072） |
| 电　　话 | 发行部：022-27403647 |
| 网　　址 | www.tjupress.com.cn |
| 印　　刷 | 北京盛通商印快线网络科技有限公司 |
| 经　　销 | 全国各地新华书店 |
| 开　　本 | 185 mm×260 mm |
| 印　　张 | 10.5 |
| 字　　数 | 231千 |
| 版　　次 | 2021年3月第1版 |
| 印　　次 | 2022年5月第3次 |
| 定　　价 | 55.00元 |

凡购本书，如有缺页、倒页、脱页等质量问题，烦请与我社发行部门联系调换
版权所有　　侵权必究

# 前　言

胆汁酸是哺乳动物体内由胆固醇合成的一组甾族化合物，包括胆酸、去氧胆酸、鹅去氧胆酸、熊去氧胆酸、石胆酸、去氢胆酸等。它们在肝脏中合成之后，通过胆总管进入胆囊，并在那里储藏起来。进食后，胆汁酸由胆总管进入十二指肠，通过肠肝循环消化食物中的脂肪与类脂，并在体内维持恒定的浓度水平。胆汁酸来源于生物体，有较好的药学性能，其分子中含有一个刚性的甾体骨架、三个甲基和一个羧基，所以具有双亲性。胆汁酸分子中羟基的数量以及位置不同，体现了不同的药学性质和应用价值。由于胆汁酸生物来源丰富，且具有独特的结构与性质，其衍生物在不对称合成、分子识别、药物传送体系和制备高分子生物材料等方面显示出巨大的潜力与优越性。

本书作者在天津科技大学讲授生物材料课程，从事的科研方向涉及胆汁酸的提取、纯化、修饰、合成、应用及产业化实施。近年来，胆汁酸类甾体药物越来越多，胆汁酸在生物医药、新材料领域的应用越来越广泛。鉴于作者对胆汁酸的了解，本书拟向读者介绍胆汁酸的相关知识，并对胆汁酸在相关领域的应用价值以及潜在的前景进行评述。

本书从胆汁酸相关知识概述、胆汁酸的化学修饰方法、几种药用胆汁酸的合成、具有药学性能的胆汁酸衍生物及其应用、含胆汁酸的高分子化合物的制备和特性、胆汁酸在分子识别领域的应用几个方面对近年来胆汁酸的研究进展进行概述。

由于作者水平有限，本书难免存在缺点与错误，敬请专家和读者不吝指教。

作者<br>
2020 年 1 月

# 目　　录

## 第 1 章　胆汁酸相关知识概述 ······················································ 1
- 1.1　胆汁的来源与组成 ······························································ 1
- 1.2　胆汁酸 ················································································ 1
  - 1.2.1　胆汁酸的功能、结构和分类 ········································ 1
  - 1.2.2　胆汁酸的生物合成 ····················································· 4
  - 1.2.3　胆汁酸的肠肝循环 ····················································· 7
  - 1.2.4　胆汁酸的代谢调节 ····················································· 8
  - 1.2.5　胆汁酸的肠道代谢 ····················································· 8
  - 1.2.6　胆汁酸的生理功能 ····················································· 9
- 1.3　几种常见胆汁酸的性质 ······················································ 10
- 1.4　胆汁酸的提取方法 ···························································· 11
  - 1.4.1　鹅去氧胆酸的提取 ··················································· 11
  - 1.4.2　胆酸的提取 ······························································ 12
  - 1.4.3　猪去氧胆酸的提取 ··················································· 13
- 1.5　胆汁酸的应用 ···································································· 13
  - 1.5.1　鹅去氧胆酸的用途 ··················································· 13
  - 1.5.2　熊去氧胆酸的用途 ··················································· 13
  - 1.5.3　胆酸的用途 ······························································ 14
  - 1.5.4　猪去氧胆酸的用途 ··················································· 14
  - 1.5.5　石胆酸的用途 ·························································· 14
- 参考文献 ···················································································· 15

## 第 2 章　胆汁酸的化学修饰方法 ················································ 17
- 2.1　羧基的保护与脱保护 ························································· 17
- 2.2　羟基的保护与释放 ···························································· 20
- 2.3　3α 异构体向 3β 异构体的转化 ··········································· 22
- 2.4　羟基的活化 ········································································ 23
- 2.5　羧基的活化 ········································································ 24
- 2.6　羟基的选择性修饰 ···························································· 24
- 2.7　支链上的修饰 ···································································· 25
- 2.8　甾核上的修饰 ···································································· 26
- 参考文献 ···················································································· 32

## 第3章　几种药用胆汁酸的合成 … 35
### 3.1　鹅去氧胆酸的合成 … 35
#### 3.1.1　以胆酸为原料 … 35
#### 3.1.2　以猪去氧胆酸为原料 … 38
### 3.2　熊去氧胆酸的合成 … 39
#### 3.2.1　以胆酸为原料 … 40
#### 3.2.2　以猪去氧胆酸为原料 … 42
#### 3.2.3　以鹅去氧胆酸为原料 … 52
#### 3.2.4　以非胆酸类甾体为原料 … 54
### 3.3　奥贝胆酸的合成 … 55
### 参考文献 … 58

## 第4章　具有药学性能的胆汁酸衍生物及其应用 … 62
### 4.1　鹅去氧胆酸衍生物及其药学性能 … 62
#### 4.1.1　6位修饰的衍生物 … 62
#### 4.1.2　3、7位修饰的衍生物 … 63
#### 4.1.3　24位修饰的衍生物 … 66
#### 4.1.4　其他位修饰的衍生物 … 70
### 4.2　熊去氧胆酸衍生物及其药学性能 … 71
#### 4.2.1　3位修饰的衍生物 … 72
#### 4.2.2　6位修饰的衍生物 … 73
#### 4.2.3　7位修饰的衍生物 … 74
#### 4.2.4　11位修饰的衍生物 … 74
#### 4.2.5　23位修饰的衍生物 … 75
#### 4.2.6　24位修饰的衍生物 … 76
#### 4.2.7　失碳甾体化合物 … 80
#### 4.2.8　前药类衍生物 … 80
### 4.3　胆酸衍生物及其药学性能 … 80
#### 4.3.1　羧基端修饰所得的胆酸衍生物 … 81
#### 4.3.2　胆酸-四氧六环衍生物 … 82
#### 4.3.3　胆酸-铂类偶合物 … 83
#### 4.3.4　胆酸-核苷衍生物 … 85
#### 4.3.5　胆汁酸-铁离子螯合物 … 85
#### 4.3.6　胆酸-寡肽缀合物 … 86
### 参考文献 … 86

## 第5章　含胆汁酸的高分子化合物的制备和特性 … 92
### 5.1　自由基聚合形成的含胆汁酸高分子化合物 … 92

5.1.1　3位乙烯基聚合形成的高分子化合物 ··················································· 92
　　5.1.2　羧基位乙烯基聚合形成的高分子化合物 ················································ 94
　　5.1.3　3、7和12位乙烯基聚合形成的高分子化合物 ········································ 94
　5.2　胆酸修饰的高分子化合物 ······································································· 95
　　5.2.1　胆酸作为侧基的高分子化合物 ····························································· 95
　　5.2.2　胆酸封端的高分子化合物 ·································································· 96
　5.3　树枝状高分子化合物 ············································································· 97
　5.4　星形高分子化合物 ················································································ 99
　5.5　支链型高分子化合物 ············································································ 100
　5.6　主链型高分子化合物 ············································································ 102
　5.7　梳形高分子化合物 ··············································································· 105
　5.8　具有形状记忆功能的高分子化合物 ·························································· 106
　参考文献 ·································································································· 106

第6章　胆汁酸在分子识别领域的应用 ································································ 111
　6.1　可以识别中性分子的胆甾类分子钳 ·························································· 111
　6.2　可以识别阴离子的胆甾类分子钳 ····························································· 112
　6.3　可以识别阳离子的胆甾类分子钳 ····························································· 115
　6.4　可以识别手性分子的胆甾类分子钳 ·························································· 116
　6.5　双胆汁酸分子受体 ·············································································· 119
　6.6　胆酸缩聚物 ······················································································· 124
　6.7　胆甾与其他分子挂接形成的人工受体 ······················································ 124
　6.8　开环二聚胆甾类受体 ··········································································· 125
　6.9　离子通道 ·························································································· 126
　6.10　胆甾与其他分子缀合形成的受体 ··························································· 128
　6.11　伞形分子 ························································································· 129
　参考文献 ································································································· 133

附表　人和动物体内的胆汁酸 ·········································································· 137

# 第1章 胆汁酸相关知识概述

## 1.1 胆汁的来源与组成

胆汁(bile)是由哺乳动物肝细胞分泌的一种液体,在马、鼠等没有胆囊的哺乳动物体内,胆汁在肝脏中合成之后,直接进入肠道。在人、猪、牛、羊等体内,胆汁在肝脏中合成之后,通过胆道系统流入胆囊,并在那里储存起来;进食后,胆汁经胆总管进入十二指肠,通过肠肝循环消化食物中的脂肪和类脂[1]。在人和哺乳动物体内,胆汁的分泌是连续的,而起消化作用是间歇的。正常人每天平均分泌胆汁400~800 mL。人胆汁呈黄褐色或金黄色,有黏性,且有苦味。肝脏最初分泌的胆汁叫肝胆汁,澄清透明,固体物含量较少。肝胆汁进入胆囊之后,胆囊壁吸收肝胆汁中的水、盐及其他一些成分,同时分泌黏液渗入胆汁,使胆汁浓缩,成为胆囊胆汁。在人体内,肝胆汁与胆囊胆汁的组成成分有一定不同(表1.1)。

表1.1 正常人肝胆汁与胆囊胆汁的组成成分

| 胆汁类别 | 肝胆汁 | 胆囊胆汁 |
| --- | --- | --- |
| 水含量 /% | 96 | 86 |
| 总固体含量 /% | 4 | 14 |
| 胆汁酸盐含量 /% | 1.93 | 9.14 |
| 胆固醇含量 /% | 0.06 | 0.26 |
| 无机盐含量 /% | 0.84 | 0.65 |
| 黏蛋白和胆色素含量 /% | 0.53 | 2.98 |

胆汁的主要有机成分是胆汁酸盐(bile salt,简称"胆盐")、胆色素、黏蛋白及胆固醇等,其中胆汁酸盐含量最高。此外,还含有多种无机盐以及进入机体的某些异物(药物、毒物等)和重金属盐,它们随胆汁排入肠道,再排出体外[2]。

## 1.2 胆汁酸

### 1.2.1 胆汁酸的功能、结构和分类

1. 胆汁酸的功能和结构

胆汁酸是哺乳动物肝脏中由胆固醇合成的一组化合物(图1.1),是胆汁的主要成分。胆汁酸在肝脏中合成后,通过胆总管进入胆囊,并在胆囊中储存起来。进食后,胆汁酸通过

胆总管进入肠道释放出来消化脂肪与类脂,最后在肠道内被吸收,又被传送到肝脏。在人体内,胆汁酸经过肠肝循环而维持恒定的浓度水平。胆汁酸在生物体内的浓度保持在特定的范围之内,并在一些生理过程(如胆固醇、维生素的代谢)中起到关键的作用[3]。

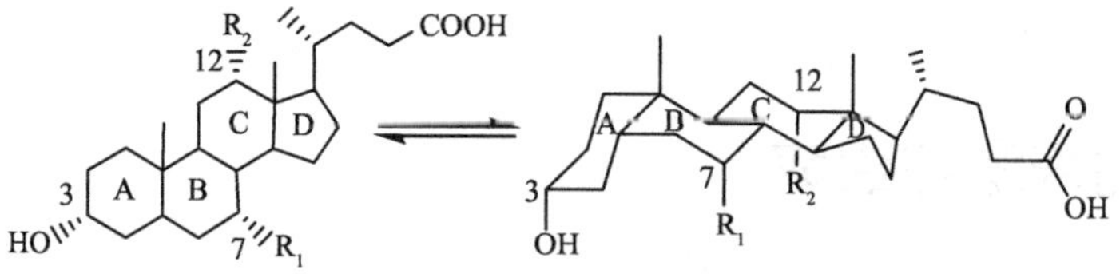

| 编号 | 名称 | $R_1$ | $R_2$ |
|---|---|---|---|
| 101 | 胆酸 | OH | OH |
| 102 | 鹅去氧胆酸 | OH | H |
| 103 | 石胆酸 | H | H |
| 104 | 去氧胆酸 | H | OH |
| 105 | 熊去氧胆酸 | $\beta$-OH | H |

图 1.1 胆汁酸的结构

所有的胆汁酸分子都拥有一个甾体骨架,因此分子具有较强的刚性。甾体骨架由三个六元环和一个五元环构成。骨架中的环 A 和环 B 反向连接,使甾环发生弯曲,从而使整个胆汁酸分子形成穴状的结构。具有这种穴状结构的分子是双亲性的,不同种类的胆汁酸的羟基都连接在同一个面——$\alpha$ 面上,羟基与侧链上的 24 位羧基(记作 24-COOH)共同形成分子的亲水部分;不同种类的胆汁酸都有三个甲基,这三个甲基都连接在穴状结构的另一个面——$\beta$ 面上,从而形成分子的憎水部分。在溶液中胆汁酸能够形成胶束或其他超分子结构。胆汁酸的生理活动主要以其钠盐的表面活性为基础,胆汁酸的钠盐与不溶于水的化合物形成胶束,起到增溶的作用,有助于生物体的吸收[4]。

胆汁酸分子中的—COOH 和—OH 易进行化学修饰,且胆汁酸分子不同位置上—OH 的化学反应活性不同,可进行选择性修饰。胆酸是胆汁酸的一种,它有三个羟基和一个羧基。胆酸分子的特殊结构决定了它具有如下性质:

(1)甾体 5$\beta$ 骨架的刚性确保了分子的穴状结构;

(2)甾体两面具有截然不同的性质(带有三个羟基的 $\alpha$ 面的亲水性和三个甲基所在的 $\beta$ 面的憎水性);

(3)环 A 和环 B 反向连接;

(4)羟基指向穴的中心;

(5)含有多个手性中心,边链上的羧基容易修饰。

2. 胆汁酸的分类

正常人胆汁中的胆汁酸(bile acid)按结构可分为两大类:一类为游离型胆汁酸,包括胆酸(cholic acid, CA)、去氧胆酸(deoxycholic acid, DCA)、鹅去氧胆酸(chenodeoxycholic acid, CDCA)和少量的石胆酸(lithocholic acid, LCA);另一类是上述游离型胆汁酸与甘氨酸或牛磺酸结合的产物,称为结合型胆汁酸[22],主要包括甘氨胆酸、甘氨鹅去氧胆酸、牛磺胆酸及牛磺鹅去氧胆酸等。一般结合型胆汁酸的水溶性较游离型大,$pK$ 值较低,胆汁酸盐更稳定，在酸或 $Ca^{2+}$ 存在时不易沉淀出来[5]。不同生物体内胆汁酸的种类和含量有差别，人和一些哺乳动物体内的胆汁酸如表1.2所示。

表1.2 人和一些哺乳动物体内的胆汁酸

| 生物种类 | 系统名称 | 初级胆汁酸 | 次级胆汁酸 | 天然共轭物 | 粪胆汁酸 |
|---|---|---|---|---|---|
| 人 | 胆酸<br>石胆酸 | 胆酸<br>鹅去氧胆酸 | 去氧胆酸<br>石胆酸 | 甘氨酸<br>牛磺酸 | 去氧胆酸<br>石胆酸<br>7-酮石胆酸<br>12-酮石胆酸 |
| 田鼠 | 鹅去氧胆酸<br>熊去氧胆酸 | 胆酸<br>鹅去氧胆酸 | 去氧胆酸<br>石胆酸<br>7-酮石胆酸<br>12-酮石胆酸 | 甘氨酸<br>牛磺酸 | 去氧胆酸<br>熊去氧胆酸<br>12-酮石胆酸<br>石胆酸<br>7-酮石胆酸 |
| 猪 | 猪去氧胆酸<br>胆酸 | 鹅去氧胆酸 | 石胆酸<br>去氢胆酸 | 甘氨酸<br>牛磺酸 | |
| 家鼠 | 猪去氧胆酸 | 胆酸<br>鹅去氧胆酸 | 石胆酸<br>去氢胆酸 | 牛磺酸 | 去氧胆酸<br>石胆酸<br>胆酸-7-磺酸酯<br>鹅去氧胆酸-7-磺酸酯 |

胆汁酸按其在体内来源的不同可分为初级胆汁酸和次级胆汁酸。在肝细胞内以胆固醇为原料合成的胆汁酸叫初级胆汁酸（包括胆酸和鹅去氧胆酸），初级胆汁酸在肠道内经肠中微生物酶的作用形成次级胆汁酸（包括去氧胆酸、去氢胆酸、石胆酸等）[6]。各种胆汁酸的结构如图1.2所示。在肝分泌的胆汁中，胆汁酸主要以结合型胆汁酸的形式存在，该类型的胆汁酸在胆汁中的含量达69%。两种结合型胆汁酸的结构如图1.3所示。在结合型胆汁酸中，与甘氨酸结合者和与牛磺酸结合者的含量之比大约为3∶1。较大量存在的结合型胆汁酸有甘氨胆酸、甘氨鹅去氧胆酸、甘氨去氧胆酸、牛磺胆酸、牛磺鹅去氧胆酸及牛磺去氧胆酸等。无论是游离型还是结合型的胆汁酸，其分子内部都既含亲水基团（羟基、羧基、磺酰基），又含疏水基团（甲基及烃核），故胆汁酸的立体构型具有亲水和疏水两个侧面，因而胆汁酸表现出很强的界面活性。它能减小脂、水两相之间的表面张力，促进脂类形成混合微团，这对脂类物质的消化吸收以及维持胆汁中胆固醇的溶解都起到重要作用。

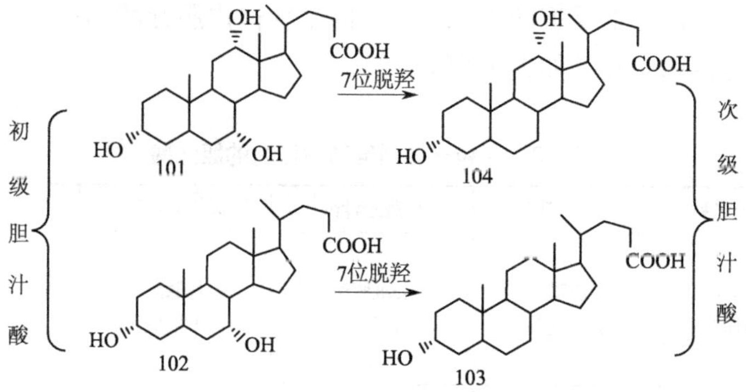

初级胆汁酸 → 次级胆汁酸

图 1.2 各种胆汁酸的结构

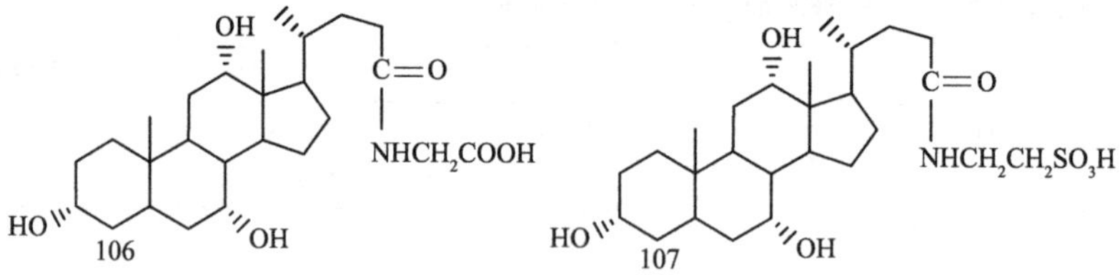

图 1.3 两种结合型胆汁酸的结构

## 1.2.2 胆汁酸的生物合成

哺乳动物体内的胆汁酸都是胆烷酸的羟基衍生物,由胆固醇转化而来。胆固醇是体内最丰富的固醇类化合物,其结构见图 1.4。它是胆汁酸的前体物质,广泛存在于全身各组织中,其中约 1/4 分布在脑组织中,占脑组织总重量的 2% 左右;肝、肾及肠等内脏以及皮肤、脂肪组织亦含较多的胆固醇,每 100 g 组织中含 200 至 500 mg;而肌肉中含量较低,肾上腺、卵巢等组织中的胆固醇含量为 1%~5%。

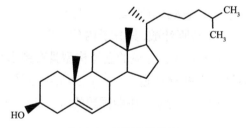

图 1.4 胆固醇的结构

1. 初级胆汁酸的生成

在生物体内将胆固醇转化为胆汁酸的生物合成过程包括如下几个必需的步骤[7]:
(1) 移去侧链上的 C25、C26 和 C27,并将 C24 转化为羧基;
(2) 将 C3-OH 从 $\beta$ 位转化到 $\alpha$ 位;
(3) 在甾核的 7 位或 7 和 12 位插上羟基;
(4) 使 C5 和 C6 之间的双键饱和。

弗里德曼(Friedman)等证明注射到老鼠体内的胆固醇至少有 60% 转化为胆汁酸。肝细胞内由胆固醇转变为初级胆汁酸的过程很复杂,需经过羟化、加氢及侧链氧化断裂等多步酶促反应。如图 1.5 所示,此过程归纳起来有以下几种变化[8-9]。

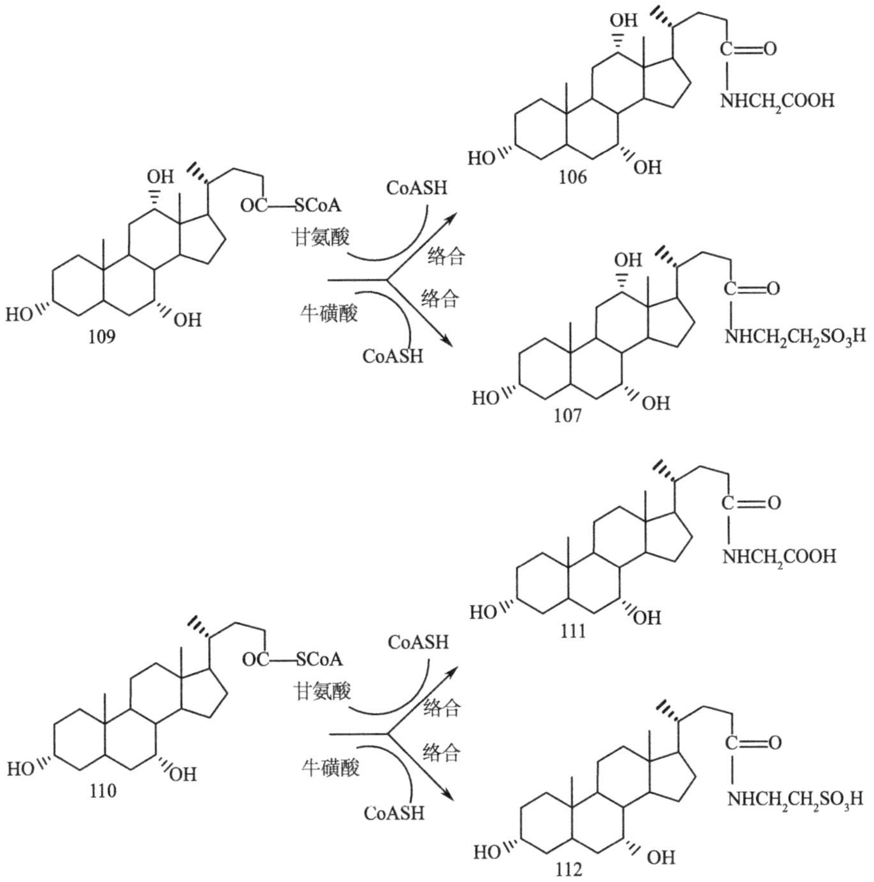

**图 1.5　结合型初级胆汁酸的生成**

（1）羟化。首先在 7α- 羟化酶的催化下,胆固醇转变为 7α- 羟胆固醇,然后转变成鹅去氧胆酸或胆酸,后者的生成还需要在 12 位上进行羟化。

（2）侧链氧化断裂。侧链氧化断裂后生成一分子含 24 个碳原子的胆酰 CoA 和一分子丙酰 CoA（需 ATP 和辅酶 A）。

（3）胆固醇的 3β- 羟基差向异构化,转变为 3α- 羟基。

（4）水解。胆酰 CoA 水解后形成胆酸与去氧胆酸。胆酰 CoA 和鹅去氧胆酰 CoA 也可与甘氨酸或牛磺酸结合,生成结合型胆汁酸。

在上述反应中,第一步（7α- 羟化）是限速步骤,7α- 羟化酶是限速酶。该酶属微粒体加单氧酶系,需细胞色素 P450 及 NADPH、NADPH- 细胞色素 P450 还原酶及磷脂参与反应。反应过程如图 1.6 所示。

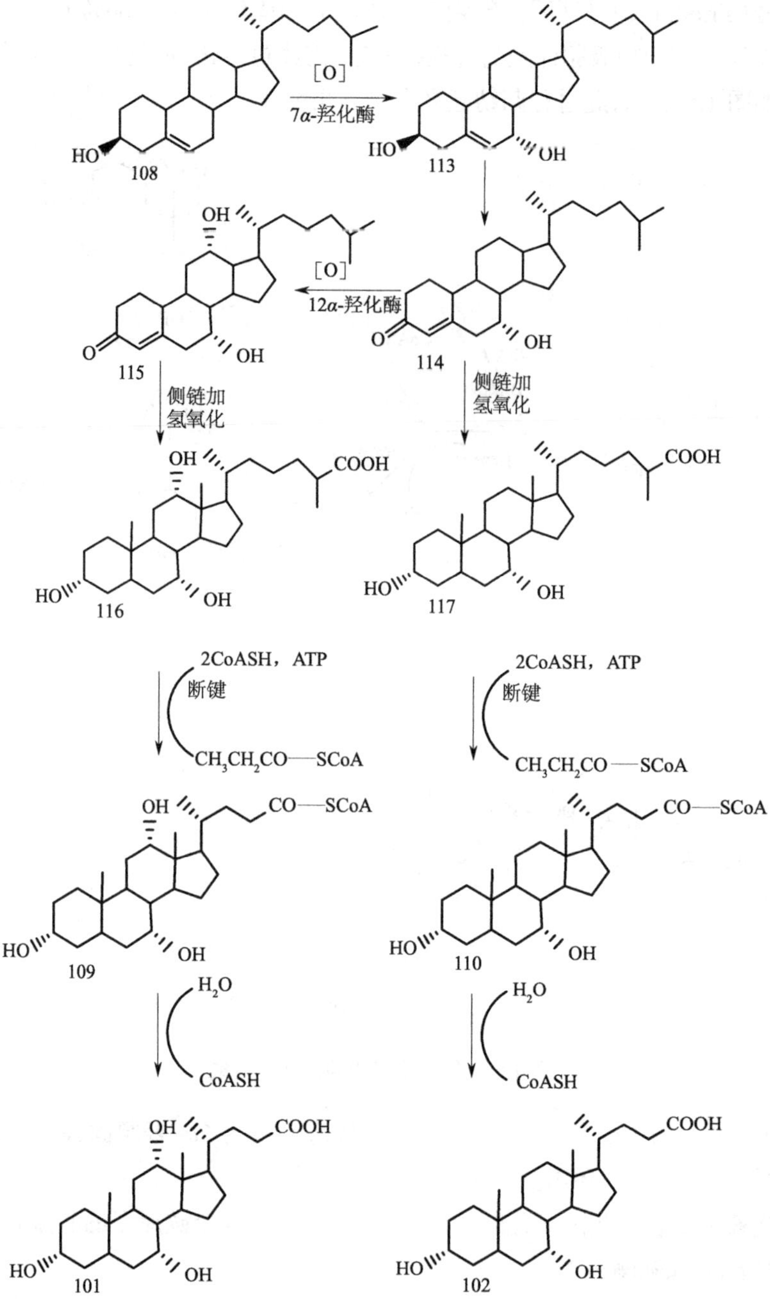

图 1.6　游离型初级胆汁酸的生成

**2. 次级胆汁酸的生成**

随胆汁流入肠腔的结合型初级胆汁酸在协助脂类物质消化吸收的同时,在小肠下段及大肠中受肠道细菌作用,一部分水解,脱去 7α-羟基,转变为次级胆汁酸[9]。牛磺胆酸转变为去氧胆酸,甘氨鹅去氧胆酸转变为石胆酸(图 1.7)。在合成次级胆汁酸的过程中,可产生少量熊去氧胆酸,它和鹅去氧胆酸都具有溶解胆结石的作用。

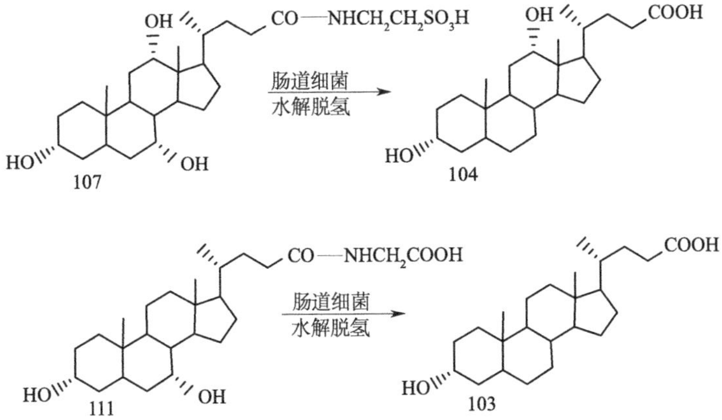

图1.7 次级胆汁酸的生成

人体每天合成胆固醇 1~1.5 g，其中 0.5~0.6 g 在肝内转变成胆汁酸，其中胆酸约为 0.35 g。胆汁酸是有机体内胆固醇代谢的主要终产物。在肠道中的各种胆汁酸平均有 95% 被肠壁重吸收，其余的随粪便排出[10]。胆汁酸在肠道中的重吸收方式主要有两种：①结合型胆汁酸在回肠部位主动重吸收；②游离型胆汁酸在小肠各部位及大肠被动重吸收。胆汁酸的重吸收主要依靠主动重吸收方式。肠道内的石胆酸主要以游离型存在，故大部分不被重吸收而排出。正常人每日由粪便排出的胆汁酸为 0.4~0.6 g。

### 1.2.3 胆汁酸的肠肝循环

在大多数哺乳动物体内，胆汁酸的生产是连续的，但是对胆汁酸的需求是间歇的。在肝脏中，胆汁的主要成分是共轭胆汁酸。在肠道内，胆盐是在参与类脂吸收的消化过程中发挥作用的。对于大多数脊椎动物来说，胆汁酸连续分泌和定期传送的这个矛盾是通过将不进食时分泌的胆汁酸储藏在胆囊中的方式来解决的。胆汁酸储藏在胆囊中时，胆汁被浓缩，它的成分也会发生变化。当食物进入十二指肠时，十二指肠分泌肠促胰肽酶（一种激素），使胆囊收缩并清空其中的胆汁（包括胆盐），使胆汁进入小肠。鼠、马等动物没有胆囊，胆汁在肝脏中分泌后，直接进入小肠。

胆汁酸被吸收之后，无论它们是以自由形式存在，还是与其他物质形成共轭体，都会被运输到肝脏中。传输的胆汁酸和新合成的胆汁酸混合，与牛磺酸和甘氨酸形成共轭体之后，分泌出来成为胆汁的组成成分，再排入肠道。整个循环的过程叫作胆汁酸的肠肝循环（enterohepatic circulation of bile acid）（图1.8）。在这个循环过程中，胆汁酸的参与量称作胆汁酸池[11]。

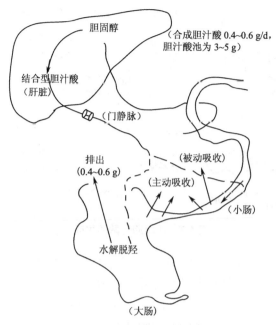

图 1.8 胆汁酸的肠肝循环

胆汁酸肠肝循环的生理意义在于使有限的胆汁酸重复利用，促进脂类的消化与吸收。正常人体肝脏内胆汁酸池不过 3~5 g，而维持脂类物质的消化与吸收，需要肝脏每天合成 16~32 g，胆汁酸的肠肝循环可弥补胆汁酸合成的不足。每次饭后可以进行 2~4 次肠肝循环，使有限的胆汁酸池发挥最大限度的乳化作用，以维持脂类食物消化、吸收的正常进行。若肠肝循环被破坏，如腹泻或回肠大部切除，则胆汁酸不能重复利用。此时，一方面影响脂类的消化、吸收，另一方面胆汁中胆固醇含量增加，处于饱和状态，极易形成胆固醇结石。

### 1.2.4 胆汁酸的代谢调节

胆固醇在肝内转变为胆汁酸的限速步骤是 7α- 羟化酶催化的羟化作用。7α- 羟化酶是限速酶，它受产物——胆汁酸的反馈抑制。人和动物体内胆固醇转变为胆汁酸的过程，都存在胆汁酸的生物反馈抑制作用。若采取某些措施，减少胆汁酸的肠道吸收，则可以促进肝内胆汁酸的生成，从而降低血清胆固醇浓度。人体内大约 40% 的胆固醇通过转化为胆汁酸消除掉。同时 7α- 羟化酶是一种加单氧酶，维生素 C 对其催化的羟化作用有促进作用。此外，甲状腺素能通过激活侧链氧化的酶系促进肝细胞的胆汁酸合成。所以，甲状腺功能亢进的病人，其血清胆固醇浓度偏低；而甲状腺机能低下的病人，其血清胆固醇浓度偏高[12]。

### 1.2.5 胆汁酸的肠道代谢

哺乳动物体内需要大量的胆盐，它们通过重吸收过程被保存下来。重吸收过程通过活性传输与离子、非离子分散过程实现。活性传输过程消耗能量，它能使胆汁酸共轭体在回肠中被迅速吸收。牛磺酸共轭的胆汁酸比甘氨酸共轭的胆汁酸的传输更平稳，共轭的三羟基胆汁酸盐比共轭的二羟基胆汁酸盐的传输更平稳。甘氨酸和牛磺酸共轭物的传输过程相互抑制。在人体内,回肠传输体系对不同的胆汁酸盐具有不同的亲和关系。胆汁的作用主要是胆盐或胆汁酸的作用[13]。

在被动非离子分散过程中,非离子化的胆汁酸被吸收;而在被动离子分散过程中,完全离子化的胆盐由胃肠壁吸收。在正常的回肠 pH( pH 为 5.0~7.0 )下,非共轭胆盐( $pK_a$ 为 5.0~6.3 )大多数是非离子化的,相当大部分甘氨酸共轭的胆盐( $pK_a$ 为 4.3~5.2 )是非质子化的,而牛磺酸共轭的胆盐( $pK_a$ 为 1.8~1.9 )几乎完全是以离子形式存在的。被动非离子比带电粒子分散作用更大,因此自由胆汁酸在回肠外部的吸收比甘氨酸的共轭物更快,而离子化的牛磺酸共轭物的吸收几乎完全依靠回肠的活性传输来实现。席夫( E. R. Schiff )的研究结果证明,在人体内接近小肠的部位,胆汁酸的吸收是通过被动非离子分散作用实现的。在小肠内,被动胆盐吸收在正常条件下不太重要,但在特定的生理条件下,这种吸收是非常重要的。

大肠通过被动离子分散和非离子分散吸收绝大部分胆盐。根据计算,人体内大肠每天吸收次级胆盐大约 200 mg。人体内 80% 胆汁酸的正常吸收是通过共轭形式发生的,而 20% 是以自由酸形式被吸收的。去氧胆酸、鹅去氧胆酸等二羟基胆酸的吸收与胆酸的吸收相似或者比胆酸的吸收更好。

概括地说,肠道的各个部位都可以吸收胆盐。牛磺酸共轭胆盐在回肠的较低部位通过活性传输和被动离子分散方式吸收,甘氨酸共轭胆盐通过被动离子分散方式在肠内被吸收,而自由胆汁酸的吸收是通过活性传输、被动离子分散和非离子分散作用实现的。

在一些生物体内,具有不同亲和特性的主要胆汁酸同时被分泌和传输,引起分泌过程中的竞争抑制。胆盐分泌和代谢作用的强弱由肝脏从静脉血液中对胆盐的吸收作用的强弱决定。外部血液、静脉血液在肝脏中混合,肝脏通过静脉循环从混合血液中移去胆盐。在正常状态下,外部血液中胆汁酸的含量极低,而静脉血液中胆汁酸的浓度非常高。

肝脏吸收胆盐是一个可以饱和的过程。在人体内,肝脏能吸收大约 90% 的胆酸、70% 的鹅去氧胆酸和去氧胆酸。与共轭的二羟基胆汁酸及非共轭胆汁酸相比,共轭的三羟基胆汁酸以及共轭的一羟基胆汁酸在体内的循环速度更快。肝脏对胆汁酸吸收程度的差异与胆汁酸对蛋白质的键合作用有关。二羟基胆汁酸,无论是共轭的还是非共轭的,与清蛋白的键合作用都比三羟基胆汁酸的共轭物强,而吸收作用与可利用的非键合的胆汁酸的浓度成正比。

## 1.2.6 胆汁酸的生理功能

胆汁酸分子内既含有亲水性的羟基及羧基或磺酸基,又含有疏水性的烃核和甲基。亲水基团均为 $\alpha$ 型,而甲基为 $\beta$ 型,两类性质不同的基团恰位于环戊烷多氢菲核的两侧,使胆汁酸构型具有亲水和疏水的两个侧面,因此胆汁酸具有较强的界面活性,能减小油、水两相间的表面张力,促进脂类乳化,同时扩大脂肪和脂肪酶的接触面,加速脂类的消化。

人胆结石的主要成分是胆固醇。胆汁酸具有防止胆结石生成的作用,但胆固醇难溶于水,须掺入卵磷脂-胆汁酸盐微团,使胆固醇通过胆道运送到小肠而不致析出。胆汁中胆固醇的溶解度与胆汁酸盐、卵磷脂与胆固醇的比例有关。如胆汁酸盐及卵磷脂与胆固醇的比值降低,则可使胆固醇过饱和而以结晶形式析出形成胆结石。胆汁酸是胆汁中主要的渗透活性物质,具利胆作用,能够增强胆汁的分泌、排泄,在胆道和小肠中胆汁酸发挥抗微生物作用,防止胆道和肠道细菌过增长及肠道菌群移位。胆汁酸能够增强人肠的正向推动能力,促进排便。此外,胆汁酸还是一种信号调节分子,在转录过程中调节许多代谢过程。大部分胆结石是细菌 DNA 的避难所,确定微生物在胆结石形成过程中的确切角色是非常重要的。但胆固醇过饱和可能是胆结石形成的必要非充分条件。不同胆汁酸对胆结石形成的作用不同,鹅去氧胆酸可使胆结石溶解,而胆酸及去氧胆酸则无此作用[14]。临床常用鹅去氧胆酸及熊去氧胆酸治疗胆结石。

总的来说,胆汁酸的功能可以概括如下。

(1)作为表面活性剂消化食物中的脂肪和类脂以及它们的水解产物,使它们形成容易被肠道细胞膜吸收的胶束。在没有胆盐的情况下,食物中的脂肪和脂肪溶解的维生素的吸收受到影响,胆固醇的吸收完全停止。

(2)影响胰脂酶的功能,与胰脂解酶辅酶、甾酯水解酶相互作用,将不溶于水的长链磷酸甘油酯分散为混合胶束,成为磷脂酶 A2 的底物。

(3)刺激小肠和大肠分泌水和盐。

(4)影响肠的运动和肠道荷尔蒙的分泌。肠道微生物通过转化一些初级胆汁酸的代谢产物将胆汁酸从肠肝循环中移走,或者通过改变胃肠道运动影响胆汁酸的分泌速率。

## 1.3 几种常见胆汁酸的性质

胆酸、鹅去氧胆酸、熊去氧胆酸、猪去氧胆酸、石胆酸是人、牛、鸡、鸭、熊、猪体内胆汁酸的主要成分,它们在医药领域都有重要的应用。胆汁酸类新型药物的研发主要是以这几种胆汁酸为原料开始的。其中,胆酸主要从牛、羊的胆汁中提取;鹅去氧胆酸最初主要用胆酸做原料合成,近年来以从鸡、鸭的胆汁中提取为主;熊去氧胆酸最初从熊的胆汁中提取,后来主要用胆酸合成,近年来以鹅去氧胆酸为原料合成是主要来源;猪去氧胆酸主要从猪的胆汁中提取;石胆酸主要以胆酸、鹅去氧胆酸为原料合成。在人和动物的胆汁中,同时存在几种胆汁酸,在提取的时候,要根据胆汁酸的不同性质进行分离与纯化。几种常见胆汁酸的基本性质如表 1.3 所示。

表 1.3 几种常见胆汁酸的基本性质

| 中文名称 | 胆酸 | 鹅去氧胆酸 | 熊去氧胆酸 | 猪去氧胆酸 | 石胆酸 |
| --- | --- | --- | --- | --- | --- |
| 英文名称 | Cholic acid | Chenodeoxycholic acid | Ursodeoxycholic acid | Hyodeoxycholic acid | Lithocholic acid |
| CAS 号 | 81-25-4 | 474-25-9 | 128-13-2 | 83-49-8 | 434-13-9 |
| 分子式 | $C_{24}H_{40}O_5$ | $C_{24}H_{40}O_4$ | $C_{24}H_{40}O_4$ | $C_{24}H_{40}O_4$ | $C_{24}H_{40}O_3$ |
| 相对分子质量 | 408.57 | 392.57 | 392.57 | 392.57 | 376.57 |

续表

| 中文名称 | 胆酸 | 鹅去氧胆酸 | 熊去氧胆酸 | 猪去氧胆酸 | 石胆酸 |
|---|---|---|---|---|---|
| 熔点/℃ | 198 | 165~167 | 203~206 | 200~201 | 183~188 |
| 比旋光度 $[\alpha]_D^{20}$ | 37°<br>($c=1.5$,乙醇) | 11°~13°<br>($c=1$,CHCl$_3$) | 59°~62°<br>($c=1$,CHCl$_3$) | 8°<br>($c=1.5$,乙醇) | 33.7°<br>($c=1.5$,乙醇) |
| 密度/(g/cm$^3$) | — | 0.998 | 1.128 | 0.998 | — |
| 闪点/℃ | 9 | 9 | 298.8 | — | 9 |
| 颜色 | 白色或近白色 | 白色或近白色 | 白色 | 白色或略带黄色 | 白色或近白色 |
| 水溶解性 | 可溶于碱金属氢氧化物或碳酸盐的溶液中 | 在乙醇、氯仿和乙酸中易溶,在水中几乎不溶 | 在乙醇中易溶,在氯仿中不溶 | 略溶于醇,微溶于丙酮、乙醚、氯仿,几乎不溶于水 | 易溶于热醇,微溶于乙酸,不溶于石油醚、汽油、水 |

## 1.4 胆汁酸的提取方法

### 1.4.1 鹅去氧胆酸的提取

鹅去氧胆酸在人、畜、禽的胆汁中广泛存在,是鸡、鸭、鹅等家禽胆汁中的主要有机成分。自从西斯尔(Thistle)和舍恩菲尔德(Schoenfield)发现鹅去氧胆酸能够治疗胆结石症后,其在医药方面的应用就一直受到重视。从20世纪70年代以来,鹅去氧胆酸在临床上主要用于治疗胆结石疾病和其他肝胆疾病。鹅去氧胆酸除具有溶解结石的作用外,还具有抗菌、抗炎、解热及调节免疫等药理作用,对哮喘、骨关节炎、脑腱黄瘤病以及胰岛素的耐受性均有一定的效果,因此在临床上的应用范围不断扩大[15-16]。鹅去氧胆酸在医药方面的应用价值促使其制备方法逐步完善,现在从畜、禽的胆汁中提取和通过化学合成获得鹅去氧胆酸的方法都很成熟。

可用于提取鹅去氧胆酸的动物胆汁有鸡胆汁、猪胆汁和鸭胆汁。目前绝大部分鹅去氧胆酸产品是以鸡胆汁为原料得到的。提取方法主要有有机溶剂提取法、钡盐法、钙盐法等。化学合成可以选用胆酸、猪去氧胆酸、去氧胆酸等作为原料。提取方法归纳如下。

1. 有机溶剂提取法

鹅去氧胆酸存在于禽、畜的胆汁中,为便于保存和运输,胆汁供应商常常将胆汁皂化制成胆膏。对于胆膏中鹅去氧胆酸的提取,传统上采用酒精法,利用活性炭加热脱色,用数倍量的乙醇提取3~5次,将滤液蒸馏后,即得淡黄色粗品。后来研究者采用其他有机试剂进行提取,其中使用较多的是氯仿。刘雁红等以鸭胆膏为原料,利用氯仿与乙醇的体积比为2∶1的混合液加热回流,冷却分液,旋蒸有机相,固体用乙腈重结晶的方法提取鹅去氧胆酸纯品。有机溶剂提取法过程比较单一,使用大量的有机溶剂,价格昂贵,易造成环境污染,若采用有机溶剂循环应用技术,则能大幅度降低成本,更好地实现工业化生产[17]。

#### 2. 沉淀法

沉淀法利用鹅去氧胆酸成盐的原理,以形成钡盐或钙盐为主。最初泰州生化制药厂采用了钡盐沉淀法,此后李培峰等利用钡盐沉淀、乙酸乙酯结晶的方法,从大量废弃的鸡胆汁中提取出较高纯度的鹅去氧胆酸,供临床和药理试验用。钡盐沉淀法能够得到较高纯度的鹅去氧胆酸(CDCA),但是钡盐是有毒的,对人体有害,所以不适合用来生产 CDCA。为克服传统工艺中钡盐的缺陷,高玉琼等[18]用水取代大量的有机溶剂,用氯化钙取代传统工艺中的氯化钡,对鹅去氧胆酸进行分离纯化。潘现军等[19]利用钙盐沉淀法从猪胆膏废弃物中分离纯化出 CDCA,纯度达 80%,但此法操作过程中的诸多步骤会增加生产周期与成本,降低产品得率,需要做出相应的改进,以更好地适应生产实际。

#### 3. 超临界萃取法

超临界萃取技术作为一种清洁、高效及选择性好的新型分离方法,已经被广泛地用于胆汁酸的提取分离。斯卡里亚(Scalia)等[20]以牛胆汁为原料,在超临界 $CO_2$ 中加入甲醇,不仅能够增强胆汁酸的溶解性,而且可以去除胆固醇、脂肪酸等杂质,回收率高达 82.7%,可得到胆酸、去氧胆酸、鹅去氧胆酸等多种产品,减少了有机溶剂的使用,降低了生产成本,而且自动化程度高,已广泛用于工业化生产,效果明显优于传统的提取方法。

#### 4. 树脂法

曹学君(Cao)等[21]利用大孔树脂吸附层析法从鸭胆汁中分离纯化鹅去氧胆酸,将胆汁皂化后转化为钙盐,用碳酸钠沉淀钙离子,得到游离的鹅去氧胆酸,通过大孔树脂 HZ-802 纯化,得到纯度为 99% 的鹅去氧胆酸。该法经济、环保,已成功用于工业化生产。也有专利报道猪胆汁经皂化后,用酯类溶剂提取,经离子交换树脂静态交换吸附后,用氢氧化钠作为解吸液,得到纯度较高的鹅去氧胆酸。此外,超滤、高效液相色谱、薄层色谱、超临界流体色谱以及毛细管电泳[22]等分离方法为鹅去氧胆酸的精确定量和高效提取提供了可靠的保障。

### 1.4.2 胆酸的提取

工业上应用的胆酸主要从牛、羊胆汁中提取,一般采用的提取方法是将皂化后的胆汁酸化得胆酸粗品,然后用乙醇做溶剂进行重结晶纯化[23]。具体的操作方法如下。

#### 1. 胆酸粗品制备

向牛、羊胆汁中加入质量为胆汁质量的 10% 左右的氢氧化钠,溶解后加热煮沸 12~18 h,得皂化液。皂化液冷却后,向其中加入盐酸调节 pH = 1,析出固体,分离出固体,经水煮、漂洗,于 75 ℃下干燥、磨粉,得粗牛、羊胆酸。

#### 2. 胆酸粗品精制

取胆酸粗品,用适量 95% 乙醇加热回流溶解,冷却,析出固体。取出固体,用 95% 乙醇洗涤后,加入适量乙醇中,加热回流溶解,然后加入活性炭脱色,趁热过滤,滤液浓缩,冷却,结晶,过滤,加乙醇洗涤结晶,干燥,得胆酸。

### 1.4.3 猪去氧胆酸的提取

工业上应用的猪去氧胆酸主要从猪胆汁中提取。由于猪胆汁中猪去氧胆酸、猪胆酸及鹅去氧胆酸的含量差别不大,一般利用猪胆酸、猪去氧胆酸及鹅去氧胆酸与金属离子成盐性质上的差别将三者分开[24]。具体的操作方法如下。

1. 猪去氧胆酸粗品的制备

取新鲜猪胆汁,在搅拌下加一定量饱和石灰水上清液,待加完后继续搅拌一段时间,加热至沸 5~10 min,冷却,过滤,得滤液。向滤液中加盐酸调 pH = 3.5,析出沉淀,静置 12 h 以上,过滤得粗猪去氧胆酸。将粗猪去氧胆酸取出,水洗后,加适量氢氧化钠和水,加热煮沸 12~18 h,放冷,静置过夜,分去上层的液体,得膏状物。向膏状物中加水,搅拌均匀,用硫酸调 pH = 1,析出猪去氧胆酸。将其取出,捣碎,用水洗至呈中性,过滤,得猪去氧胆酸粗品。

2. 猪去氧胆酸成品的制备

取猪去氧胆酸粗品,加入 4 倍量乙酸乙酯中,加热溶解后,稍冷,加入适量的活性炭回流脱色,冷却,过滤,得滤液。滤液用无水硫酸钠干燥后,浓缩至原体积的 1/3,冷却结晶,过滤,用乙酸乙酯洗涤结晶,干燥,得猪去氧胆酸成品。

## 1.5 胆汁酸的应用

### 1.5.1 鹅去氧胆酸的用途

临床用的鹅去氧胆酸是高纯度的具有不同结晶形态的未结合型胆汁酸。它在肠道中能很快溶解,因此人服用后几乎完全吸收。少部分与血浆蛋白相结合,部分经胆道排入肠腔而被重吸收,形成肠肝循环,被肝脏有效地摄取并清除。在肝内鹅去氧胆酸与甘氨酸或牛磺酸结合,分泌于胆汁中,结合型鹅去氧胆酸可被重吸收,也更易被肝脏清除。在肠道内结合型鹅去氧胆酸可以再游离,进到新摄入的胆汁酸池中,未被吸收的部分由粪便排出或转变为熊去氧胆酸,但大部分经大肠菌进行 7 位脱羟分解后变成石胆酸。石胆酸是口服鹅去氧胆酸后的主要代谢产物,正常人体约有 1/5 经回肠末端和结肠吸收,剩下的形成胆盐由粪便排泄。石胆酸主要在肝和肾脏内进行硫酸盐化,以降低对肝脏的毒性。石胆酸的硫酸盐在肠内很少被吸收,随粪便排出,故硫酸盐化可防止肝肠循环中石胆酸的积蓄。

鹅去氧胆酸是临床上常用的溶解胆结石药物。在临床上用于预防和治疗胆固醇结石和高脂血症,对胆色素结石和混合胆结石也有一定疗效。对症状轻微、胆囊功能良好、胆道无梗阻患者疗效较好。但病人长期使用会轻度腹泻,少数病人有瘙痒、头晕、恶心及腹胀等症状,个别病人可诱发胆绞痛和暂时性转氨酶升高。在工业生产方面主要用作合成熊去氧胆酸的原料。

### 1.5.2 熊去氧胆酸的用途

熊去氧胆酸能增加胆汁酸的分泌,导致胆汁酸成分的变化,使胆汁酸在胆汁中的含量增加,有利胆作用。

在人和动物体内,熊去氧胆酸能抑制肝脏胆固醇的合成,显著降低胆汁中胆固醇及胆固醇酯的量和胆固醇的饱和指数,从而有利于结石中的胆固醇逐渐溶解。此外,熊去氧胆酸还能促进液态胆固醇晶体复合物形成,后者可加速胆固醇从胆囊向肠道排泄清除。熊去氧胆酸能松弛括约肌,起到利胆作用。

另外,熊去氧胆酸能减少肝脏脂肪,增强肝脏过氧化氢酶的活性,促进肝糖原的蓄积,提高肝脏的抗毒、解毒能力,降低肝脏和血清中三酰甘油的浓度,抑制消化酶、消化液的分泌。

熊去氧胆酸在治疗慢性肝脏疾病中具有免疫调节作用,能明显降低肝细胞 HLAI 类抗原的表达,减少活化 T 细胞的数目[25]。熊去氧胆酸在体内溶解胆固醇结石的效果优于鹅去氧胆酸。在临床上用于治疗胆结石、胆汁淤积性肝病、脂肪肝、各型肝炎、中毒性肝障碍、胆囊炎、胆道炎和胆汁性消化不良、胆汁返流性胃炎、眼部疾病等。

### 1.5.3 胆酸的用途

胆酸是油脂乳化剂,在肠中帮助油脂水解和吸收。某些胆汁酸还有镇痉、健胃、降低血液中胆甾醇含量等作用。

在工业上胆酸是常用的乳化剂。在生物医药领域,胆酸用于生化研究或作为医药中间体;胆酸钠是利胆药,用于治疗胆囊炎、胆汁缺乏、肠道消化不良等症。在工业上,胆汁酸用作提取膜蛋白的非变性离子洗涤剂。

### 1.5.4 猪去氧胆酸的用途

猪去氧胆酸适用于 Ia 和 Ib 型高脂血症、动脉粥样硬化症;对百日咳杆菌、白喉杆菌、金黄色葡萄球菌等有一定的抑制作用;也适用于胆道炎、胆囊炎、胆石症和其他非阻塞性胆汁淤积,可加速胆囊造影剂排出肝脏,有助于显影;能促进肠道脂肪分解和脂溶性维生素吸收,可用于肝胆疾患引起的消化不良;可用作消炎药,治疗慢性支气管炎、小儿病毒性呼吸道炎症。偶可引起肠胃不适、轻度腹泻等。

猪去氧胆酸是合成熊去氧胆酸(UDCA)和其他甾体化合物的原料;由猪去氧胆酸生产的人工牛黄能降血脂,降低血中胆固醇,降低转氨酶活性等,也能用于治疗和预防冠心病、高血压等。

### 1.5.5 石胆酸的用途

石胆酸具有抑制肿瘤生长、杀死癌细胞等生理活性,能杀伤胶质瘤细胞,对正常神经细胞无害,可以用作抗肿瘤药物。腺苷衍生物是由天然腺苷经过化学方法对糖基进行取代或修饰的一类化合物,具有抗癌、抗病毒、抗肿瘤、镇静、催眠等生理活性。以石胆酸为原料,合成具有生物活性的小分子抑制剂石胆酸腺苷,具有重要的应用价值[26]。

# 参考文献

[1] ZHU X X, NICHIFOR M. Polymeric materials containing bile acids[J]. Accounts of Chemical Research, 2002, 35(7): 539-546.

[2] 邢琨. 动物小肠内胆汁的消化作用[J]. 养殖技术顾问, 2014(10): 44.

[3] KEVRESAN S, KUHAJDA K, KANDRAC J, et al. Biosynthesis of bile acids in mammalian liver[J]. European Journal of Drug Metabolism & Pharmacokinetics, 2006, 31(3): 145-156.

[4] LI Y X, DIAS J. Dimeric and oligomeric steroids[J]. Chemical Reviews, 2010, 97(1): 283-304.

[5] 黄贤燊. 胆汁酸代谢及其临床应用[J]. 广州医学院学报, 1986, 14(1): 68-72.

[6] HOFMANN A F. The enterohepatic circulation of bile acids in mammals: form and functions[J]. Frontiers in Bioscience, 2009, 14(7): 2584-2598.

[7] BJÖRKHEM I. Chapter 9 Mechanism of bile acid biosynthesis in mammalian liver[J]. New Comprehensive Biochemistry, 1985, 12: 231-278.

[8] MASUI T, STAPLE E. The formation of bile acids from cholesterol[J]. Journal of Biological Chemistry, 1966, 241: 3889-3893.

[9] CHIANG J Y. Regulation of bile acid synthesis[J]. Frontiers in Bioscience, 1998, 3: 176-193.

[10] 曹宏伟, 姜崴. 胆汁酸诱导的肠道激素与肝脏糖代谢[J]. 中国糖尿病杂志, 2015(12): 1134-1137.

[11] BORGSTRÖM B, LUNDH G, HOFMANN A. The site of absorption of conjugated bile salts in man[J]. Gastroenterology, 1963, 45: 229-238.

[12] RUSSELL D W, SETCHELL K D R. Bile acid biosynthesis[J]. Biochemistry, 1992, 31(20): 4737-4749.

[13] 侯万儒. 胆盐的生理作用[J]. 生物学通报, 1990(11): 17.

[14] SWIDSINSKI A, LUDWIG W, PAHLIG H, et al. Molecular genetic evidence of bacterial colonization of cholesterol gallstones[J]. Gastroenterology, 1995, 108(3): 860-864.

[15] YAN Z W, DONG J, QIN C H, et al. Therapeutic effect of chenodeoxycholic acid in an experimental rabbit model of osteoarthritis[J]. Mediators of Inflammation, 2015, 2015(4): 1-7.

[16] HUIDEKOPER H H, VAZ F M, VERRIPS A, et al. Hepatotoxicity due to chenodeoxycholic acid supplementation in an infant with cerebrotendinous xanthomatosis: implications for treatment[J]. European Journal of Pediatrics, 2016, 175(1): 143-146.

[17] 刘雁红, 胡祥正. 鸭胆膏中鹅去氧胆酸的提取工艺[J]. 天津科技大学学报, 2009, 24(3): 43-45.

[18] 高玉琼,刘建华,单友谅,等. 鹅去氧胆酸制备新工艺 [J]. 中国生化药物杂志, 1996, 17(1):17-18.

[19] 潘现军, 张晓梅. 从猪胆膏中分离纯化鹅去氧胆酸的新工艺 [J]. 河北医药, 2006, 28(2):34-35.

[20] SCALIA S, WILLIAMS J R, SHIM J H, et al. Supercritical fluid extraction of bile acids from bovine bile raw materials[J]. Chromatographia, 1998, 48(11): 785-789.

[21] WAN J F, HE J M, CAO X J. A novel process for preparing pure chenodeoxycholic acid from poultry bile[J]. Journal of Industrial & Engineering Chemistry, 2012, 18(1): 65-71.

[22] RODA A, PIAZZA F, BARALDINI M. Separation techniques for bile salts analysis[J]. Journal of Chromatography B: Biomedical Sciences & Applications, 1998, 717(1-2): 263-278.

[23] 巩利昌, 杨艳蓉, 马宏鹏, 等. 用牛羊胆汁生产胆酸的方法: 200710126724.0[P].2007-06-15.

[24] 陆进, 杜守颖, 赵丽瑞, 等. 猪去氧胆酸提取工艺研究 [J]. 中国中药杂志, 2004, 29(5): 414-417.

[25] 张明霞. 熊去氧胆酸衍生物的合成研究 [D]. 贵阳:贵州大学, 2009.

[26] GOLDBERG A A, BEACH A, DAVIES G F, et al. Lithocholic bile acid selectively kills neuroblastoma cells, while sparing normal neuronal cells[J]. Oncotarget, 2011, 2(10): 761-782.

# 第 2 章　胆汁酸的化学修饰方法

　　胆汁酸是甾类化合物,这些化合物的分子中都含有甾体骨架和羧基。由于胆汁酸的来源不同,其分子中含有的羟基的数量和位置也不同。胆汁酸分子甾体骨架由三个六元环和一个五元环组成;骨架中的环 A 和环 B 反向连接,形成穴状结构。胆酸是胆汁酸中最普遍存在的一种,它的分子中含有三个羟基、一个羧基和三个甲基(图 2.1);胆酸分子甾体骨架上的亲水基团和憎水基团分别位于刚性平面的两侧,形成性质不同的两个面,即三个羟基和一个羧基所在的 α 面和三个甲基所在的 β 面。三个羟基与一个羧基侧链一起形成分子的亲水部分,三个甲基形成分子的憎水部分,使胆酸分子体现出明显的双亲性[1]。

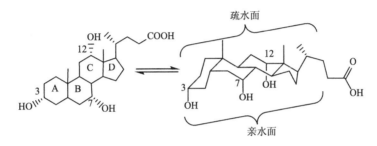

**图 2.1　胆酸的结构**

　　由于胆汁酸来源于生物体,具有生物亲和性,其分子又具有双亲性、酸碱性,因此胆汁酸适合作为生物医药和生物材料研究领域的原材料。由于胆汁酸分子中的羟基和羧基容易进行化学修饰,因此在化学研究领域也引起许多研究者的兴趣。近年来,科研工作者们将胆汁酸的研究扩展到创新药物、药物传送体系[2]、高分子生物材料[3-5]、不对称合成[6]、分子识别[7-8]等多个领域,取得了许多令人振奋的研究成果。胆汁酸在不同研究领域的广泛应用,归因于其特殊的分子结构,以及分子中的羟基和羧基官能团容易进行化学修饰。本章对胆汁酸在多个方面应用时的化学修饰方法进行概述。

## 2.1　羧基的保护与脱保护

　　胆汁酸在不同方面应用时,针对不同的目标分子,要采用不同的修饰方法。进行胆汁酸修饰时,常常利用其分子中羟基或羧基的反应功能。为了避免羧基与羟基之间相互影响,首先需要将羧基或羟基保护起来,再进行下一步的反应。

　　在胆汁酸修饰过程中,一般情况下,对羧基的保护是通过胆汁酸与醇反应生成酯的方式实现的(图 2.2)。其中,甲酯化是保护羧基最常用的方法。甲酯化提高了胆汁酸在有机溶剂中的溶解度,增强了反应物分子的反应活性,消除了羧基对羟基反应的影响。通常的操作是将胆酸溶于甲醇中,用 HCl 或 $H_2SO_4$ 做催化剂,回流 20~30 min,胆酸甲酯的产率可以达到 95% 以上 [9]。有时可根据需要使胆汁酸与叔丁醇 [10] 或三甲基 -2- 羟乙基硅烷等反应生成相应的酯 [11]。

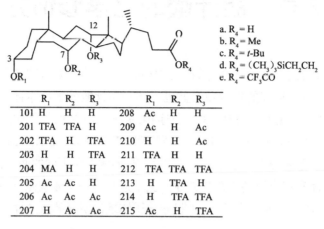

a. $R_4 = H$
b. $R_4 = Me$
c. $R_4 = t\text{-}Bu$
d. $R_4 = (CH_3)_3SiCH_2CH_2$
e. $R_4 = CF_3CO$

| | $R_1$ | $R_2$ | $R_3$ | | $R_1$ | $R_2$ | $R_3$ |
|---|---|---|---|---|---|---|---|
| 101 | H | H | H | 208 | Ac | H | H |
| 201 | TFA | TFA | H | 209 | Ac | H | Ac |
| 202 | TFA | H | TFA | 210 | H | H | Ac |
| 203 | H | H | TFA | 211 | TFA | H | H |
| 204 | MA | H | H | 212 | TFA | TFA | TFA |
| 205 | Ac | Ac | H | 213 | H | TFA | H |
| 206 | Ac | Ac | Ac | 214 | H | TFA | TFA |
| 207 | H | Ac | Ac | 215 | Ac | H | TFA |

图 2.2　胆汁酸及其衍生物的化学结构

为了易于脱去羧基上的保护基，在很多情况下，通过形成对酸不稳定的叔丁酯 101c（图 2.2）来保护羧基 [12]。但是用制备胆汁酸甲酯的方法难以制备胆汁酸叔丁酯。胆汁酸叔丁酯的制备一般通过间接的方法实现（图 2.3）。

i. TFAA, THF; ii. $(CH_3)_3COH$; iii. $NH_3$ (aq.); iv. $NaHCO_3$ (aq.), MeOH, THF;
v. $(Ac)_2O$, Py; vi. pH = 7的缓冲液; vii. $NaHCO_3$ (aq.)

图 2.3　胆汁酸叔丁酯的制备

# 第 2 章 胆汁酸的化学修饰方法

为了方便后续反应,有时用羟乙基三甲基硅烷与胆汁酸生成酯来保护其分子中的羧基,经羧基保护处理的胆汁酸分子中的羟基发生反应后,容易将三甲基硅乙基水解脱去而释放出羧基。阿尔海姆(Ahlheim)等用苯做溶剂、对甲苯磺酰氯做催化剂,用三甲基-2-羟乙基硅烷与胆酸直接反应,得到胆酸三甲基硅乙醇酯 101d,产率为 73%(图 2.4)[11]。

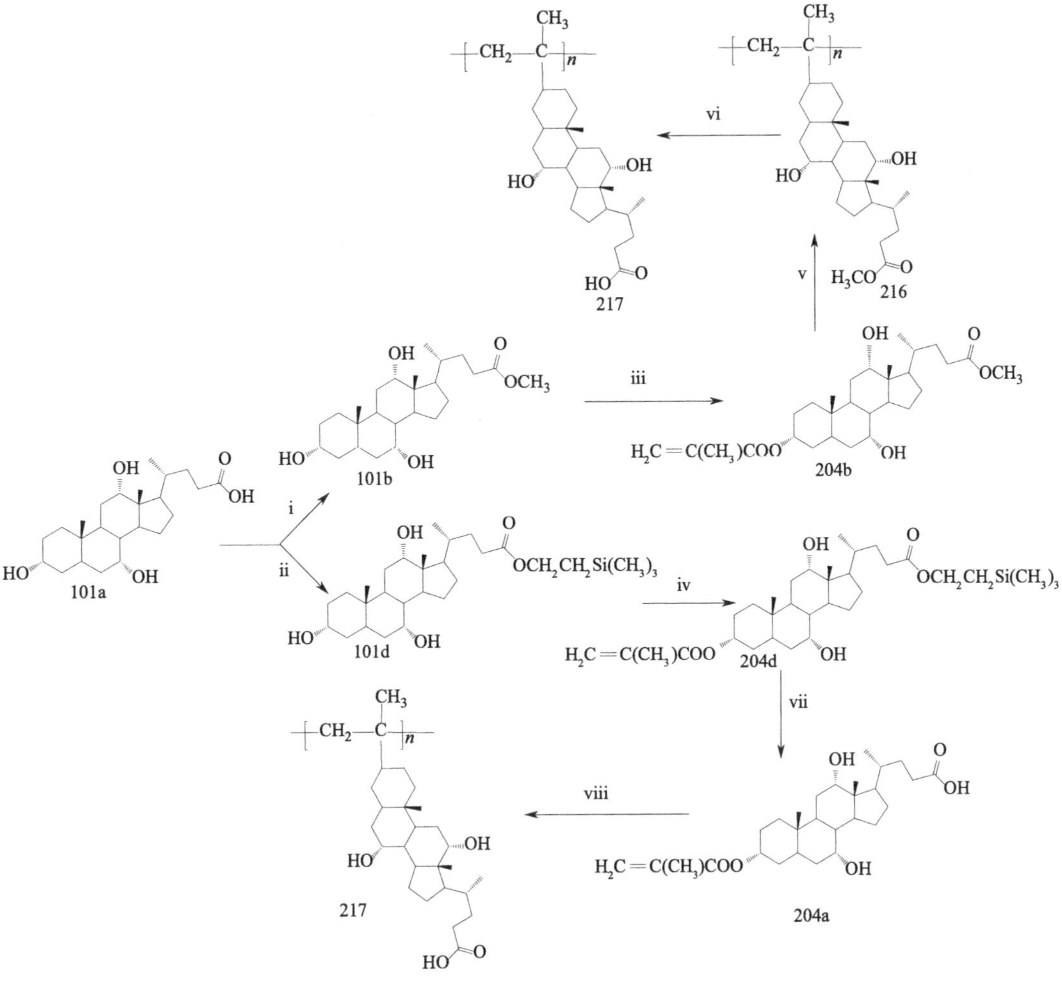

i. MeOH, HCl; ii. t-(CH$_3$)$_3$SiCH$_2$CH$_2$OH, p-TSMH; iii. MMAC, Et$_3$N, CHCl$_3$;
iv. MMAC, Et$_3$N, CHCl$_3$; v. AIBN, 甲苯; vi. NaOH; vii. Et$_4$NF; viii. AIBN

**图 2.4 3-甲基丙烯酰衍生物的制备**

在 101d 的 3 位修饰甲基丙烯酰基后,所得产物 204d 可以水解脱去羧基保护基,得到带羧基的 204a,204a 聚合生成高分子化合物 217。此制备聚合物 217 的路线比通过形成甲酯保护羧基,所得单体聚合成高分子化合物后再水解制备带羧基的高分子化合物要容易,且产率较高。

## 2.2 羟基的保护与释放

在胆汁酸衍生物的制备过程中,当需要保护分子中的羟基的时候,人们常对胆汁酸分子中的羟基进行乙酰化或三氟乙酰化。胆汁酸分子中羟基的乙酰化或三氟乙酰化反应常被用于研究羟基的反应活性[12]。大量的研究表明,胆酸的 C3-OH、C7-OH 和 C12-OH 在化学反应活性上存在差异[13]。从立体结构上看,平展的 3α-OH 乙酰化最快。7α-OH 与 12α-OH 相比,7α-OH 的空间阻碍更大。布利肯斯塔夫(Blickenstaff)与其合作者证明,C12-OH 的反应速度是 C7-OH 的 1.5 倍,同时他们的研究结果暗示 C7-OH 的乙酰化被 C12-OH 加速。

戴维斯(Davis)用乙酐和吡啶处理胆酸甲酯 101b 得到 3,7-二乙酰基胆酸甲酯 205b,产率是 70%。迪亚斯(Dias)用吡啶做溶剂、DMAP 做催化剂,用乙酸酐处理胆酸 101,得到 3α,7α,12α-三乙酰基胆酸 206a。206a 在甲醇和 THF 混合液的饱和碳酸氢钠溶液中水解脱去 3α-乙酰基,得到产物 207a,产率为 92%。207a 在甲苯溶液中,用 DMAP 与 2,6-二氯苯甲酰氯做催化剂,通过回流发生聚合反应,头尾相接生成环酯 218[14],如图 2.5 所示。

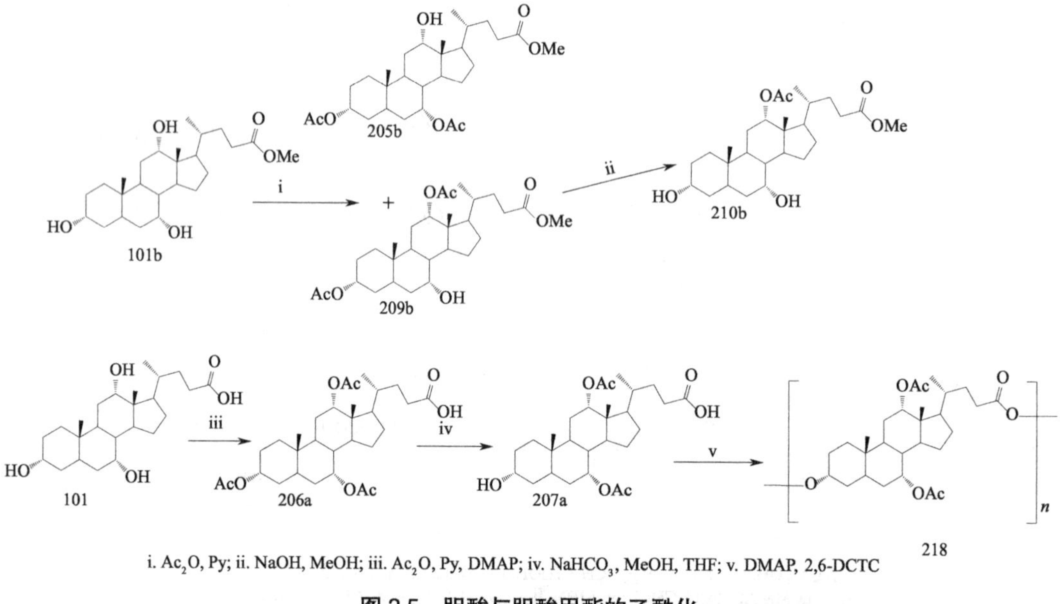

i. Ac$_2$O, Py; ii. NaOH, MeOH; iii. Ac$_2$O, Py, DMAP; iv. NaHCO$_3$, MeOH, THF; v. DMAP, 2,6-DCTC

**图 2.5　胆酸与胆酸甲酯的乙酰化**

施瓦茨(Schwartz)在甲苯溶液中用 Ac$_2$O 处理 101b,反应混合物用 MeOH-HCl 水解,可以选择脱去 C3 和 C7 上的乙酰基,得到 C12-OH 乙酰化的胆酸甲酯 210b。

Davis 用三氟乙酸酐(TFAA)酰化胆酸甲酯 101b 得到 C3-OH 和 C7-OH 或 C3-OH 和 C12-OH 三氟乙酰化的产物 201b 和 202b。201b 和 202b 的混合物用 MeOH-HCl 水解后,柱层析分离得 203b。在不同的溶剂中用 TFAA 处理胆酸甲酯 101b,发现酰化速度比用乙酐更快,且对 C7-OH 和 C12-OH 的选择性提高。在 THF 溶液中,201b:202b = 1:8,用 MeOH-HCl 处理反应混合物,可以得到 203b:213b = 10:1,203b 可以通过结晶法分离出来,产率为 55% 如图 2.6 所示。

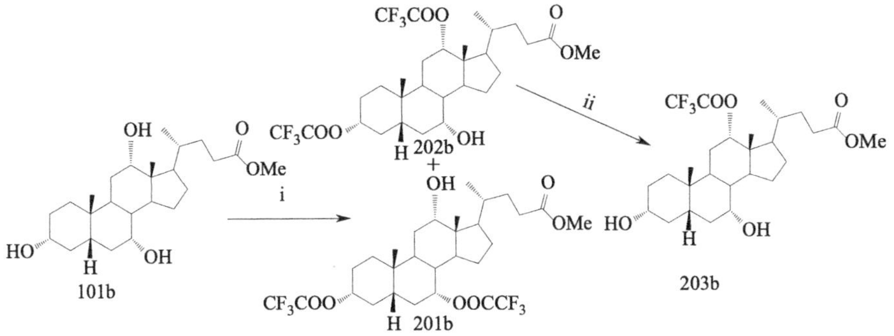

i. TFAA; ii. MeOH, HCl

**图 2.6　胆酸甲酯的 TFA 化和水解**

博纳－劳（Bonar-Law）用 NaOH/MeOH 直接水解胆酸与 TFAA 的反应产物得到混合酸酐 201b 和 202b，然后结晶，得到 C12-OH 被 TFA 保护的产品 203b，产率是 65%[15]。

胆酸和胆酸甲酯的羟基被 $Ac_2O$ 或 TFAA 选择性保护后，未被保护的羟基可以被氧化，生成多种产物 [16-17]；也可以与甲基丙烯酰氯等带有双键的酰化剂反应，生成可以发生聚合反应的胆酸衍生物。通过设计可以制备出具有不同结构和性能的含胆酸高分子材料 [18]。

当胆酸分子中的 C7-OH 和 C12-OH 被 $Ac_2O$ 或 TFAA 保护后，不同分子中的 C3-OH 和末端羧基能够首尾相接，生成大小不一的环状聚酯。例如在甲苯溶液中，在 2，6- 二氯苯甲酰氯和 DMAP 作用下，207a 能够发生分子间聚合反应，生成环状三聚体；而 214a 能够发生三聚、四聚、五聚和六聚反应。根据 C7-OH 和 C12-OH 上所连基团的不同，此类环状分子可以用作分子识别的受体。

在催化剂作用下，胆酸甾环上的三个羟基都可以发生乙酰化反应，生成 3*α*，7*α*，12*α*- 三乙酰基胆酸。3*α*，7*α*，12*α*- 三乙酰基胆酸分子中 C3 位的乙酰基在弱碱作用下能够水解脱去，生成 7*α*，12*α*- 二乙酰基胆酸。7*α*，12*α*- 二乙酰基胆酸可以发生聚合反应，生成头尾相接的环酯。胆酸的 C7-OH 和 C12-OH 也可以键接其他基团，生成环状聚酯（图 2.7），此类环状分子也可以用作分子识别的受体 [19]。

| $R_1$ | $R_2$ | 3 | 4 | 5 | 6 |
|---|---|---|---|---|---|
| $CH_3CO$ | $CH_3CO$ | 219 | | | |
| $CF_3CO$ | $CF_3CO$ | 220 | 221 | 222 | 223 |
| H | $OCH_2C_6H_4Ph$ | 224 | 225 | | |
| $OCH_2OCH_2CH_2OCH_3$ | $OCH_2Ph$ | 226 | 227 | | |
| $OCH_2C_6H_4OCH_3$ | $OCH_2C_6H_4OCH_3$ | 228 | 229 | | |
| $CH_2OCH_2CH_2OCH_3$ | $CH_2OCH_2CH_2OCH_3$ | 230 | 231 | | |
| COCH2O(CH2CH2O)2CH3 | COCH2O(CH2CH2O)2CH3 | 232 | 233 | | |

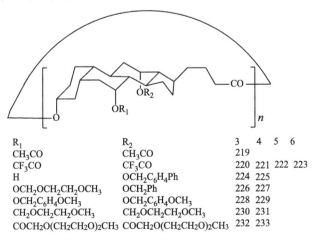

**图 2.7　胆酸衍生物形成的环状酯结构**

## 2.3 3α 异构体向 3β 异构体的转化

胆酸,即 3α,7α,12α- 三羟基 -5β-24- 胆酸,三个羟基在甾体骨架上都处在 α 位。C3-OH 与 C7-OH、C12-OH 的相对空间位置不同,因此反应活性有差别。C3 上的官能团处在 α 位与处在 β 位,对其通过修饰制得的高分子化合物的性能有很大的影响。如 3β- 甲基丙烯酰胺与其 3α 异构体相比,聚合而成的高分子化合物的相对分子质量更高、亲水性更好[20]。为了制备不同性能的高分子化合物,有时需将 3α-OH 转变为它的 3β 异构体。

马圭尔(Maguire)对 3α 异构体向 3β 异构体的转化做了详细的研究[21]。光延(Mitsunobu)详细地评述了从 3α 异构体到 3β 异构体的转化方法。朱晓夏研究组对其方法加以改进,用苯和 THF(20:1)做溶剂,三苯基膦($Ph_3P$)和二硫代氨基甲酸二乙胺(DEAD)做催化剂,使 3α-OH 与 HCOOH 反应,先将 3α-OH 转化为它的甲酸酯 234,然后用强碱(KOH-MeOH)水解,使 3α-OH 转化为 3β-OH,235 的产率达到 86%(图 2.8)。

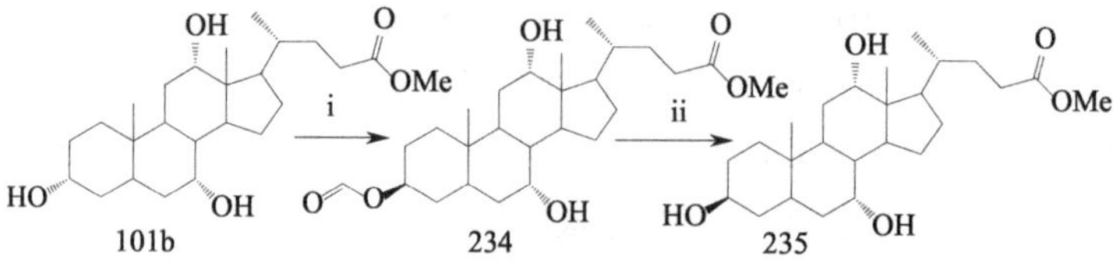

i. $Ph_3P$, DEAD, HCOOH, 苯; ii. MeOH, KOH

**图 2.8 3α-OH 转化为 3β-OH 的路线**

为了提高 3α-OH 转化为 3β-$NH_2$ 的转化率,德尼克(Denike)等[18]改进了克莱默(Kramer)和库尔茨(Kurtz)的方法:首先在吡啶溶液中用 TsCl 活化 C3-OH,生成 3- 磺酰基胆酸甲酯 236,然后用 $NaN_3$ 与 236 反应,生成 3β- 叠氮胆酸甲酯 237,最后用 $Pd(OH)_2$、$H_2$、MeOH 还原,将 237 转化为 3β-$NH_2$ 胆酸甲酯 238。通过三步操作将 3α-OH 转化为 3β-$NH_2$,整体转化率为 78%(图 2.9)。

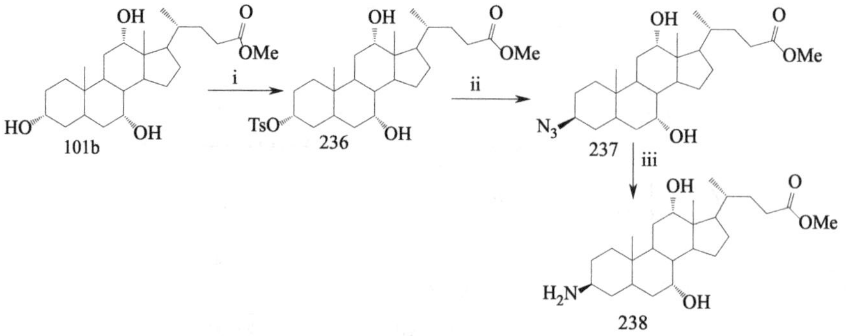

i. p-TsCl, Py; ii. $NaN_3$, $NH_4Cl$; iii. $Pd(OH)_2$, $H_2$, MeOH

**图 2.9 3α-OH 转化为 3β-$NH_2$ 的路线**

通过图 2.10 所示的合成路线,可以得到 3β-$NH_2$ 和 3α-$NH_2$ 两种产物,两种产物的摩尔比是 3β:3α=15:56(即产物 242:243=15:56),两种产物可以通过重结晶法分离[19-22]。

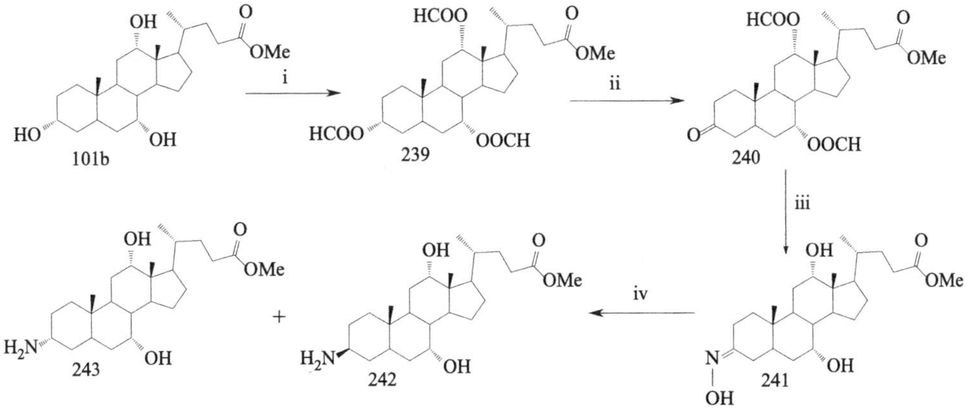

i. HCOOH, KOH, MeOH; ii. ①NBS,DMSO, ②KOH, MeOH, ③MeOH, HCl;
iii. ①NH$_2$OH·HCl, ②CH$_3$COONa; iv. CH$_3$CH$_2$CH$_2$CH$_2$OH

**图 2.10　3α-OH 转化为 3β-NH$_2$ 和 3α-NH$_2$ 的路线**

## 2.4　羟基的活化

为了在胆汁酸的羟基上修饰其他基团,常常需要采用一定的方法来提高胆汁酸羟基的反应活性。磺酰化是最常用的方法[20]。磺酰基是一个容易接上也容易脱去的基团,胆汁酸 C3-OH 与磺酰氯反应转化为磺酰酯后,磺酰基很容易被烷基取代。如 C3-OH 的磺酰化产物 3α-对甲苯磺酰基胆酸甲酯与聚乙二醇(PEG)反应,可以制备胆酸甲酯的 3 位 PEG 衍生物。胆酸甲酯的 3 位 PEG 衍生物的伯羟基的反应活性比两个仲羟基高,容易进行选择性修饰(图 2.11)。

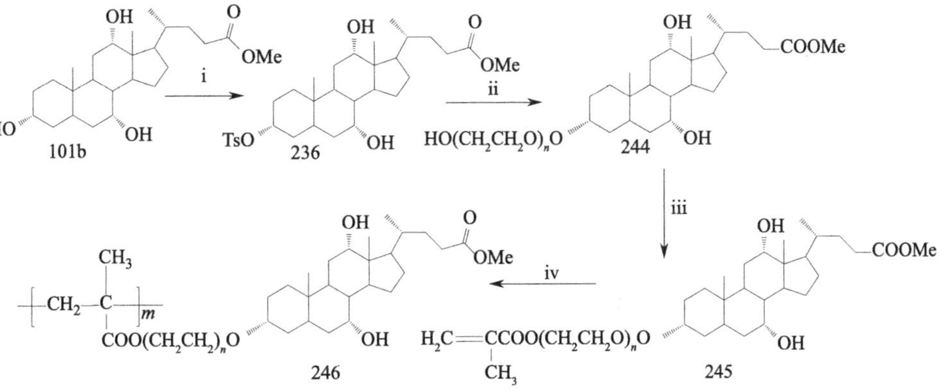

i. p-TsCl, Py; ii. HO(CH$_2$CH$_2$O)$_n$OH, HCl, CH$_3$Cl; iii. H$_2$C=C(CH$_3$)COCl, Et$_3$N, CH$_3$Cl; iv. AIBN, CH$_3$Cl

**图 2.11　胆酸甲酯的 3 位 PEG 衍生物的制备**

## 2.5 羧基的活化

胆汁酸羧基的反应活性较低,有时也需要进行活化。例如,用酸做催化剂,胆酸很难与相对分子质量较高的 PEG 直接发生酯化反应。为了在胆酸的羧基上引入相对分子质量高的 PEG,首先要活化胆酸的羧基,常常选用羰基二咪唑(CDI)或 N-羟基琥珀酰亚胺[23]作为活化羧基的试剂。胆酸与 N-羟基琥珀酰亚胺(图 2.12)或 CDI 作用生成的中间体易于同聚乙二醇、聚乙二醇单甲醚(PEO)等相对分子质量较高的长链分子的端羟基发生反应,在胆酸的羧基上接入长的脂肪链[24]。

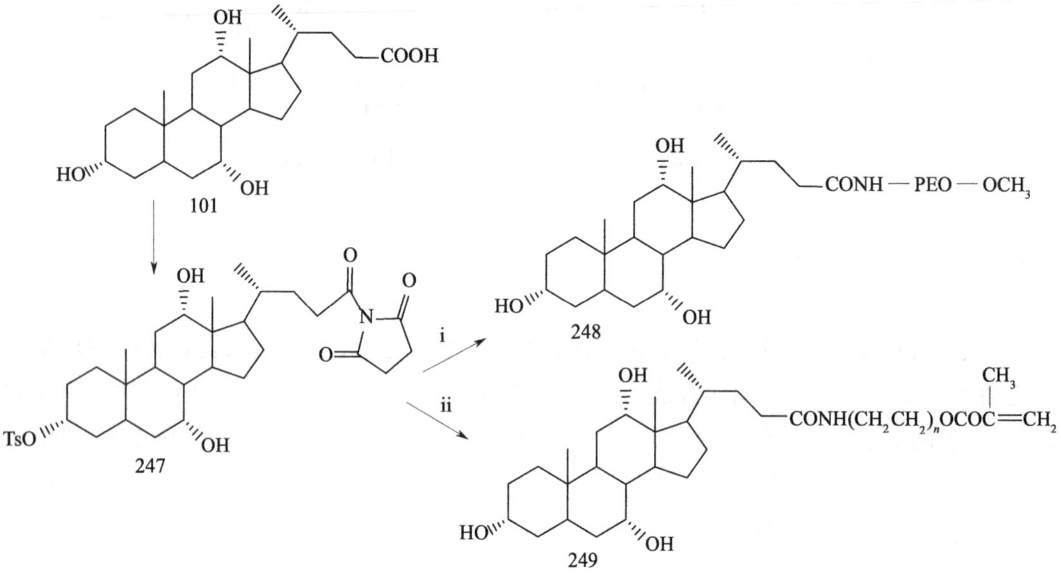

i. DCC, DMAP, THF, $H_2N-PEO-OCH_3$; ii. $CH_2Cl_2$, 对苯二酚, $H_3N^+(CH_2CH_2)_nOCOC(CH_3)=CH_2$

图 2.12 N-羟基琥珀酰亚胺在合成上的应用

## 2.6 羟基的选择性修饰

胆酸甾体骨架上 C7-OH 和 C12-OH 所处的位置不同,反应活性有一定差别。C7-OH 和 C12-OH 与 C3-OH 相比,空间阻碍大,反应活性低,但在一定的条件下,三个羟基都可以与甲基丙烯酸、甲基丙烯酸酐或甲基丙烯酰氯等酰化试剂反应。由于反应活性存在差别,可以通过选用不同反应试剂和控制反应条件的方式选择性地修饰 C3-OH、C7-OH 和 C12-OH,在其分子中引入 1、2 或 3 个甲基丙烯酰基。布斯(Boos)等以丙烯酸为反应原料、二环己基碳二亚胺(DCC)为脱水剂、4,4-二甲氨基吡啶(DMAP)为催化剂,将甲基丙烯酰基键接到胆酸甲酯的三个羟基上。本书作者等以羧酸、酸酐和酰氯为酰化试剂考察了胆酸衍生物甾体骨架上羟基的反应性能。结果显示,胆酸酯分子中羟基的相对反应性由反应条件决定,在不同的反应条件下,胆酸酯分子中的羟基发生酰化反应的先后次序不同。

## 2.7 支链上的修饰

脱氧胆酸是 7 位缺失羟基的胆汁酸,是胆酸失去一个氧原子衍生得到的一种游离胆汁酸。凭借其独特的分子结构和较好的生物相容性,近年来脱氧胆酸在化学与生命科学领域引起了广泛的关注,应用于不对称合成、离子运输 [25]、细胞融合、高分子生物材料 [26] 等方面的研究中。

崔建国等 [27] 从脱氧胆酸 250 出发,合成侧链与胆甾烷的支链结构类似的脱氧胆酸酰胺化合物。首先通过氧化反应,制备得到 3,12- 二氧代 -7- 去氧胆酸 251,经过酰化反应,分别合成了 N- 甲基 -3,12- 二氧代 -7- 去氧胆酸酰胺 252 和 N,N- 二甲基 -3,12- 二氧代 -7- 去氧胆酸酰胺 253(图 2.13),进而通过 3 位和 12 位官能团的改造合成了 4 个含氮脱氧胆酸酰胺化合物,它们分别是 N,N- 二甲基 -12- 氧代 -3- 肟基 -7- 去氧胆酸酰胺 254、N,N- 二甲基 -12- 氧代 -3- 缩氨硫脲 -7- 去氧胆酸酰胺 255、N,N- 二甲基 -12- 氧代 -3- 甲氧亚氨基 -7- 去氧胆酸酰胺 256 和 N,N- 二甲基 -12- 氧代 -3- 苄氧亚氨基 -7- 去氧胆酸酰胺 257;同时对合成的 3,12- 二氧代 -7- 去氧二甲酰胺 253 选择性还原得到化合物 N,N- 二甲基 -3- 羟基 -12- 氧代 -7- 去氧胆酸酰胺 258,进一步经过官能团转换得到化合物 N,N- 二甲基 -3- 羟基 -12- 缩氨硫脲 -7- 去氧胆酸酰胺 259(图 2.14)。

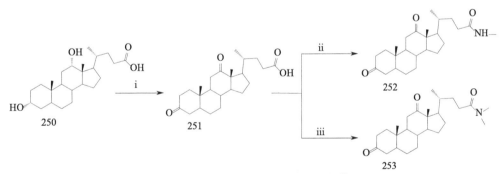

i. 琼斯(Jones)试剂,$(CH_3)_2CO$; ii. 甲苯,$(CO)_2Cl_2$, Py, $CH_3NH_2$(33%); iii. 甲苯,$(CO)_2Cl_2$, Py, $(CH_3)_2NH$(33%)

**图 2.13 脱氧胆酸酰胺化合物的合成**

在合成酰胺的过程中,以脱氧胆酸为原料,通过使用失水剂 DCC 直接生成酰胺时,由于中间体活性酯的空间位阻较大,不利于反应的进行。可以先合成中间体酰氯(活性高于酯),然后进一步合成目标产物酰胺。在酰氯的合成中,使用酰化试剂草酰氯,而非传统的二氯亚砜,这是因为:草酰氯沸点低易除去,化学性质比二氯亚砜温和;二氯亚砜分解为 $SO_2$,草酰氯分解为 CO、$CO_2$ 和 HCl,对环境污染较小等。在溶剂的选择中,使用甲胺水溶液(33%)作为反应试剂。在化合物 254~257 的合成中,为提高反应活性与产率,采用弱酸性的反应体系。为了防止 12 位羰基反应,控制原料与反应试剂的物质的量比为 1∶1.2,同时控制反应温度和反应时间,得到相应的反应产物。在化合物 258 的合成中,为使 3 位羰基选择性地还原为羟基,在 $Co^{2+}$ 存在的条件下分批加入 $NaBH_4$,所得产物产率低,副产物多。当在常温下单独加入 $NaBH_4$ 时,所得产物产率较高,副产物少。在化合物 259 的合成中,在反应时间为 10 h、反应温度为 80 ℃的条件下才发生反应。这主要因为 12- 羰基受到 18-$CH_3$ 和胆酸侧链空间位阻的影响,位阻大于 3- 羰基,不利于亲核试剂的进攻,活性较低,所以在较长的反应时间、较高的反应温度下才能发生反应。

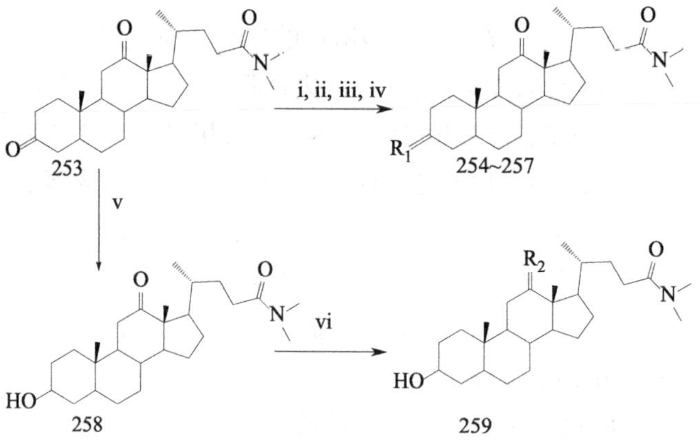

254: $R_1$=NOH
255: $R_1$=NNHCSNH$_2$
256: $R_1$=NOCH$_3$
257: $R_1$=NOCH$_2$C$_6$H$_5$
259: $R_2$=NNHCSNH$_2$

i. $NH_2OH \cdot HCl$, 95% EtOH, $CH_3COONa$, 70 ℃; ii. $NH_2NHCSNH_2$, EtOH, 80 ℃; iii. $CH_3ONH_2 \cdot HCl$, 95% EtOH, $CH_3COONa$, 70 ℃; iv. $ArCH_2ONH_2 \cdot HCl$, 95% EtOH, $CH_3COONa$, 70 ℃; v. $NaBH_4$, $CH_3OH$; vi. $NH_2NHCSNH_2$, EtOH, 80 ℃

图 2.14 脱氧胆酸酰胺含氮衍生物的合成

## 2.8 甾核上的修饰

Huang 等[28]从胆酸和去氧胆酸出发,经过不同的反应,将甾核及支链上的取代基分别转化为羰基及酯基,然后和盐酸羟胺反应引进肟基,合成了六个新的甾体肟类化合物:从胆酸 101 出发合成化合物 7- 羟基 -12- 氧代 -3- 肟基胆酸甲酯 263、7,12- 二氧代 -3- 肟基胆酸甲酯 264、12- 氧代 -3,7- 二肟基胆酸甲酯 265、3,7- 三肟基胆酸甲酯 266;从去氧胆酸 104 出发合成化合物 12- 氧代 -3- 肟基去氧胆酸甲酯 268、3,12- 二肟基去氧胆酸甲酯 269,合成路线如图 2.15 所示。通过改变反应原料与 $NH_2OH \cdot HCl$ 的摩尔比、利用空间位阻的大小及控制反应时间的不同,实现了在 3,7,12- 三氧代胆酸甲酯的不同位置选择性肟化,得到化合物 263~269。从 3,7,12- 三氧代胆酸甲酯的构型可知甾核中不同位置取代的羰基的空间环境是不同的,由于 A、B 环采取顺式构型,因此 3 位羰基空间位阻较小,较易受到进攻试剂进攻,所以反应活性最高;而对于 7 位羰基和 12 位羰基来说,12 位羰基由于受到 18 位甲基的影响,因此空间位阻比 7 位羰基大,不利于亲核试剂进攻,因此活性最低,所以在较高的反应温度及较长的反应时间下 12 位羰基才能被肟化。3、7、12 位羰基被肟化的能力为 3 >7 >12。从得到的肟化产物的结构来看,3

位羰基肟化得到的是不同比例的 *E* 构型和 *Z* 构型产物,而 7 位羰基和 12 位羰基肟化主要得到 *E* 构型产物,这主要是受底物空间位阻的影响, *E* 构型产物比 *Z* 构型产物稳定所致。

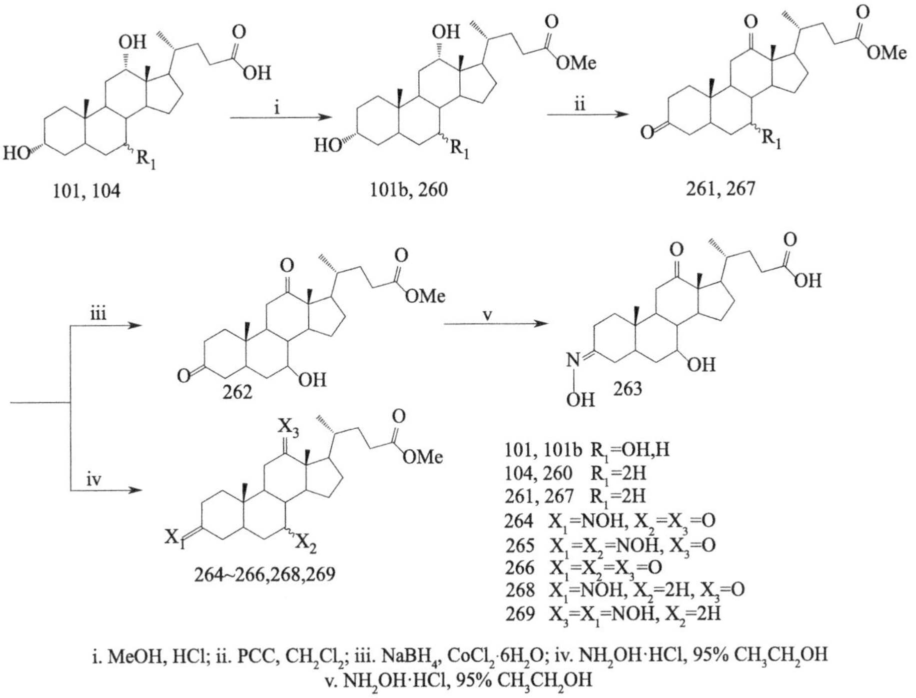
101, 104
101b, 260
261, 267
262
263
264~266,268,269
101, 101b R1=OH,H
104, 260 R1=2H
261, 267 R1=2H
264 X1=NOH, X2=X3=O
265 X1=X2=NOH, X3=O
266 X1=X2=X3=O
268 X1=NOH, X2=2H, X3=O
269 X3=X1=NOH, X2=2H
i. MeOH, HCl; ii. PCC, CH2Cl2; iii. NaBH4, CoCl2·6H2O; iv. NH2OH·HCl, 95% CH3CH2OH
v. NH2OH·HCl, 95% CH3CH2OH

**图 2.15　胆酸及去氧胆酸肟类化合物的合成**

黄燕敏等[29]分别在鹅去氧胆酸甾核的 3 位和 7 位引进肟基、甲氧肟基、苄氧肟基和含有不同取代基的氨基硫脲等含氮基团,合成一系列含氮衍生物,合成路线如图 2.16 所示。先将鹅去氧胆酸 102 转换成鹅去氧胆酸甲酯 102b,然后采用琼斯试剂氧化得到 3，7-二氧代鹅去氧胆酸甲酯 270。化合物 270 中 3 位羰基和 7 位羰基在甾核中所处的位置不同, 7 位羰基由于受到甾核中 A 环及 C 环空间位阻的影响,因此活性较低。利用二者之间反应活性的差异,可以使 3 位羰基肟基化,而 7 位羰基保留,化合物 270 与甲氧基肟或苄氧基肟反应,得到化合物 271~273。由于 *E* 型异构体 273 比 *Z* 型异构体 272 稳定,所以为主要产物。最后,用 $NaBH_4$ 进行还原得到相应的产物 274~276。此外,化合物 270 在钴离子存在的条件下采用 $NaBH_4$ 选择性还原 3 位羰基得到化合物 277， 3 位羟基处于 e 键位置,为 *β* 构型羟基。然后对甾核的 7 位羰基进行官能团转换,引入具有不同结构特征的含氮活性官能团,共合成六个新的 3*β*- 羟基 -7- 取代含氮鹅去氧胆酸酯 278~283。由于受到甾核中 C 环和 D 环的影响,生成 *Z* 构型产物时空间位阻较大,因此主要得到 *E* 构型产物。

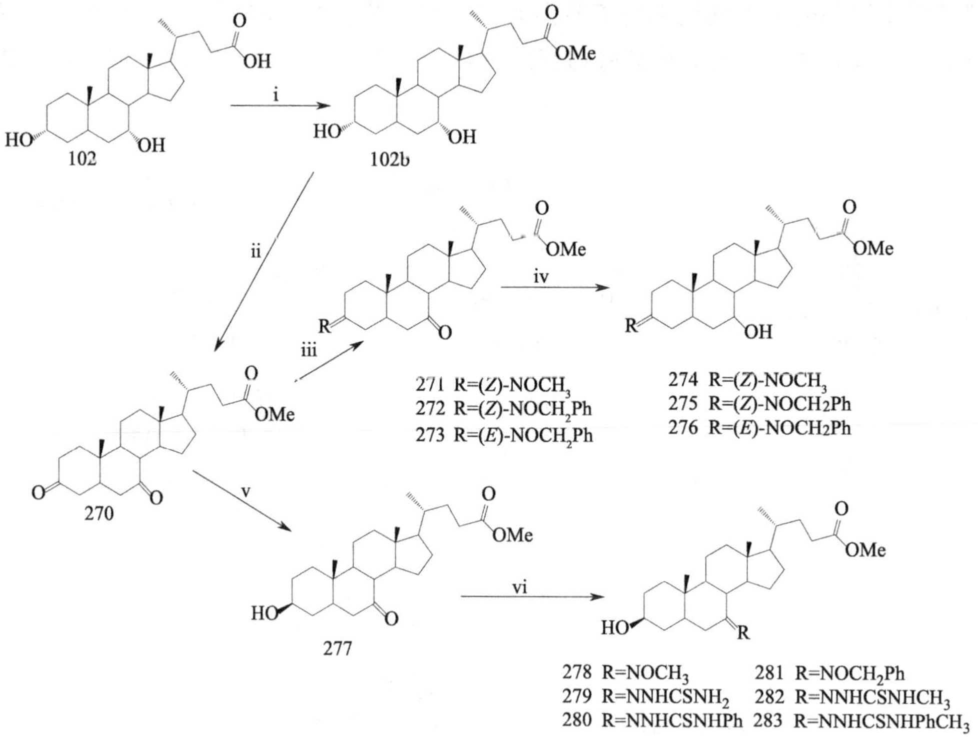

i. MeOH, HCl; ii. 琼斯试剂; iii. NH$_2$OCH$_3$, HCl, NH$_2$OCH$_2$Ph, HCl, EtOH, NaOAc·3H$_2$O; iv. NaBH$_4$, MeOH; v. NaBH$_4$, CoCl$_2$·6H$_2$O; vi. RH$_2$·HCl, EtOH, HOAc

**图 2.16 鹅去氧胆酸含氮衍生物的合成路线**

Huang 等[30] 从胆酸及去氧胆酸出发,经过一系列反应,将甾核及支链上的取代基分别转化为羰基及酯基,然后采用不同比率的盐酸羟胺进行选择性肟化,进一步通过贝克曼重排合成了七个新的具有不同结构特征的胆酸及去氧胆酸内酰胺化合物。它们分别是 4, 7, 12-三氧代-3-氮杂-A-homo-胆酸甲酯(285)、4, 12-二氧代-7-肟-3-氮杂-A-homo-胆酸甲酯(286,图 2.17)、4, 12-二氧代-3-氮杂-A-homo-7-去氧胆酸甲酯(287)、12α-羟基-4-氧代-3-氮杂-A-homo-7-去氧胆酸甲酯(288)、4-氧代-12-肟-3-氮杂-A-homo-7-去氧胆酸甲酯(289,图 2.18)、3-乙酰氧基-12-氧代-12α-氮杂-C-homo-7-去氧胆酸甲酯(293)、3-羟基-12-氧代-12α-氮杂-C-homo-7-去氧胆酸甲酯(294,图 2.19)。反应所合成的中间产物 12-氧代-3-肟基-7-去氧胆酸甲酯(268)也是一个新的化合物。在化合物 101b 的合成中,直接利用甲醇作为溶剂,加入催化量的浓盐酸,反应时间短,操作简便,产率高。在化合物 284 的合成中,采用 PCC 作为氧化剂,化合物 101b 经过 PCC 氧化后,得到化合物 3, 7, 12-三氧代胆酸甲酯,产品分离比较容易,操作简单,反应条件温和,产率较高。在化合物 264 的合成中,当化合物 284 : NH$_2$OH·HCl = 1 : 1 时,分批加入 NH$_2$OH·HCl,只选择性地使空间位阻较小的 3 位羰基发生肟化,生成化合物 264,而对 7 位羰基和 12 位羰基没有影响。反应温度对化合物 264 的合成影响较大,温度越高,该反应的副产物越多。将反应温度控制在 0 ℃左右,有利于产物的生成。在化合物 286 的合成中,当化合物 285: NH$_2$OH·

HCl＝1∶1时,分批加入 $NH_2OH·HCl$,只选择性地使空间位阻较小的 7 位羰基发生肟化,对 12 位羰基没有影响。

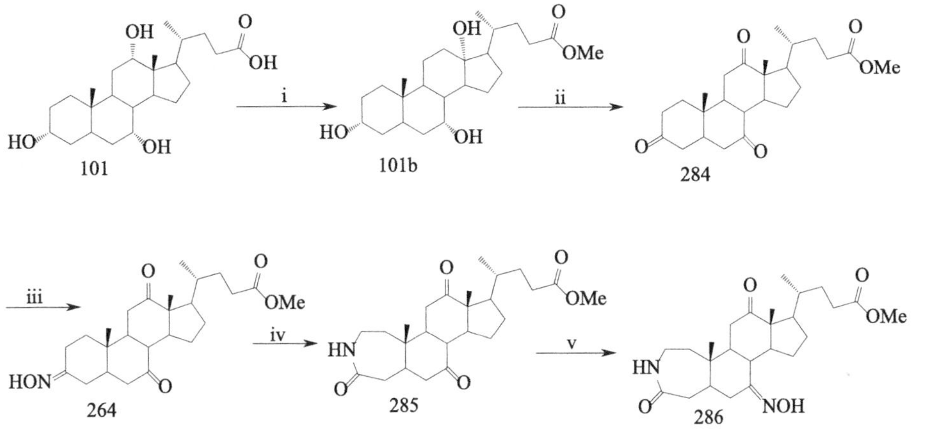

i. MeOH, HCl; ii. PCC, $CH_2Cl_2$; iii. $NH_2OH·HCl$, 95% $CH_3CH_2OH$;
iv. THF, $SOCl_2$; v. $NH_2OH·HCl$, 95% $CH_3CH_2OH$

**图 2.17  4,12-二氧代 -7-肟 -3-氮杂 -A-homo-胆酸甲酯 286 的合成**

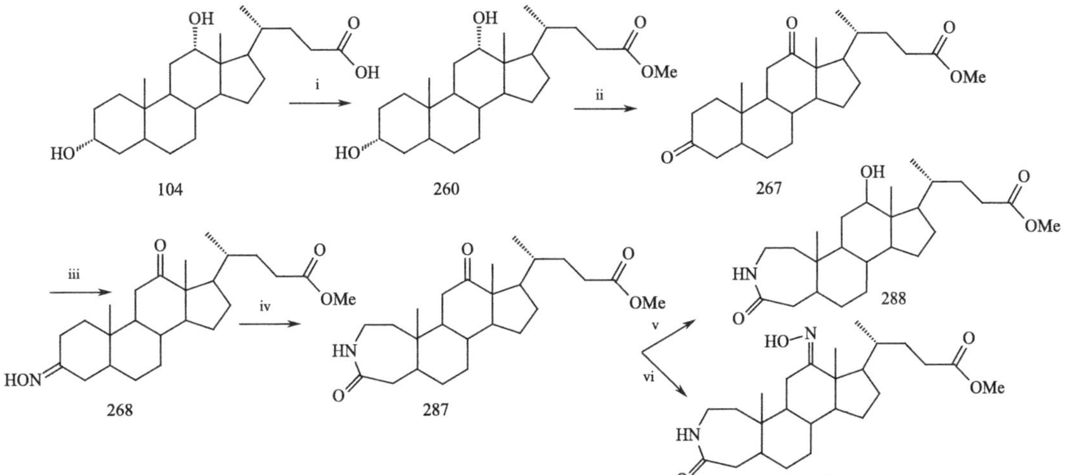

i. MeOH, $CH_2Cl_2$; ii. PCC; iii. $NH_2OH·HCl$, 95% $C_2H_5OH$; iv. THF, $SOCl_2$;
v. $NaBH_4$, MeOH; vi. $NH_2OH·HCl$, 95% $C_2H_5OH$

**图 2.18  7-去氧胆酸 A 环内酰胺化合物的合成**

在化合物 268 重排为化合物 287 的过程中,由于化合物 268 的 3 位肟基受到酸性条件的影响,使得 E 构型和 Z 构型的比例发生变化,约为 7∶3,因而化合物 268 重排后的主要产物为 4,12-二氧代 -3-氮杂 -A-homo-7-去氧胆酸甲酯,副产物为 3,12-二氧代 -4-氮杂 -A-homo-7-去氧胆酸甲酯。在化合物 289 的合成中,由于 12 位羰基受到 18-$CH_3$ 和甾体支链的影响,空间位阻较大,因此一次性加入底物当量 2 倍的 $NH_2OH·HCl$,有利于提高反应速率,由于 18-$CH_3$ 空间位阻的影响,得到的产物为 E 构型。

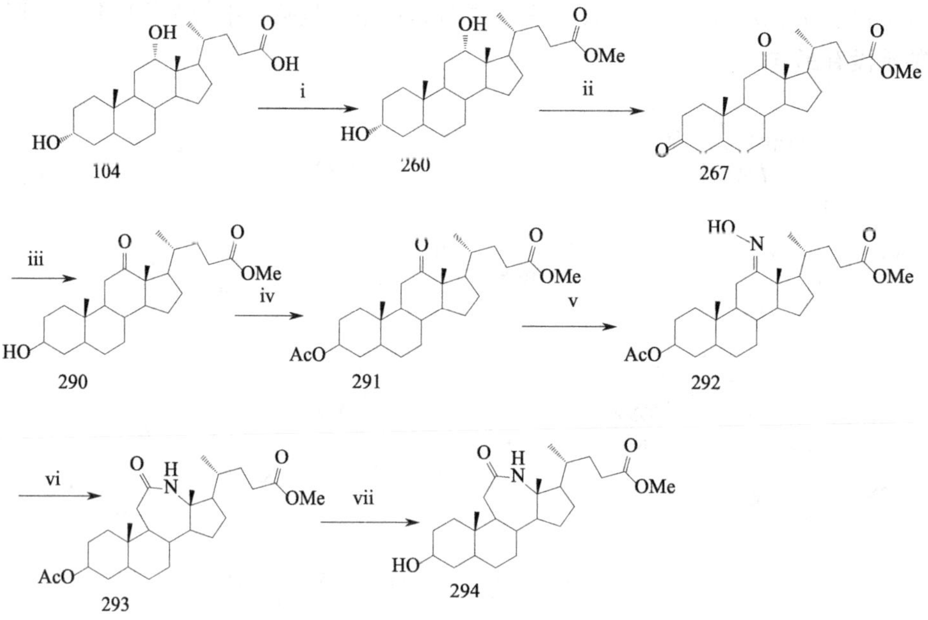

i. $CH_3OH, CH_2Cl_2$, HCl; ii. $PCC, CH_2Cl_2$; iii. $NaBH_4, CoCl_2 \cdot 6H_2O, CH_3OH$; iv. Py, $(CH_3CO)_2O$; v. $NH_2OH \cdot HCl$, 95% $CH_3CH_2OH$; vi. THF, $SOCl_2$; vii. 13% $K_2CO_3$, MeOH

**图 2.19 3-羟基-12-氧代-12α-氮杂-C-homo-7-去氧胆酸甲酯的合成**

在化合物 291 的合成中,选择吡啶作为反应溶剂,用乙酸酐保护羟基,反应条件容易控制,在常温下就能反应完全,后处理简单,产率较高,达到 88.8%。在化合物 292 的合成中,由于 12 位羰基受到 18-$CH_3$ 的影响,空间位阻较大,不利于亲核试剂进攻,因此活性较低,需要较长的反应时间 12 位羰基才能被肟化完全。同时由于受到 18-$CH_3$ 的影响,产物为 $E$ 构型。在化合物 293 的合成中,由于底物的 12 位肟基的空间位阻较大,即便在酸性条件下,$E$ 构型也并未转化为 $Z$ 构型,因而重排后的产物不存在异构体,产率较高。在化合物 294 的合成中,选择甲醇作为溶剂,在 13% $K_2CO_3$ 溶液的作用下加热到 40 ℃,去掉保护基(乙酰氧基),反应完成后需加入适量的盐酸中和 $K_2CO_3$。

黄燕敏等[31]合成 3-氧代-7-肟基-4-氮杂-A-homo-鹅去氧胆酸甲酯,鹅去氧胆酸 102 经过酯化、被琼斯试剂氧化转化为 3,7-二氧代鹅去氧胆酸甲酯(270),然后将 3 位羰基肟化,进一步通过贝克曼重排得到 3,7-二氧代-4-氮杂-A-homo-鹅去氧胆酸甲酯(296),最后将 3,7-二氧代-4-氮杂-A-homo-鹅去氧胆酸甲酯的 7 位羰基肟化得到 3-氧代-7-肟基-4-氮杂-A-homo-鹅去氧胆酸甲酯(297)。合成 3-O-苄肟基-7-氮杂-7α-氧代-B-homo-鹅去氧胆酸甲酯,可从上述得到的 3,7-二氧代鹅去氧胆酸甲酯(270)出发,经过选择性还原得到 3-羟基-7-酮-鹅去氧胆酸甲酯(298),然后肟化得到 3-羟基-7-肟基鹅去氧胆酸甲酯(299),299 进一步通过贝克曼重排得到 3-羟基-7α-氧代-7-氮杂-B-homo-鹅去氧胆酸甲酯(2001),再将 3-OH 氧化为羰基得到 3,7-二氧代-7-氮杂-B-homo-鹅去氧胆酸甲酯(2002),最后将 2002 的 3 位羰基苄肟醚化得到 3-O-苄肟基-7-氮杂-7α-氧代-B-homo-鹅去氧胆酸甲酯(2003),合成路线见图 2.20。3-氧代-7-肟基-4-氮杂-A-homo-鹅去氧胆酸甲酯(297)和 3-O- 苄肟基 -7- 氮杂 -7α- 氧代 -B-homo- 鹅去氧胆酸甲酯(2003)对多种肿瘤细胞株(如肝癌、胃癌、乳腺癌、卵巢癌等癌症细胞株)具有显著的抑制作用,能够应用于癌症的治疗中,拓宽了抗癌药的范围。

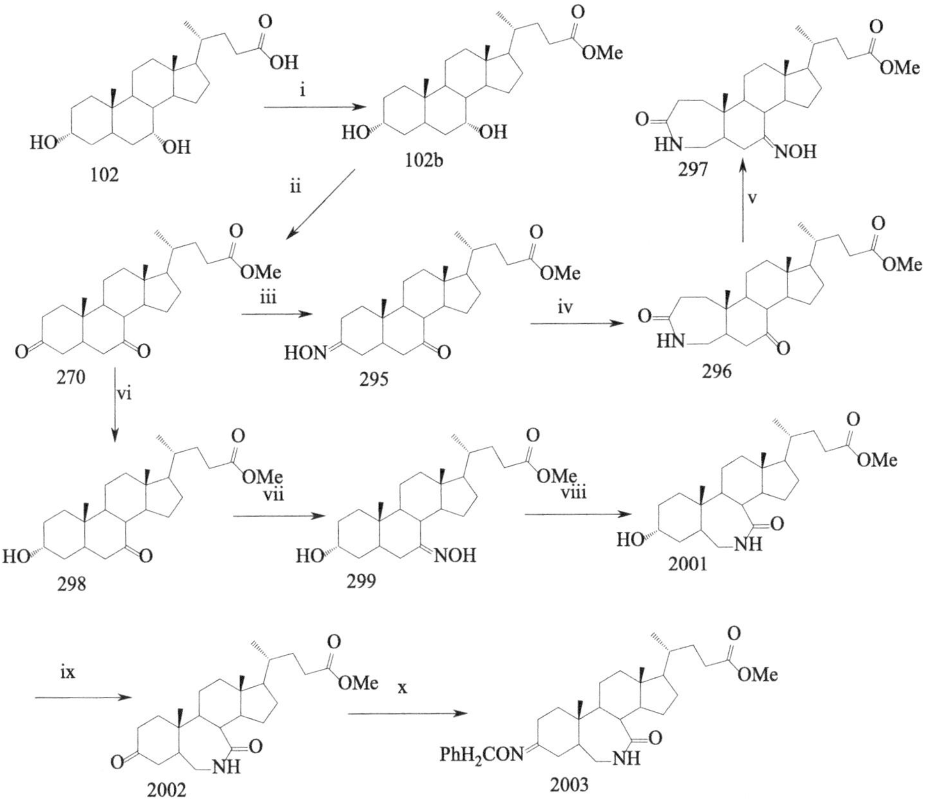

i. $CH_3OH$, HCl; ii. 琼斯试剂; iii. ①PCC, $CH_2Cl_2$, ②$NH_2OH \cdot HCl$, 95% $CH_3CH_2OH$, $NaOAc \cdot 3H_2O$; iv. THF, $SOCl_2$; v. $NH_2OH \cdot HCl$, 95% $CH_3CH_2OH$, $NaOAc \cdot 3H_2O$; vi. $NaBH_4$, $CoCl_2 \cdot 6H_2O$; vii. $NH_2OH \cdot HCl$, 95% $CH_3CH_2OH$, $NaOAc \cdot 3H_2O$; viii. THF, $SOCl_2$; ix. Jones试剂; x. $PhCH_2ONOH$, HCl

图 2.20 鹅去氧胆酸衍生物的合成路线

以去氧胆酸 104 为原料,可以合成化合物 3,12- 二氧代 -7- 去氧胆酸甲酯(267),然后通过 3 位和 12 位官能团转换,可以合成五个含氮去氧胆酸化合物(图 2.21),包括两个甾体肟类化合物 [(12E)-3- 羟基 -12- 肟基 -7- 去氧胆酸甲酯(2004)、3,12- 二肟基 -7- 去氧胆酸甲酯(269)] 和三个甾体腙类化合物 [12- 氧代 -3- 缩氨硫脲 -7- 去氧胆酸甲酯(2005)、3,12- 二缩氨硫脲 -7- 去氧胆酸甲酯(2006)、3,12- 二腙基 -7- 去氧胆酸甲酯(2007)]。由于 12 位羰基受到 18-$CH_3$ 的影响空间位阻较大,因而不易受到大体积的缩氨硫脲基团进攻,所以在较长的反应时间及较高的反应温度下 12 位羰基能完全被缩氨硫脲基团取代。另外,反应温度过高,容易发生副反应,降低反应产率。通过改变反应原料与 $NH_2OH \cdot HCl$ 的摩尔比、利用空间位阻的大小及控制反应时间的不同,实现了在 3,12- 二氧代 -7- 去氧胆酸甲酯的不同位置选择性肟化,得到化合物 2004。在 3,12- 二氧代 -7- 去氧胆酸甲酯中,由于 A、B 环采取顺式构型,不同的羰基所处的空间环境不同,3 位羰基空间位阻较小,较易受到进攻试剂进攻,所以反应活性较高;而对于12位羰基来说,由于受到18-CH$_3$和甾体支链的影响,因此其空间位阻比3位羰基大,不利于亲核试剂进攻,因此活性低,经过较长的反应时间12位羰基才能被肟化完全。3、12位羰基被肟化的能力强弱排序为:3位羰基>12位羰基。从生成的肟化产物的结构来看,3位羰基肟化得到的是不同比例的E构型和Z构型产物,而12位羰基发生肟化时,主要得到E构型产物,这主要是受底物空间位阻的影响,E构型产物比Z构型产物稳定所致。

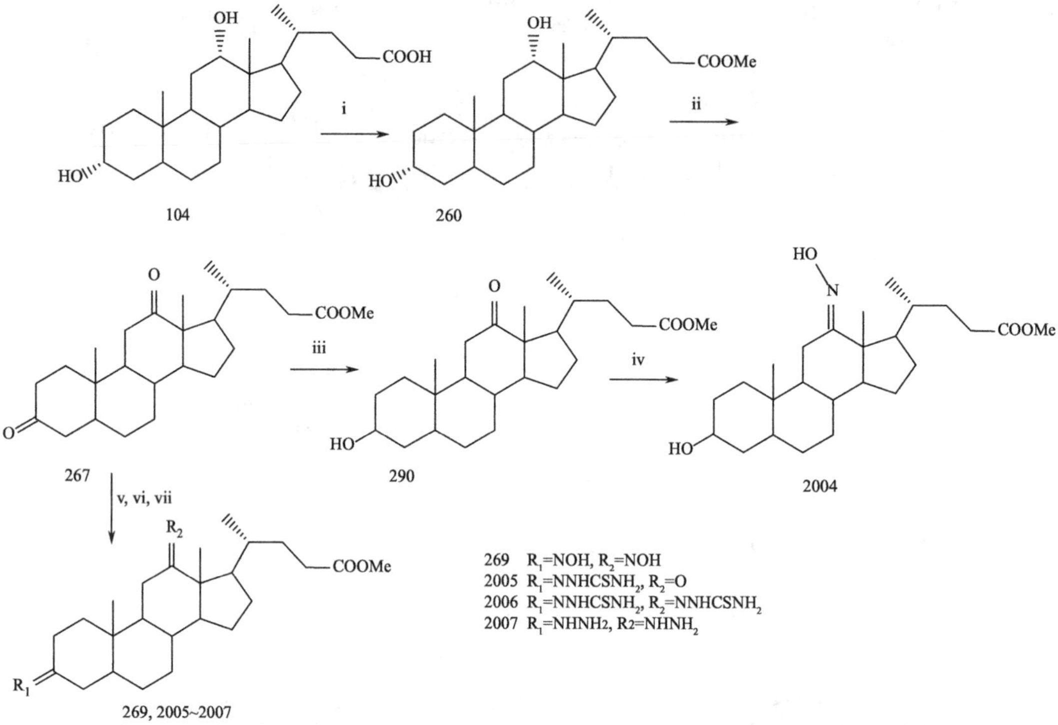

i. $CH_3OH$, $CH_2Cl_2$, HCl; ii. PCC; iii. $NaBH_4$, $CoCl_2 \cdot 6H_2O$, $CH_3OH$; iv. $NH_2OH \cdot HCl$, $C_2H_5OH$;
v. $NH_2OH \cdot HCl$, $C_2H_5OH$, $NaOAc \cdot 3H_2O$; vi. $NH_2NHCSNH_2$, $C_2H_5OH$; vii. $NH_2NH_2 \cdot H_2O$, EtOH, $CH_3COOH$

图 2.21　去氧胆酸衍生物的合成路线

# 参考文献

[1]　ZWICKER B L, AGELLON L B. Transport and biological activities of bile acids[J]. The International Journal of Biochemistry & Cell Biology, 2013, 45(7): 1389-1398.

[2]　徐庆国, 原续波, 常津. 含胆汁酸和胆固醇的双亲性聚合物的研究进展[J]. 高分子通报, 2004(3): 76-83.

[3]　MENDONÇA P V, SERRA A C, SILVA C L, et al. Polymeric bile acid sequestrants—synthesis using conventional methods and new approaches based on "controlled"/living radical polymerization[J]. Progress in Polymer Science, 2013, 38(3-4): 445-461.

[4]　DEVARAJA A, RAJA R, RAJAKUMAR P. Synthesis, photophysical properties and anti-

cancer activity of micro-environment sensitive amphiphilic bile acid dendrimers[J]. RSC Advances, 2016, 6(31):25808-25818.

[5] ZHANG K, WANG Y J, YU A, et al. Cholic acid-modified dendritic multimolecular micelles and enhancement of anticancer drug therapeutic efficacy[J]. Bioconjugate Chemistry, 2010, 21(9):1596-1601.

[6] BORTOLINI O, FANTIN G, FOGAGNOLO M. Bile acids in asymmetric synthesis and chiral discrimination[J]. Chirality, 2010, 22(5):486-494.

[7] LI D Z, YANG Y X, YANG C, et al. Synthesis of cholate-based pyridinium receptor and its recognition toward *L*-tryptophan[J]. Tetrahedron, 2014, 70(6):1223-1229.

[8] ZHAO Z G, WANG X H, SHI Z C, et al. Synthesis of molecular tweezers derived from chenodeoxycholic acid through click reaction and their recognition properties[J]. Chinese Journal of Organic Chemistry, 2014, 34(6):1110-1117.

[9] BENREBOUH A, AVOCE D, ZHU X X. Thermo- and pH-sensitive polymers containing cholic acid derivatives[J]. Polymer, 2001, 42(9):4031-4038.

[10] AHLHEIM M, HALLENSLEBEN M L, Wurm H. Bile acids bound to polymers[J]. Polymer Bulletin, 1986, 15(6):497-501.

[11] AHLHEIM M, HALLENSLEBEN M L. Radikalisch polymerisierbare gallensäuren in monoschichten, mizellen und vesikeln[J]. Die Makromolekulare Chemie, 1992, 193(3):779-797.

[12] CHHATRA R K, KUMAR A, PANDEY P S. Synthesis of a bile acid-based click-macrocycle and its application in selective recognition of chloride ion[J]. Journal of Organic Chemistry, 2011, 76(21):9086-9089.

[13] HU X Z, LIU A J. Preparation and characterization of polymers containing cholic acid moiety[J]. Progress in Chemistry, 2009, 21(6):1304-1311.

[14] GAO H, DIAS J R. Synthesis of cyclocholates and derivatives[J]. Synthetic Communications, 1997, 27(5):757-776.

[15] BONAR-LAW R P, DAVIS A P, SANDERS J K M. New procedures for selectively protected cholic acid derivatives. Regioselective protection of the 12α-OH group, and *t*-butyl esterification of the carboxyl group[J]. Journal of the Chemical Society, Perkin Transactions 1, 1990, 1(8):2245-2250.

[16] MAITRA U, BAG B G. Synthesis and cation binding properties of a novel "Chola-Crown"[J]. Journal of Organic Chemistry, 1994, 59(20):6114-6115.

[17] BONAR-LAW R P, DAVIS A P. Cholic acid as an architectural component in biomimetic/molecular recognition chemistry: synthesis of the first "cholaphanes"[J]. Tetrahedron, 1993, 49(43):9829-9844.

[18] DENIKE J K, MOSKOVA M, ZHU X X. Stereoselective synthesis of 3β-bile acid deriva-

tives from the 3ga-analog[J]. Chemistry and Physics of Lipids, 1995, 77(2): 261-267.

[19] WALLIMANN P, MARTI T, FÜRER A, et al. Steroids in molecular recognition[J]. Chemical Reviews, 1997, 97(5): 1567-1608.

[20] BENREBOUH A, ZHANG Y H, ZHU X X. Hydrophilic polymethacrylates containing cholic acid-ethylene glycol derivatives as pendant groups[J]. Macromolecular Rapid Communications, 2000, 21(10): 685-690.

[21] MAGUIRE M P, FELDMAN P L, RAPOPORT H. Stereoselective synthesis and absolute stereochemistry of Sinefungin[J]. The Journal of Organic Chemistry, 2002, 55(3): 948-955.

[22] DENIKE J K, ZHU X X. Preparation of new polymers from bile acid derivatives[J]. Macromolecular Rapid Communications, 1994, 15(6): 459-465.

[23] KIM C, LEE S C, KANG S W. Synthesis and the micellar characteristics of poly(ethylene oxide)-deoxycholic acid conjugates[J]. Langmuir, 2000, 16(11): 4792-4797.

[24] IDZIAK I, GRAVEL D, ZHU X X. Polymer-catalyzed aminolysis of covalently imprinted cholic acid derivative[J]. Tetrahedron Letters, 1999, 40(52): 9167-9170.

[25] KOBUKE Y, NAGATANI T. A supramolecular ion channel based on amphiphilic cholic acid derivatives[J]. Chemistry Letters, 2000, 29(4): 298-299.

[26] VIRTANEN E, KOLEHMAINEN E. Use of bile acids in pharmacological and supramolecular applications[J]. European Journal of Organic Chemistry, 2004, 2004(16): 3385-3399.

[27] 崔建国, 姚秋翠, 甘春芳, 等. 胆汁酸的结构修饰对生物活性影响的研究进展[J]. 化学通报, 2013(11): 1016-1024.

[28] HUANG Y M, CUI J M, CHEN S J, et al. Synthesis and antiproliferative activity of some steroidal lactams[J]. Steroids, 2011, 76(12): 1346-1350.

[29] 黄燕敏, 姚秋翠, 刘志平, 等. 鹅脱氧胆酸含氮衍生物的合成及抗肿瘤活性研究[J]. 有机化学, 2015(10): 2168-2175.

[30] HUANG Y M, CUI J M, CHEN S J, et al. Synthesis and antiproliferative activity of C-homo-lactam derivatives of 7-deoxycholic acid[J]. Bioorganic & Medicinal Chemistry Letters, 2013, 23(7): 2265-2267.

[31] 黄燕敏, 崔建国, 姚秋翠, 等. 3-氧代-7-肟基-4-氮杂-A-homo-鹅脱氧胆酸甲酯和3-O-苄肟基-7-氮杂-7α-氧代-β-homo-鹅脱氧胆酸甲酯及其在制备抗肿瘤药物中的应用: 103044518A[P]. 2013-01-06.

# 第 3 章　几种药用胆汁酸的合成

熊去氧胆酸(ursodeoxycholic acid, UDCA)最初是从熊胆汁中分离得到的,由于在临床上大量使用,而其天然来源受到资源和法律限制,商业应用的熊去氧胆酸主要通过合成方法得到,其合成工艺已较成熟。奥贝胆酸(obeticholic acid, OCA)是鹅去氧胆酸 6-乙基衍生物,对酒精性脂肪肝疾病具有显著的疗效,近期通过临床试验,成为可以临床应用的药物。尽管研究者们开发了多种奥贝胆酸的合成工艺,但目前奥贝胆酸还没有实现大规模工业化生产。本章对鹅去氧胆酸、熊去氧胆酸与奥贝胆酸的合成方法与工艺进行综述。

## 3.1　鹅去氧胆酸的合成

### 3.1.1　以胆酸为原料

不同动物胆汁中的胆汁酸成分不同,提取工艺和难易程度不同。最早规模化生产的胆汁酸是牛胆汁中的胆酸。鹅去氧胆酸是鸡、鸭、鹅等家禽胆汁中的主要有机成分。在动物胆汁中,鹅去氧胆酸通常与胆酸、去氧胆酸、石胆酸等胆汁酸共存,由于这些胆汁酸结构与性质相近,分离比较困难,因而最初大多数的高纯鹅去氧胆酸是由来源广泛的胆酸合成的。目前以胆酸为原料合成鹅去氧胆酸的方法有多种,有些方法已成熟并用于工业化生产。

1. 通过羰基还原制备 CDCA

1933 年卡瓦依(Kawai)首次利用胆酸合成了鹅去氧胆酸。在制备过程中,先将胆酸氧化为脱氢胆酸,接着通过脱氢胆酸部分加氢得到 $3\alpha,7\alpha$-二羟基-12-羰基-$5\beta$-胆甾酸,然后在乙醇中与缩氨基脲、乙醇钠在 180 ℃下反应,进一步还原。通过鹅去氧胆酸的钙盐结晶,得到纯度较高的鹅去氧胆酸。普拉特纳(Plattner)和赫斯尔(Heusser)[3]通过博尔舍(Borsche)法(图 3.1)将胆酸乙酰化,接着用乙酸乙酯重结晶,得到 $3\alpha,7\alpha$-二乙酰-$12\alpha$-羟基-$5\beta$-胆甾酸(205)。随后在乙酸中用三氧化铬氧化,产生 12-羰基化合物(301),在还原羰基之前,在二氧己环中与重氮甲烷反应转化为相应的甲酯,然后用沃尔夫–凯惜纳(Wolff-Kishner)法还原得到鹅去氧胆酸的钡盐粗品。加入碳酸钠溶液并将产生的碳酸钡过滤除去,在滤液中加入稀硫酸酸化,经分离得到纯净的鹅去氧胆酸。几年后,黄鸣龙(Huang)[4]改进了 Wolff-Kishner 还原法,在三甘醇或二甘醇中用氢氧化钾或氢氧化钠取代乙醇及乙醇钠,由于在最初的步骤中水被除去,因此也可以用水合肼。过量的水合肼可以抑制异构体的产生,多数酮类甾酸可以成功地用黄鸣龙改进的方法(以下称之为"黄鸣龙法")还原。

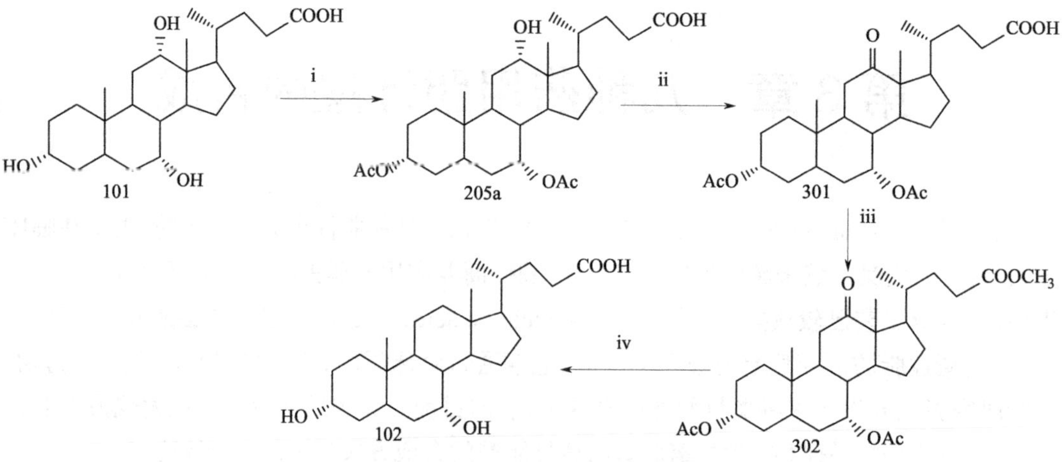

i. $CH_3COOH$; ii. $CrO_3$, $CH_3COOH$; iii. $CH_2N_2$, DIOX; iv. Wolff-Kishner 还原

**图 3.1　从胆酸合成鹅去氧胆酸的路线**

费舍尔(Fieser)[5]等用胆酸甲酯(101b)合成鹅去氧胆酸(图 3.2)。在氯化氢气体存在的情况下用甲醇将胆酸酯化得到胆酸甲酯,胆酸甲酯与乙酸酐、吡啶、苯等反应,3、7 位羟基乙酰化得到 3α,7α-二乙酰-12α-羟基-5β-胆酸甲酯(205b)。接着用铬酸钾将其在乙酸中氧化生成 3α,7α-二乙酰-12α-羰基-5β-胆酸甲酯(302),最后经黄鸣龙法还原得到鹅去氧胆酸。安德森(Anderson)等将 3α,7α-二乙酰-12α-羰基-5β-胆酸除去,纯化甲酯后再进行还原得到鹅去氧胆酸。

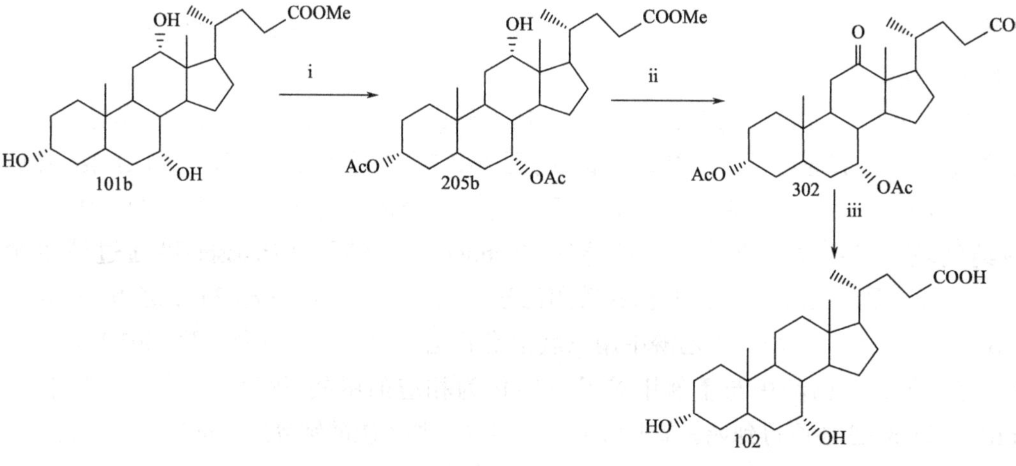

i. $(CH_3CO)_2O$, $C_6H_6$, $C_5H_5N$; ii. $K_2Cr_2O_4$, $CH_3COOH$; iii. 黄鸣龙还原

**图 3.2　从胆酸甲酯合成鹅去氧胆酸的路线**

佐藤(Sato)和池川(Ikekawa)[6]将 3α,7α-二乙酰-12α-羰基-5β-胆酸甲酯(302)转化为相应的缩硫酮衍生物(303),用雷尼镍(Raney-Ni)脱硫除去 C12 上的基团,再经水解得到鹅去氧胆酸,产率高达 90%(图 3.3)。然而,该法的缺点是缩硫酮衍生物与 3α,7α-二乙酰-12α-羰基-5β-胆酸;甲酸甲酯(302)很难从生成的鹅去氧胆酸中除去。

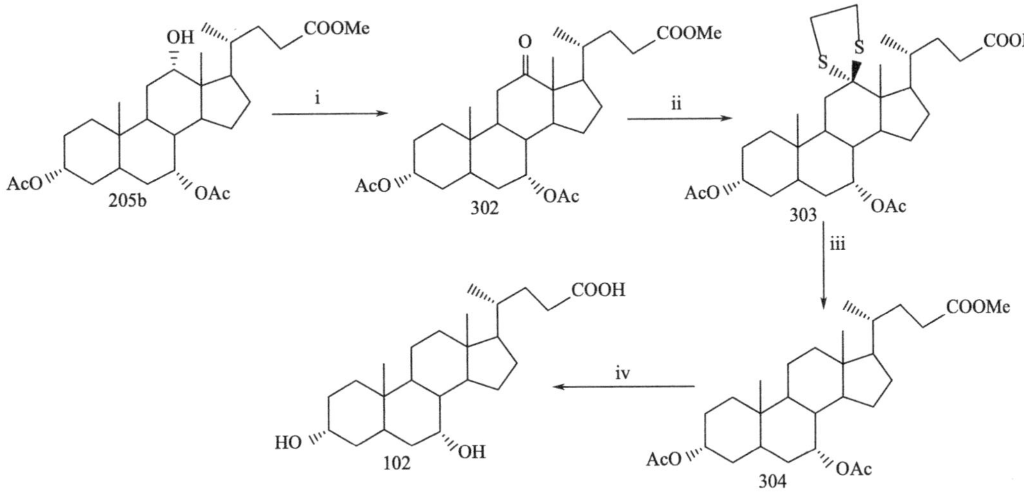

i. $CrO_3$, $H^+$; ii. $HSCH_2CH_2SH$, $H^+$; iii. Raney-Ni; iv. $OH^-$

**图 3.3 从胆酸甲酯经形成二硫键合成鹅去氧胆酸的路线**

饭田(Iida)和 Chang[7]以胆酸甲酯为原料、甲苯磺酰腙为关键的中间产物合成鹅去氧胆酸。在此过程中，$3\alpha,7\alpha$-二乙酰-$12\alpha$-羟基-$5\beta$-胆酸甲酯(205b)通过 Fieser 的方法氧化为羰基衍生物，如图 3.4 所示。在室温下与对甲苯磺酰肼反应 12 h 得到甲苯磺酰肼衍生物 305，产率为 72%。接着在乙酸中用 $NaBH_4$ 还原甲苯磺酰肼衍生物 305，之后水解得到鹅去氧胆酸，产率为 38%。高桥(Takahaski)改进了胆酸乙酰化的过程，用丙酸、丁酸等代替乙酸进行酰化，产率得到了明显的提高。

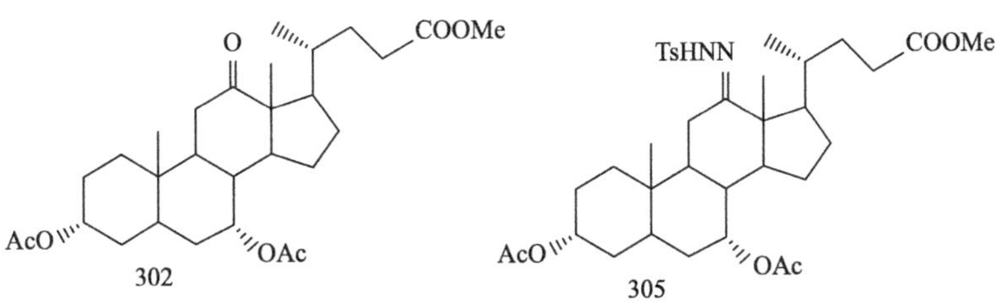

**图 3.4 合成鹅去氧胆酸路线中的关键中间体**

**2. 通过 C11 烯烃加氢制备 CDCA**

在相关文献中，一些制备鹅去氧胆酸的方法是通过 C11 烯烃加氢实现的。其中关键的中间产物如图 3.5 所示。中田(Nakada)等[8]用 Fieser 合成方法，使 $3\alpha,7\alpha$-二乙酰-$12\alpha$-羟基-$5\beta$-胆酸甲酯在吡啶中经 $POCl_3$ 脱水，在 C11、C12 间形成双键，即可得到该中间产物 306，产率为 40%~45%。

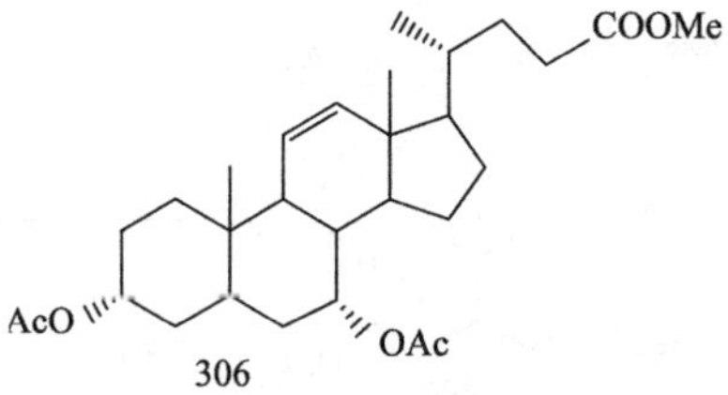

图 3.5 合成鹅去氧胆酸路线中的关键中间体

Chen 等[9]通过 3α,7α-二乙酰-12α-甲磺酰氧基-5β-胆酸甲酯(307)在乙酸钾中与六甲基磷酰三胺(HMPA),脱去甲磺酰氧基得到中间体 306,306 在乙酸中用钯催化加氢反应,产生酯类化合物,产率恒定;然后用含有 10% NaOH 的甲醇水解 15 h,使水解完全,得到鹅去氧胆酸;最后用乙酸乙酯与正庚烷的混合溶剂进行重结晶,得到纯净的产物,产率为 80%(图 3.6)。

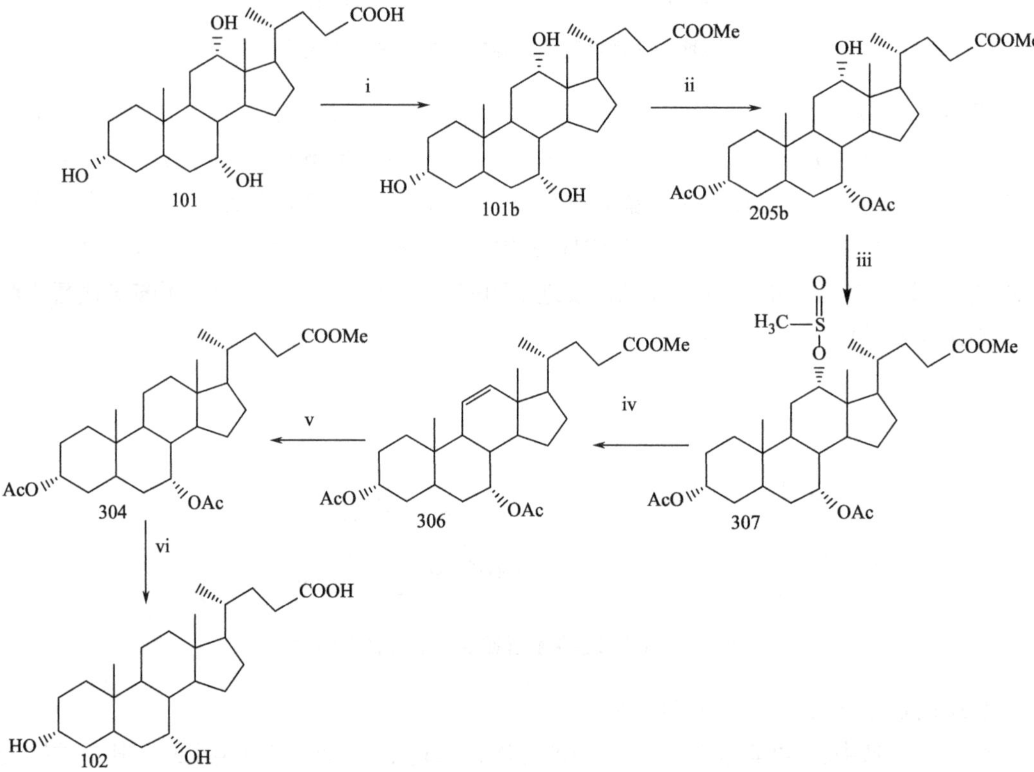

i. MeOH, H$^+$; ii. Ac$_2$O, Py; iii. CH$_3$SO$_2$Cl, Py; iv. HMPA, KOAc;
v. H$_2$, Pd, HOAc; iv.10% NaOH, MeOH

图 3.6 通过形成甲基磺酰酯合成鹅去氧胆酸的路线

### 3.1.2 以猪去氧胆酸为原料

王锺麒等以猪去氧胆酸甲酯为原料,立体选择性地合成了鹅去氧胆酸。张飞等[10]以资源丰富的猪去氧胆酸(hyodeoxycholic acid,HDCA)为原料合成了鹅去氧胆酸,合成路线见

图 3.7，猪去氧胆酸(308)经甲酯化后与对甲苯磺酰氯反应生成 3α，6α- 二对甲苯磺酰氧基 -5β- 胆烷酸甲酯(309)，309 经消去，欧芬脑尔(Oppenauer)氧化、6、7 位脱氢，环氧化，催化氢化，3 位选择性还原合成鹅去氧胆酸，总产率为 26%，纯度经高效液相色谱(HPLC)检测为 97.5%。

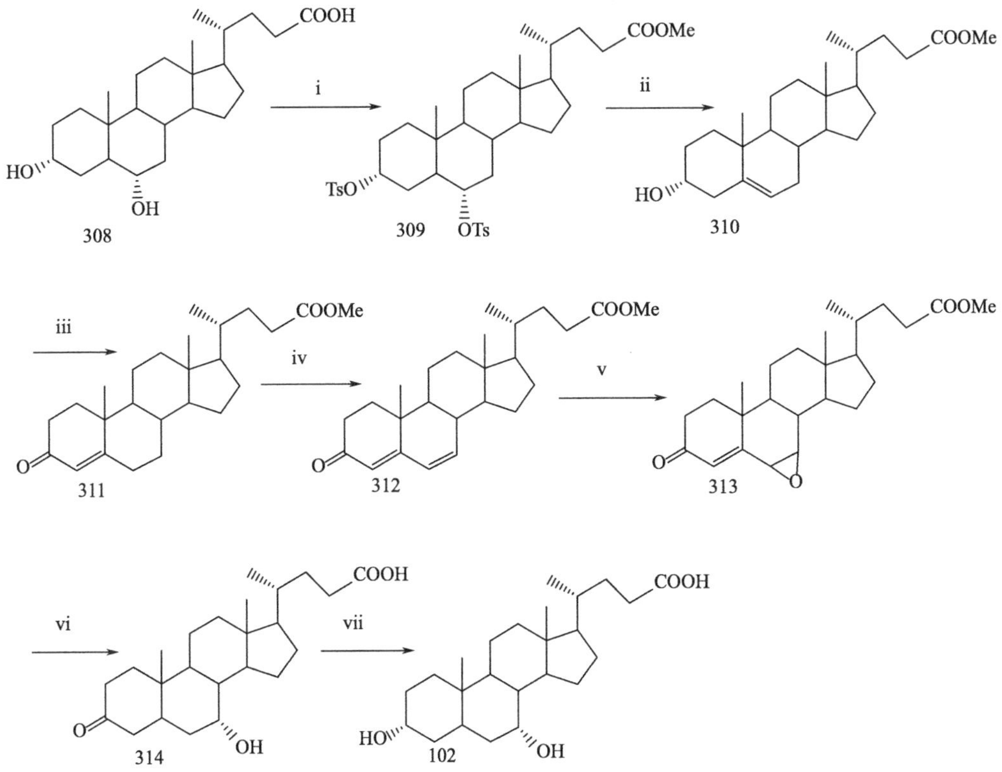

i. $CH_3OH$, $H^+$; ii. KOAc, DMF; iii. $C_9H_{21}AlO_3$, CYC; iv. $C_6Cl_4O_2$, EtOAc;
v. m-CPBA, $CH_2Cl_2$; vi. Pd/C, EtOH; vii. $KBH_4$, 10% NaOH溶液, MeOH

**图 3.7 以猪去氧胆酸为原料合成鹅去氧胆酸的路线**

## 3.2 熊去氧胆酸的合成

熊去氧胆酸(UDCA)是中药熊胆中的主要有效成分，因 1902 年哈默斯坦(Hammarsten)等在北极熊胆汁中发现，日本冈山大学的庄田(Shoda)等从中国熊胆汁中分离而得名。熊去氧胆酸具有杀菌、抗炎和溶解胆结石的作用，可用于治疗反流性胃炎、胆囊胰腺炎、酒精性肝病、原发性胆汁肝硬化和药物诱导性肝炎，大剂量 UDCA 已被用于治疗慢性丙型肝炎和原发性胆汁肝硬化[11]。

目前制备 UDCA 的途径主要有三条：①从熊胆汁中提取；②以 CA 或 CDCA 为原料，应用酶催化反应合成得到；③以来源于牛、猪、鸡、鸭等动物胆汁的 CA、HDCA、CDCA 为原料，通过化学法合成[12]。

## 3.2.1 以胆酸为原料

1955年,金泽(Kanazawa)等选用CA作为原料,经甲酯化、二乙酰化、12位羟基被CrO$_3$-HOAc氧化、沃尔夫-凯惜纳-黄鸣龙还原等一系列步骤得CDCA,再将CDCA氧化成3α-羟基-7-酮基-5β-胆烷酸(315),在正丁醇中用Na还原得UDCA。路线如图3.8所示,该路线已经实现工业化生产。

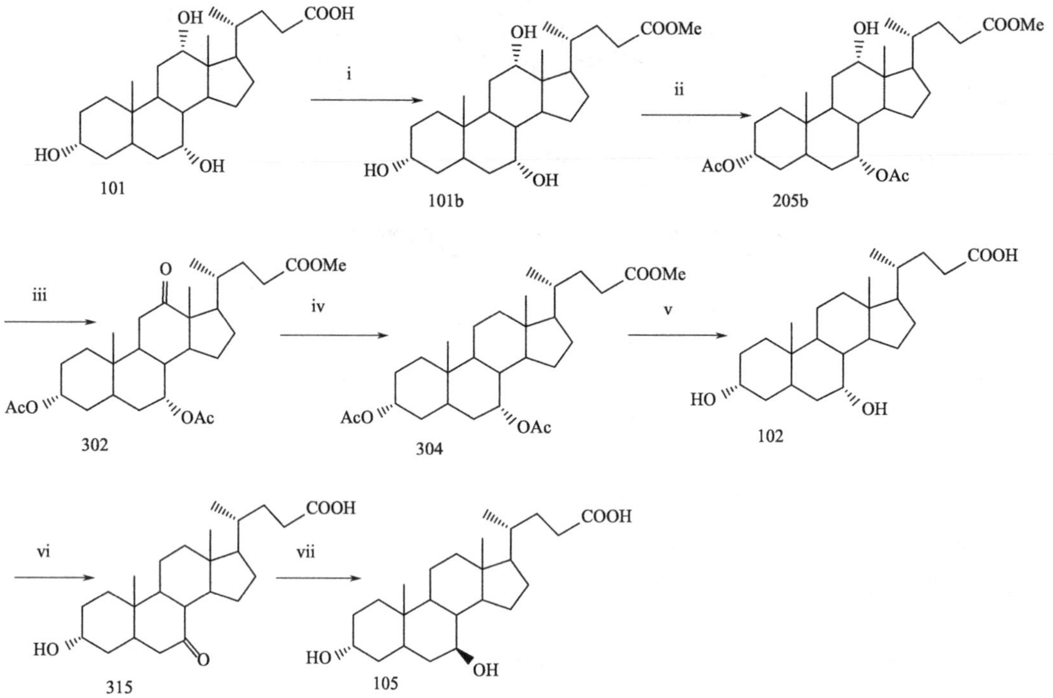

i. CH$_3$OH, H$^+$; ii. (CH$_3$CO)$_2$O, C$_5$H$_5$N, C$_6$H$_6$; iii. CrO$_3$, H$^+$; iv. Wolff-Kishner还原; v. OH$^-$; vi. CrO$_3$, HOAc; vii. Na, n-C$_4$H$_9$OH

**图3.8 以CA为原料合成UDCA**

1982年,Iida小组[13]选用CA作为原料,经甲酯化、二乙酰化、12位羟基被N-溴代丁二酰亚胺(NBS)氧化后,与对甲苯磺酰肼反应,再与NaBH$_4$-HOAc反应得CDCA。CDCA的3位羟基用氯甲酸乙酯选择性保护,7位羟基直接甲磺酰化后在KO$_2$-冠醚中结晶得UDCA。此方法虽然避免了剧烈的碱金属反应,但是所用冠醚试剂价格昂贵,工业化生产可行性不大。工艺路线如图3.9所示。

近年来研究[14]显示,选用CA作为原料,经选择性氧化,用金属Na还原,2-碘酰基苯甲酸(IBX)做氧化剂,最后用Wolff-Kishner法还原得到UDCA,如图3.10所示。此路线与上一个路线相比,步骤大大简化。

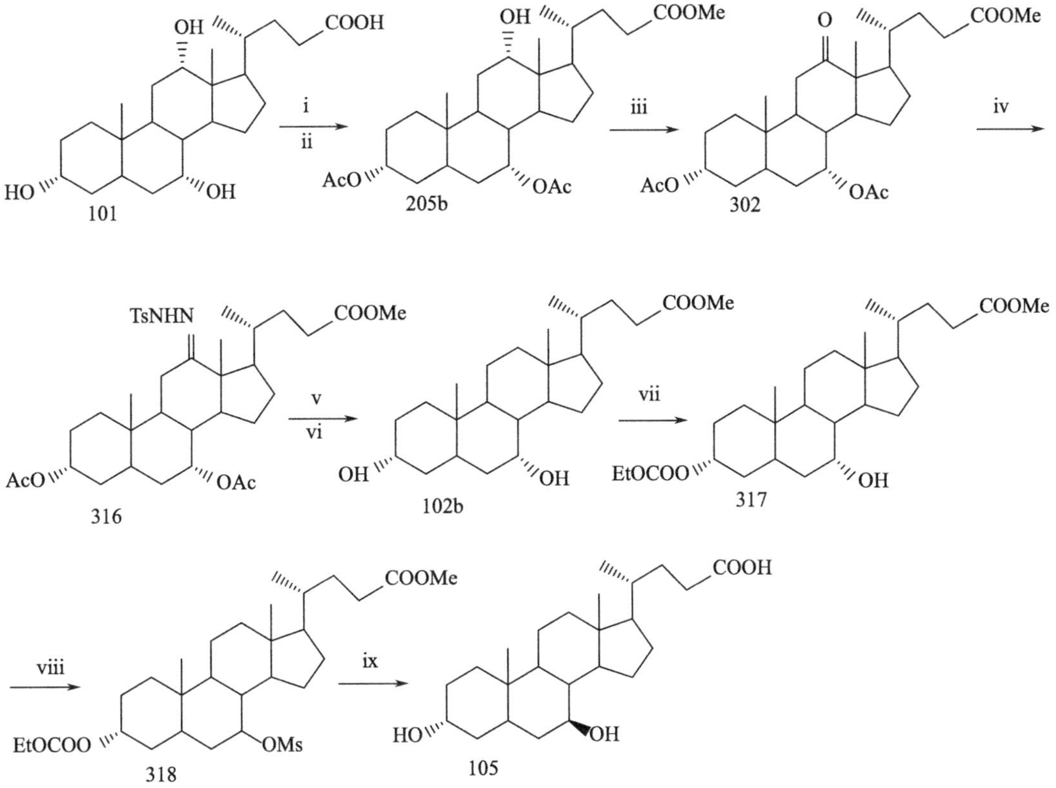

i. MeOH, HCl; ii. $C_6H_6$, $(CH_3CO)_2O$, $C_5H_5N$; iii. NBS; iv. p-TsNNH$_2$; v. HOAc, NaBH$_4$; vi. KOH, MeOH; vii. ClCOOEt, Py; viii. MeSO$_2$Cl, Py; ix. KO$_2$, 冠醚

**图 3.9  以 CA 为原料合成 UDCA**

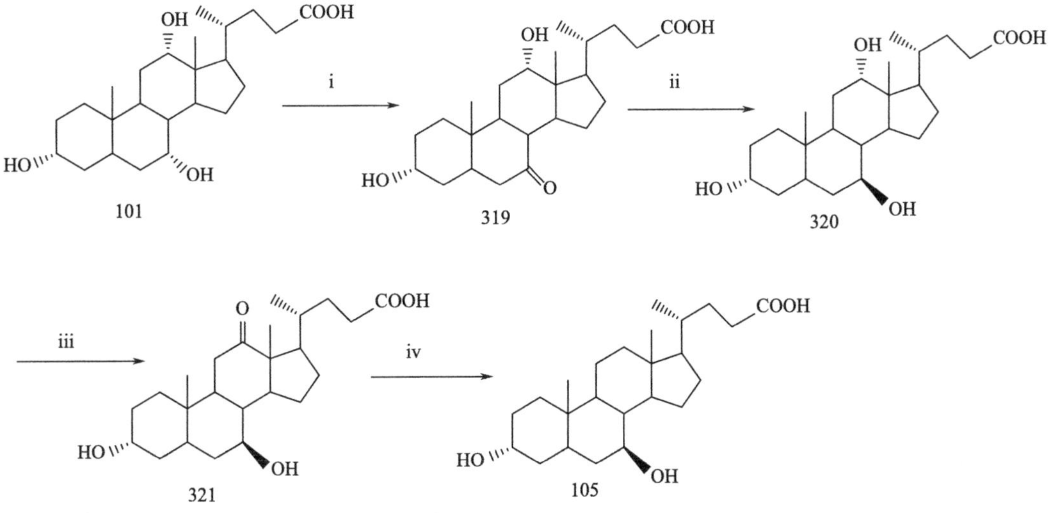

i. IBX, t-BuOH; ii. Na, n-$C_3H_7OH$; iii. IBX, t-BuOH; iv. NH$_2$NH$_2$, H$_2$O, KOH, TEG, 回流

**图 3.10  以 CA 为原料合成 UDCA**

法拉利( Ferrari )等[15]将胆酸甲酯化，3 位和 7 位羟基乙酰化，得到 3α,7α- 二乙酰 -12α-

羟基胆酸甲酯(205b);氧化 12 位羟基后,用 Wolff-Kishner 法还原 12 位酮基,同时水解 3、7、24 位酯基,得粗品 CDCA,氧化 7 位羟基后得 7K-LCA,再还原 7 位酮基后得到 UDCA 粗品。其合成路线如图 3.11 所示。

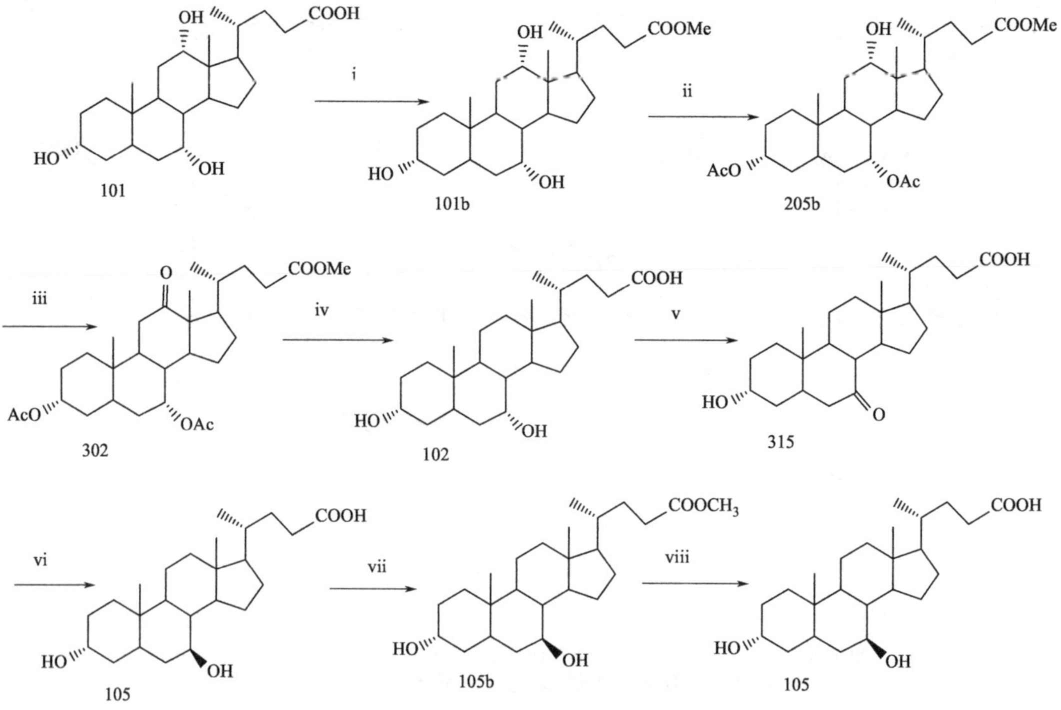

i. MeOH, H⁺; ii. (CH₃CO)₂O, Py; iii. NaClO; iv. Wolff-Kishner还原;
v. NBS; vi. Na, H₃PO₄, 咪唑; vii. CH₃OH, HCl; viii. ①NaOH, ②H⁺

图 3.11 以 CA 为原料合成 UDCA

专利研究[16]显示,选用 CA 作为原料合成 UDCA 是在 $Na_2CO_3$ 溶液中用 NBS 选择性氧化 CA,再在叔丁醇中用 Na 还原酮酸;在苯、吡啶中用乙酸酐进行乙酰化,再氧化、用黄鸣龙法还原得 UDCA。

UDCA 的化学合成法多以动物 CA 为原料,这些方法普遍存在着步骤多、费用高、收率低、后处理困难等缺点,因此探索出更具工业可行性的 UDCA 合成路线具有很高的经济效益与社会效益。

### 3.2.2 以猪去氧胆酸为原料

临床上用于治疗肝胆疾病的 UDCA 最初是从熊胆汁中提取得到的,在临床大量应用之后开始以 CA 为原料合成。随着 CDCA 提取工艺和 CDCA 合成 UDCA 工艺的成熟,CDCA 逐渐代替 CA 成为生产 UDCA 的主要原料。由于 HDCA 来源丰富,价格低廉,以 HDCA 为原料合成 UDCA 有较大的优势,近几年由 HDCA 合成 UDCA 的研究成为甾类药物合成研究的热点之一。生产者们也将生产原料转向了价格更为低廉的 HDCA,由此开发出多种以 HDCA 为原料合成 UDCA 的技术。

## 1. 通过重建 5β 构型制备 UDCA

王锺麒等[17]以猪去氧胆酸甲酯 322 为原料（图 3.12），经酰化反应生成 3α，6α- 二对甲苯磺酰氧基 -5β- 胆烷酸甲酯（309），309 在乙酸钾和 N，N- 二甲基甲酰胺（DMF）作用下选择性消去 6 位对甲苯磺酰氧基得到 3β- 羟基 -4- 烯基 -5β- 胆烷酸甲酯（310），310 经加成、重铬酸吡啶盐（PDC）氧化和消除反应得到化合物 312，312 经环氧化后在碱性介质中经 Pd/C 催化氢化的同时开环，立体选择性地得到 7α- 羟基 -3- 酮 -5β- 胆烷酸甲酯（314），314 经琼斯试剂氧化脱氢后得到 3，7- 二酮胆烷酸甲酯（324），324 用金属锂还原得到 UDCA，总收率约为 26%，纯度为 97.5%。

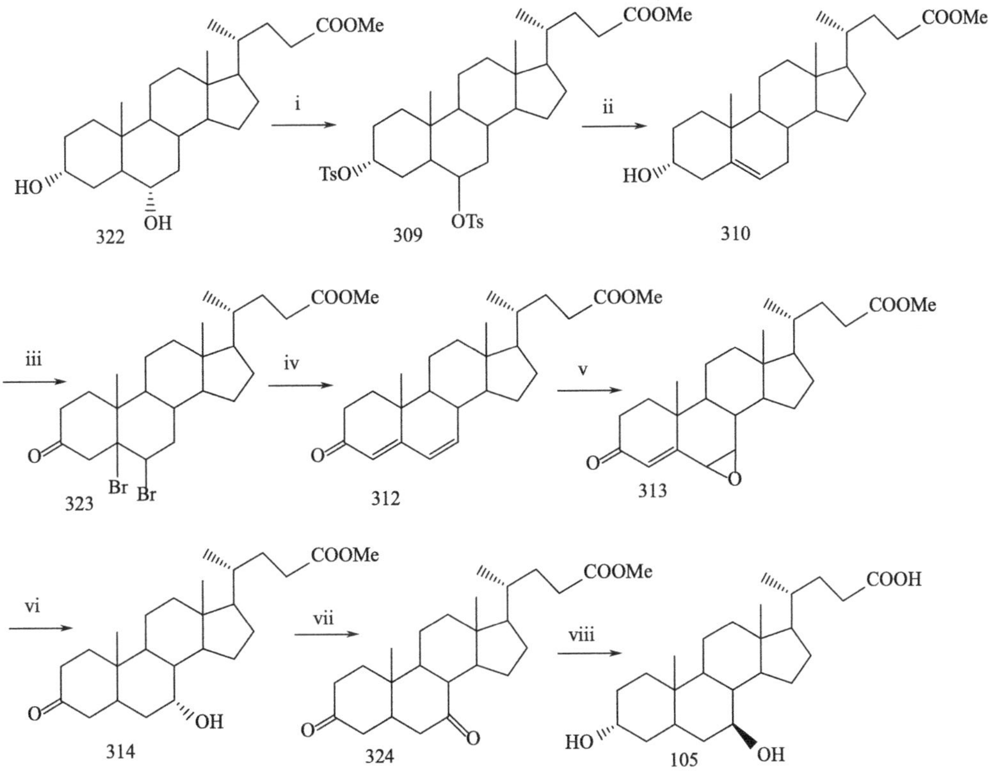

i. TsCl, Py; ii. KOAc, DMF; iii. $C_5H_5N$, $Br_2$; iv. PDC; v. m-CPBA, $CH_2Cl_2$; vi. Pd/C, $H_2$, EtOH; vii. 琼斯试剂; viii. $Li/NH_2$

**图 3.12 以 HDCA 为原料合成 UDCA 的路线 1**

采用重建 5β 构型的方法合成 UDCA 的关键是中间体 312 的合成。张飞等以 HDCA 为起始原料合成 4- 烯基 -3- 酮结构单元化合物，利用具有 4- 烯基 -3- 酮结构的甾体化合物催化加氢得到 5β-H 构型的化合物，从而构成了 A、B 环的顺式结构，成功地合成了 UDCA。

张琪[18]报道的合成路线是：HDCA 在酸性催化剂存在的条件下甲酯化，得到猪去氧胆酸甲酯，后经酰化、亲核取代 – 消除反应得到化合物 325（收率为 94%），325 经 Oppenauer 氧化发生双键移位得到关键中间体 328，328 经四氯苯醌脱氢反应、间氯过氧苯甲酸环氧化反应得到 6α，7α- 环氧 -3- 酮胆烷酸甲酯（329），329 用 Pd/C 催化加氢得到化合物 314，314 在甲醇溶液中用硼氢化钠（$NaBH_4$）选择性还原，将 3 位酮羰基转化为羟基得到 CDCA，

CDCA 经氧化得到 7-酮石胆酸（7K-LCA，314），314 在 CeCl$_3$·7H$_2$O 做催化剂、NaBH$_4$ 做还原剂的条件下，7 位酮羰基转化为 7β-OH 得到 UDCA（图 3.13）。该合成路线中的关键步骤是 NaBH$_4$ 对 5β-3-酮甾体的立体选择性还原。4-烯基-3-酮结构单元化合物 311 是反应的重要中间产物，因此只有得到关键中间体 311 才能达到重建 5β 构型的目的。

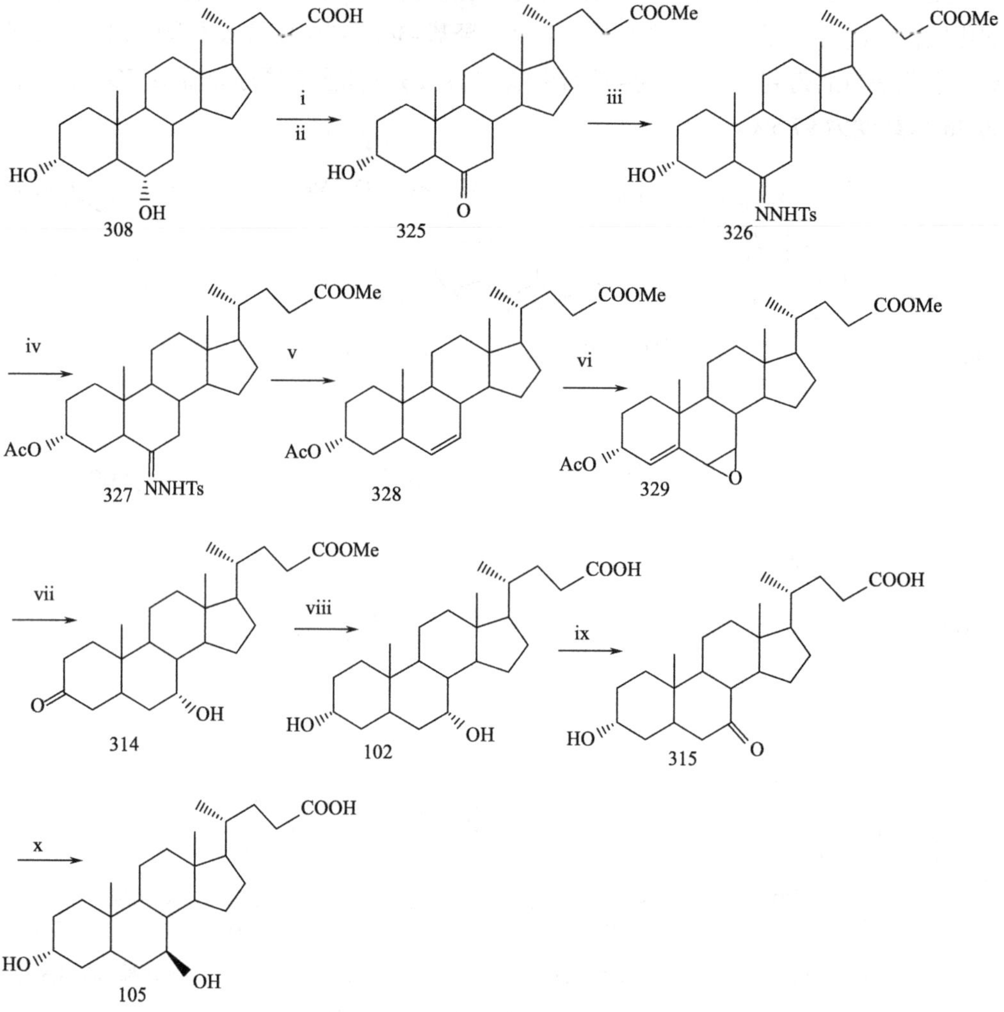

i. MeOH, HCl; ii. TsCl, Py; iii. KOAc, DMF; iv./v. EtOAc; vi. m-CPBA, CH$_2$Cl$_2$;
vii. Pd/C, H$_2$, EtOH; viii. NaBH$_4$, MeOH; ix. NBS; x. NaBH$_4$, CeCl$_3$

图 3.13　以 HDCA 为原料合成 UDCA 的路线 2

朱颖熹等[19]对王锺麒的方法进行了优化（图 3.14），通过对化合物 311 的合成工艺进行研究，得到酯化反应的最佳条件为：以 37.5% 的浓盐酸为催化剂，在 80 ℃下回流 30 min，在乙酸钾的甲醇-四氢呋喃溶液中水解，使杂质 5-烯基-3α-羟基胆烷酸甲酯（310，图 3.14）转化为化合物 315。在制备关键中间体 311 时，采用在反应过程中不断加入异丙醇铝和甲苯的混合溶液，同时旋出甲苯的方法，避免了由于环己酮缩合反应产生的杂质，使反应得以顺利进行，反应得到的产物采用环己烷重结晶得到化合物 311，此合成工艺操作简便，有利于工业化生产。

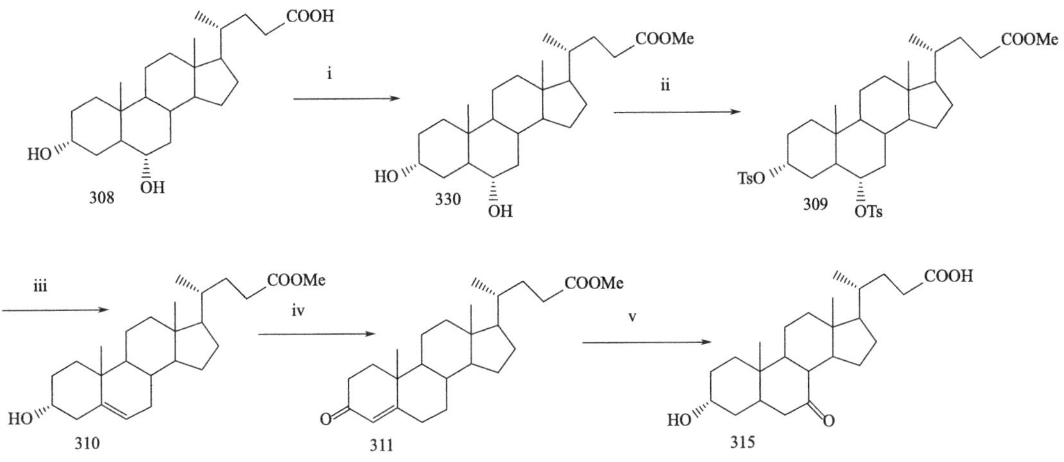

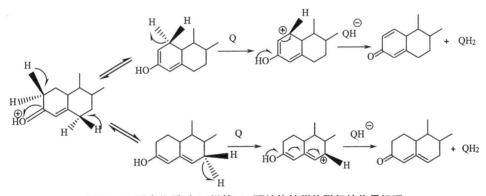

i. MeOH, HCl; ii. TsCl, Py; iii. KOAc, DMF; iv. Oppenauer氧化; v. KOAc, MeOH/THF

**图 3.14　关键中间体 311 的合成路线**

李蔚[20]对关键中间体 311 的 4-烯基-3-酮结构的甾体选择性脱氢生成 4,6-二烯基-3-酮结构的反应进行了专门的研究（图 3.15）。研究发现：2,3-二氯-5,6-二氰基苯醌（DDQ）的氧化能力强，反应速度快，脱氢选择性好，易与甾体形成加合物；四氯苯醌氧化性较弱，反应速度较慢，在同样情况下发生副反应的概率比较小，可以对 4-烯基-3-酮结构的 6、7 位进行选择性脱氢，有利于甾体加合物的形成。

**图 3.15　醌类物质对 4-烯基-3-酮结构的甾体脱氢的作用机理**

**2. 通过 1,2-酮基移位制备 UDCA**

HDCA 和 UDCA 是同分异构体，两者在结构上的不同在于，HDCA 的 3α、6α 位有两个羟基，而 UDCA 的 3α、7β 位有两个羟基，将甾体骨架上的 6α 位羟基转移到 7β 位，就可以将 HDCA 转变为 UDCA。从有机合成的角度看，这个转变可以通过 1,2-酮基移位的方法来实现。

周维善等[21]以 HDCA 为原料，利用 1,2-酮基移位反应将 HDCA 转化为 UDCA（图

3.16），该合成路线先通过甲酯化反应将 HDCA 转化为猪去氧胆酸甲酯，之后用重铬酸钾做氧化剂，进行选择性氧化，将猪去氧胆酸甲酯的 6 位羟基转化为羰基，得到化合物 325，325 在二异丙基氨基锂（LDA）作用下选择性地与三甲基氯硅烷反应生成烯醇硅醚化合物 332，332 很不稳定，将其立即用间氯过氧苯甲酸氧化为 3α，7α- 二羟基 -6- 酮 -5β- 胆烷酸甲酯（333），333 与苯磺酰肼反应生成腙类化合物 334，在酸性条件下将化合物 334 还原得到鹅去氧胆酸甲酯（102b），102b 经琼斯试剂氧化，锂 - 液氨还原得到 UDCA，总收率为 15% 左右。此方法需用特殊试剂，路线较长，收率低且采用了剧烈的、不易控制的碱金属还原，很难实现工业化应用。

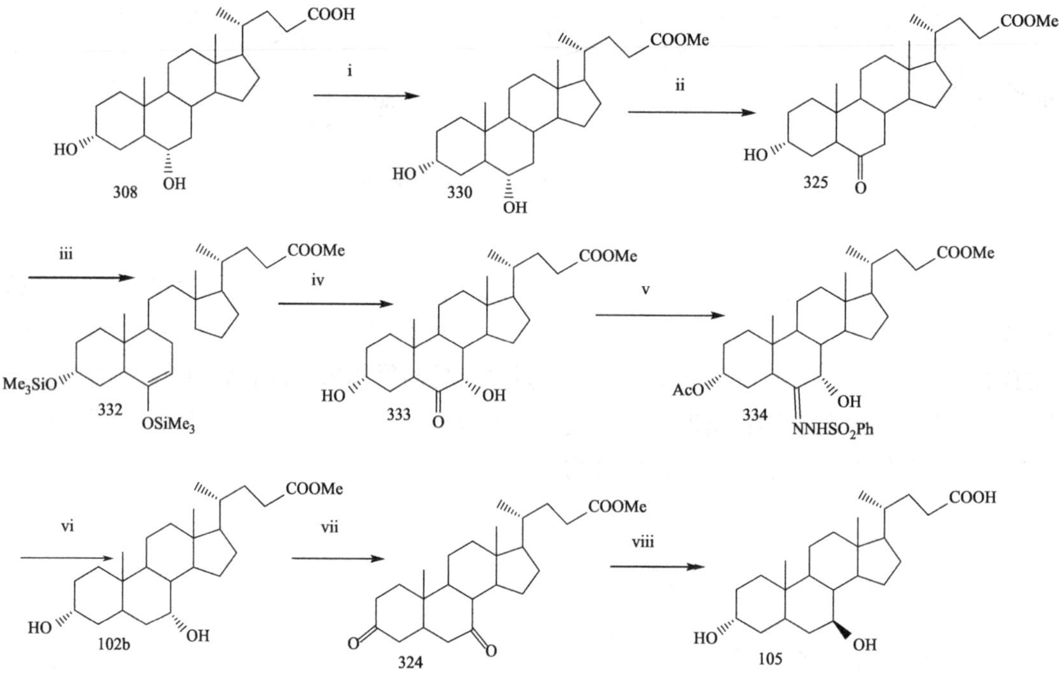

i. MeOH, HCl; ii. (PyH)$_2$Cr$_2$O$_7$; iii. TMSCl, LDA; iv. $m$-CPBA, CH$_2$Cl$_2$; v. C$_6$H$_5$SO$_2$NHNH$_2$; vi. NaBH$_4$, H$^+$; vii. 琼斯试剂; viii. Li/NH$_3$

**图 3.16　以 HDCA 为原料合成 UDCA 的路线 3**

刘明[22]利用夏皮罗（Shapiro）反应使酮基化合物与苯磺酰肼反应生成腙，之后在强碱的作用下生成烯烃，从而实现 1，2- 酮基移位合成 UDCA（图 3.17）。Shapiro 反应可以十分温和地把酮基化合物转变成烯烃类化合物。该反应的关键步骤是 3α- 羟基 -6- 羰基 -5β- 胆烷酸甲酯（325）与苯磺酰肼反应生成 3α- 羟基 -6- 腙基胆烷酸甲酯（335），335 经乙酰化保护 3 位羟基之后在强碱氢化锂（LiH）作用下形成双键得到化合物 328，328 经间氯过氧苯甲酸环氧化得到化合物 329，329 在氢化锂铝作用下被还原得到 CDCA，CDCA 经琼斯试剂氧化和锂 - 液氨还原两步反应得到 UDCA。

此外，Yu 等[23]选择氯铬酸吡啶盐（PCC）氧化猪去氧胆酸甲酯得到化合物 325，325 与 3，4- 二氢吡喃醚发生醚化反应，此步的产物在二异丙基氨基锂（LDA）和六甲基磷酰三胺（HMPA）作用下发生烯醇化反应，得到的化合物用 NaBH$_4$ 还原得到终产物 UDCA。此合成

## 第 3 章 几种药用胆汁酸的合成

路线改进了原有方法,用 PCC 进行选择性氧化,收率有所提高。

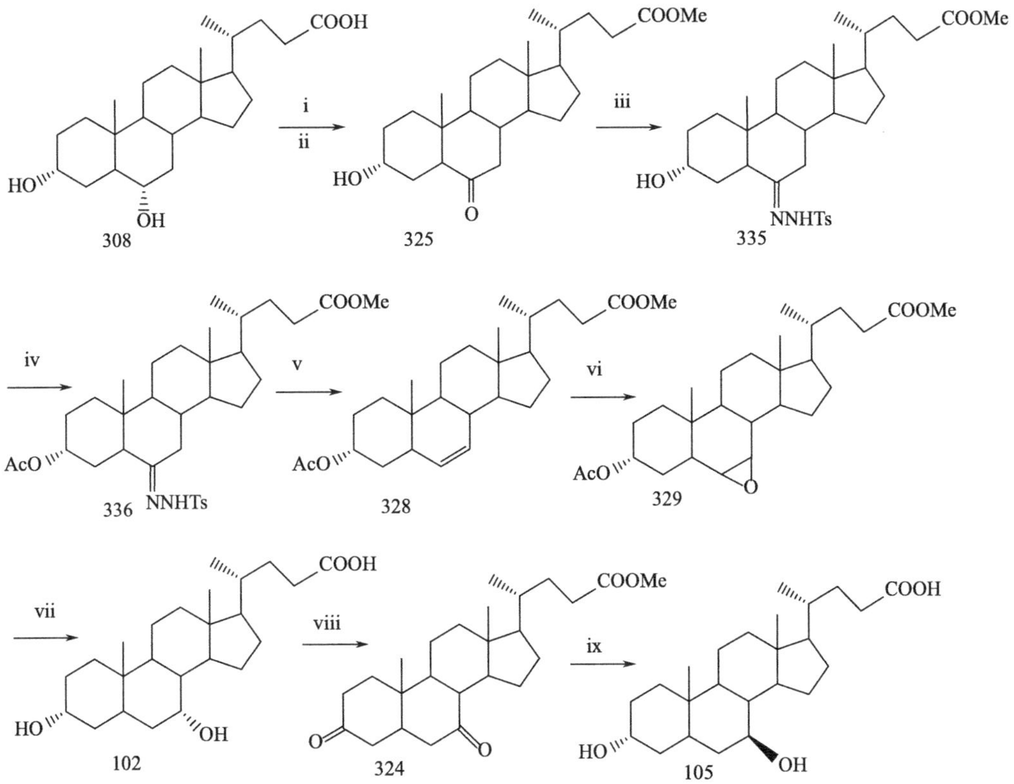

i. MeOH, HCl; ii. K$_2$Cr$_2$O$_7$, CH$_3$Cl; iii. NH$_2$NHTs; vi. Ac$_2$O; v. LiH; vi. m-CPBA; vii. LiAlH$_4$; viii. 琼斯试剂; ix. Li/NH$_3$

**图 3.17　以 HDCA 为原料合成 UDCA 的路线 4**

**3. 通过立体选择性合成 5-烯基-7-酮甾体化合物制备 UDCA**

刘双[24]在合成 UDCA 时,由于选择的还原剂不同合成了异熊去氧胆酸。以 HDCA 为原料,经过 7 步反应,合成了异熊去氧胆酸(105allo,图 3.18)。该合成路线的关键步骤是在光延(Mitsunobu)条件下化合物的构型翻转,以及 α、β 位不饱和羰基化合物发生立体选择性吕升(Luche)还原。化合物 337 经烯丙位氧化得到化合物 338,338 经水解得到化合物 339,339 在四氢呋喃(THF)、偶氮二甲酸二异丙酯(DIAD)中发生 Mitsunobu 构型翻转得到化合物 340,340 在 NaBH$_4$/CeCl$_3$ 作用下发生 Luche 还原得到化合物 341,341 在 Pd/C 作用下与氢气发生加成反应得到化合物 105allo。此合成方法以容易获得的 HDCA 为原料,具有较高的应用价值。

李良等[25]报道以关键中间体 337 为原料,经磺酰化后用乙酸铯和 18-冠醚-6 处理使 3β-羟基化合物异构化成 3α-羟基化合物 343,343 经三氧化铬氧化、NaBH$_4$ 还原两步反应立体选择性地合成化合物 345,345 经乙酰化得到化合物 346,346 经催化氢化得到化合物 347,347 经碱水解即可制得目标产物 UDCA(图 3.19)。该方法反应条件温和,不需用操作复杂的柱色谱法进行纯化,操作方便。但该方法要用到昂贵的试剂冠醚,增加了合成成本,不利于工业化生产。

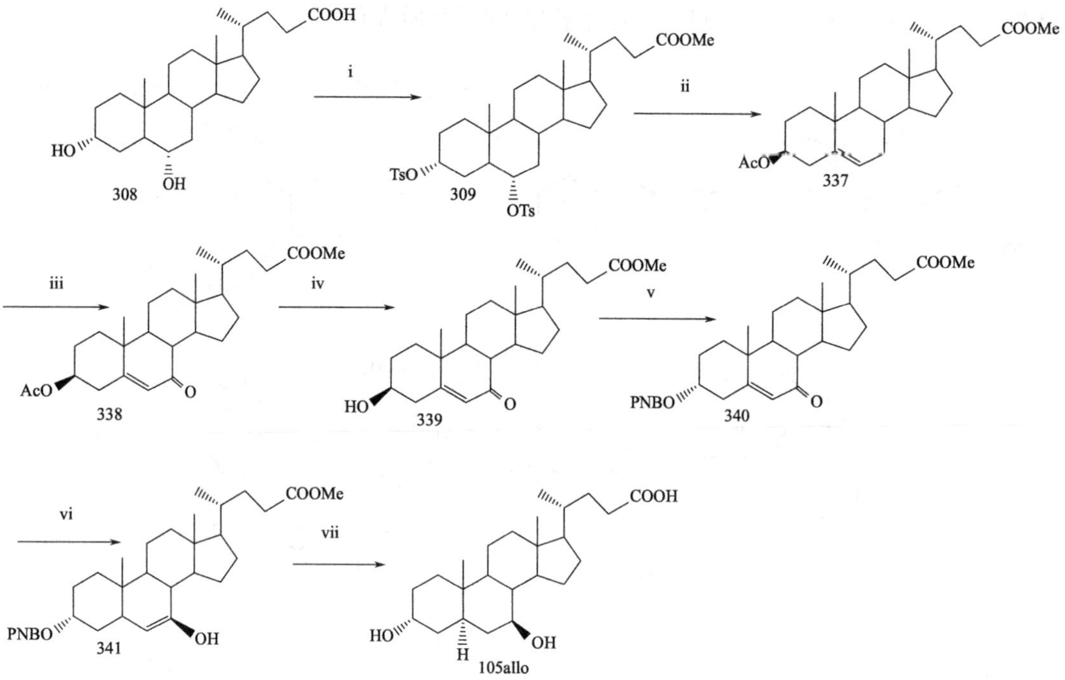

i. ①MeOH, HCl, ②TsCl, Py; ii. ①KOAc, DMF, ②Ac₂O, Py; iii. ①CrO₃, Py, ②TBHP, CH₂Cl₂; iv. K₂CO₃;
v. DIAD, PMBA, Ph₃P; vi. NaBH₄, CeCl₃; vii. ①Pd/C, H₂, ②NaOH, H₂O

图 3.18  以 HDCA 为原料合成异熊去氧胆酸的路线

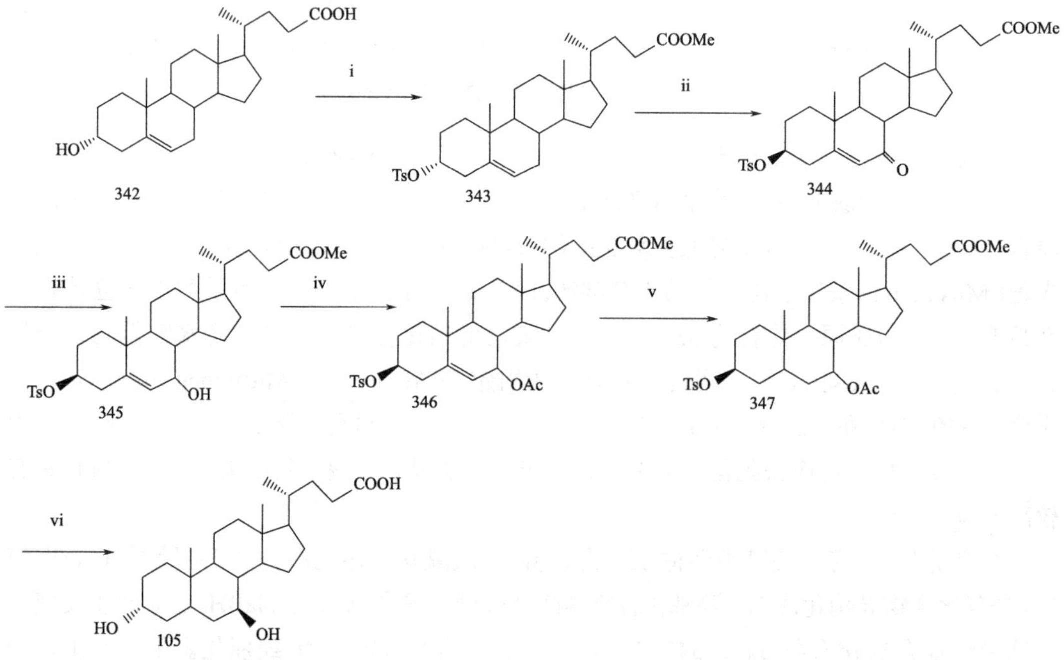

i. TsCl, Py; ii. CrO₃, Py, CH₂Cl₂; iii. NaBH₄, CeCl₃, THF/MeOH; iv. Ac₂O, Py; v. Pd/C,H₂; vi. NaOH, IPA

图 3.19  以关键中间体为原料合成 UDCA 的路线

王锺麒等[26]以 HDCA 为原料合成的 4-烯基-3-酮结构在碱性或酸性介质中催化氢化

可得到顺式稠合的 A/B 环产物,从而顺利合成 UDCA。之后他们又设计合成了化合物 338,并研究由 338 经还原反应来合成 UDCA。该路线的具体操作是,将 HDCA 按已知路线转化为 $3\alpha,6\alpha$-双对甲苯磺酸基胆烷酸甲酯(309),309 经选择性消除反应、酰化反应和氧化反应得到化合物 338,338 经不同的还原剂还原得到产物鹅去氧胆酸(102)或熊去氧胆酸(105,图 3.20),所得产物在圆二色谱中呈现负戈登(Cotton)效应。大量的试验结果显示:催化氢化具有 5-烯基-7-酮结构的化合物不能得到顺式稠合的 A/B 环产物。

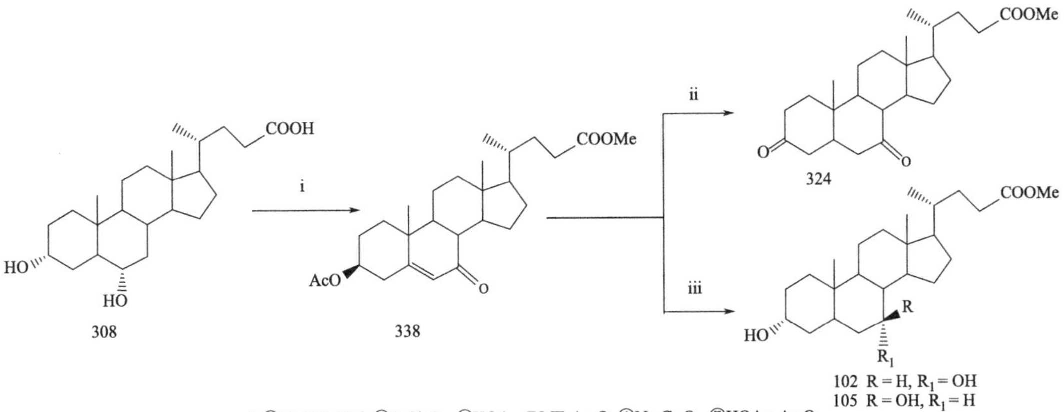

i. ①MeOH, HCl, ②TsCl, Py, ③KOAc, DMF, Ac$_2$O, ④Na$_2$Cr$_2$O$_7$, ⑤HOAc, Ac$_2$O;
ii. ①Pd/CaCO$_3$, ②KOH, MeOH, ③琼斯试剂; iii. ①NaHCO$_3$/MeOH, ②NiCl$_2$/NaBH$_4$

**图 3.20 以 HDCA 为原料合成异熊去氧胆酸前体的路线**

曹建华等[27]以猪去氧胆酸甲酯为原料,分别通过乙酰化和磺酰化反应得到 3 位和 6 位羟基酯基保护的化合物 348、349,之后通过消除反应得到化合物 350,350 在叔丁基过氧化氢和氯铬酸吡啶鎓盐的作用下发生氧化反应得到 5-烯基-7-酮化合物 351,351 经水解得到化合物 352,352 被还原得到 UDCA(图 3.21)。此合成路线不仅可以解决原材料短缺问题,而且副产物少,条件温和,成本低,适于大规模生产 UDCA。

**4. 通过 7 位溴代制备 UDCA**

梁万超等[28]以 HDCA 为原料,采用甲磺酸酯化保护羧基并初步纯化得到化合物 330,330 在次氯酸钠作用下将 6 位羟基氧化得到化合物 325,325 与水合肼发生黄鸣龙还原反应得到化合物 353,353 经溴代羟基化反应得到 CDCA(图 3.22),CDCA 再经过氧化生成 7-酮石胆酸(7K-LCA)、7K-LCA 经钠/异丙醇还原两步反应合成 UDCA。甲酯化过程采用甲磺酸既可以催化反应又有利于甲醇的回收利用。该方法步骤简单,原料丰富,收率高。

由 CDCA 合成 UDCA 的关键是 7 位羟基构型的转变,即将 $7\alpha$-OH 转化为 $7\beta$-OH。CDCA 经选择性氧化得到 7K-LCA(315),315 经还原即可制得 UDCA(图 3.23)。在该方法中应用具有较好选择性的氧化剂及具有较好立体专一性的还原剂是合成的关键[29]。

顾向忠等[30]在上述方法的基础上以 HDCA 为起始原料,经过 6 位羟基选择性氧化(344)、黄鸣龙还原两步反应,合成了石胆酸(103),如图 3.24 所示。之后经 7 位溴代反应、水解反应得到 UDCA。该方法起始原料廉价易得,合成步骤少,后处理简单,副反应较少,适于工业化生产。

普拉特纳(Plattner)等应用三氧化铬将 HDCA 的 6 位羟基氧化成酮,再通过 Wolff-Kishner

还原法得到石胆酸。黄鸣龙对 Wolff-Kishner 法进行了改进,在二甘醇(DEG)中用氢氧化钠取代乙醇钠,在高温下与水合联氨反应。在该反应条件下,过量的水合联氨可以阻止异构体的产生。黄鸣龙还原法可用于多数酮类甾体化合物。此外,朱义等[31]采用邻酮溴代的方法,将化合物 325 经 3 位羟基乙酰化得到化合物 354,354 经氢溴酸作用在 7 位引入溴原子得 355,355 经还原反应将 6 位酮羰基消去,再经水解得到 UDCA(图 3.25)。

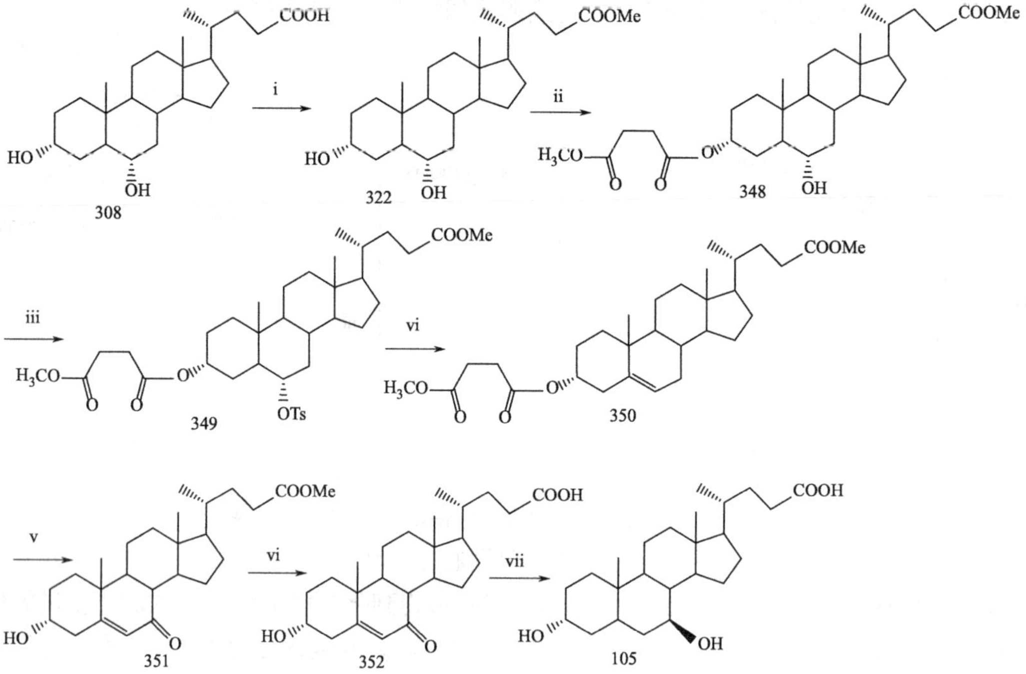

i. MeOH, HCl; ii. MAH, MeOH, Py; iii. TsCl, Py; vi. DMF, KOAc; v. TBHP, PDC, $CH_2Cl_2$, $SiO_2$; vi. EtOH, NaOH; vii. $NaBH_4$, Na

图 3.21 以 HDCA 为原料合成 UDCA 的路线 5

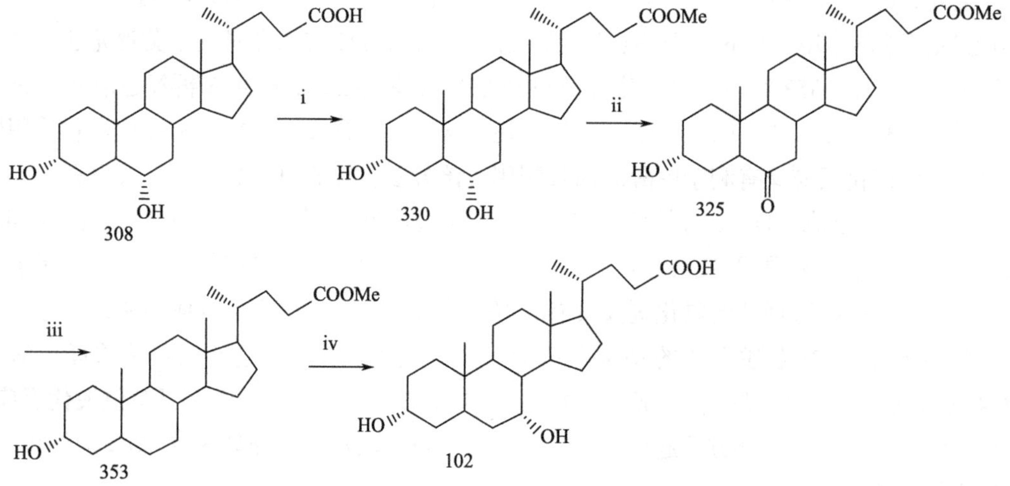

i. MeOH, MSA; ii. NaClO, EtOAc; iii. $H_2NNH_2$, KOH, EGME; iv. $Br_2$, MeOH, $Na_2S_2O_4$

图 3.22 以 HDCA 为原料合成 CDCA 的路线

第 3 章 几种药用胆汁酸的合成

i. Na, NPA; ii. KBH₄, CeCl₃; iii. NiAl₂O₃, H₂; iv. Li/NH₃

图 3.23　以 CDCA 为原料合成 UDCA 的路线

i. NBS, 丙酮; ii. H₂NNH₂, NaOH, DEG

图 3.24　以 HDCA 为原料合成 UDCA 的路线 6

i. MeOH, H₂SO₄; ii. PCC, DCM; iii. Ac₂O, Et₃N; iv. HBr, HAc; v. H₂NNH₂, NaOH, DEG

图 3.25　以 HDCA 为原料合成 UDCA 的合成路线 7

### 3.2.3 以鹅去氧胆酸为原料

以鹅去氧胆酸为原料合成熊去氧胆酸通过两步反应就可以实现,因此从鹅去氧胆酸合成熊去氧胆酸步骤少,产率高,适合大规模生产应用。随着从鸡胆汁和猪胆汁中提取鹅去氧胆酸的技术日益成熟,熊去氧胆酸的生产逐步从胆酸做原料转化为以鹅去氧胆酸为原料。鹅去氧胆酸在氧化剂作用下转化为 7-酮-石胆酸,然后 7-酮-石胆酸在还原剂作用下转化为熊去氧胆酸。

金泽(Kanazawa)和萨米埃尔松(Samuelsson)在专利中介绍用钠在正丁醇中反应生产高产率熊去氧胆酸的方法(图 3.26)。库哈吉大(Kuhajda)[32] 用三氧化铬在乙酸中氧化鹅去氧胆酸,得 3,7-二酮 -5$\beta$-胆烷酸,用钠在仲丁醇中还原该化合物,得高产率熊去氧胆酸(图 3.27)。据日本专利报道,用钠还原 3$\alpha$-羟基 -7-酮 -5$\beta$-胆烷酸可制备高产率熊去氧胆酸。另一个日本团队以鹅去氧胆酸为原料,用 NaOCl 在室温下氧化,得 3,7-二酮 -5$\beta$-胆烷酸,在乙醇中用雷尼镍氢化上述物质,形成 3$\alpha$-羟基 -7-酮 -5$\beta$-胆烷酸,用钾在叔丁醇中还原上述物质,合成熊去氧胆酸。一个德国专利通过伯奇(Birch)还原 3$\alpha$-羟基 -7-酮 -5$\beta$-胆烷酸得熊去氧胆酸。一个美国专利介绍,在氮气的氛围中,在叔丁醇(或叔戊醇)和乙酸钾(或叔丁醇钾)存在的条件下,3$\alpha$-羟基 -7-酮 -5$\beta$-胆烷酸被钠还原,得到高产率熊去氧胆酸,而其同分异构体鹅去氧胆酸是极少的。巴鲁查(Barucha)和斯利蒙(Slemon)通过电化学还原 3$\alpha$-羟基 -7-酮 -5$\beta$-胆烷酸和 3,7-二酮 -5$\beta$-胆烷酸成功制备熊去氧胆酸。

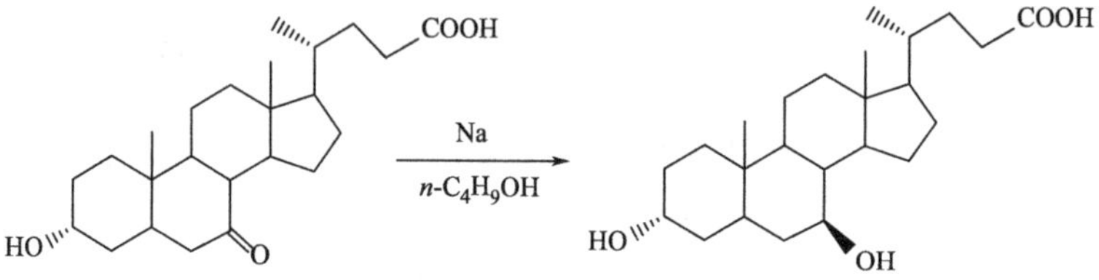

图 3.26 由 3$\alpha$-羟基 -7-酮 -5$\beta$-胆烷酸合成 UDCA

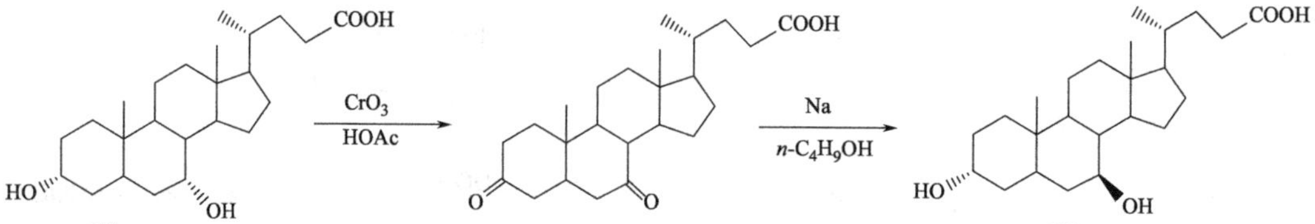

图 3.27 由鹅去氧胆酸合成熊去氧胆酸

自 20 世纪 80 年代以来,人们一直试图找到一些既温和又安全、有效的氧化剂和还原剂合成熊去氧胆酸。日本的专利先后报道,7K-LCA 在 NaOH、BuOH 和 Pd/C 存在下于高压釜中加热到 100 ℃反应 5 h 转化为熊去氧胆酸;7K-LCA 在丙醇中用 KOH 处理,在 80 ℃、$4.9 \times 10^5$ Pa 条件下由 Raney-Ni 催化与氢气反应 3.5 h 得纯度为 99.0% 的 UDCA,还原收率为 97.7%;7K-LCA 在低级醇中经电化学还原可以完全转化为 UDCA,电极为 Pb 和 Hg。此步骤中应用到的氧化剂和还原剂经过几十年的逐步筛选与完善,现在在产业上已经大量应用。现在生产上常用的氧化剂是 $CrO_3$-HOAc 或 NBS 等弱氧化剂,还原剂是 Na-$n$-$C_4H_9$OH 或 $NaBH_4$。

田禾[29]报道了将 7-酮石胆酸立体选择性地还原为熊去氧胆酸。该氢化反应以雷尼镍和叔丁醇钾为催化剂、硼氢化钾为氢供体,并对反应物的用量、温度和搅拌速度等进行了优化,使熊去氧胆酸的产率从 70% 提高到 94%。整个还原过程操作安全,生产成本低。工艺路线如图 3.28 所示。

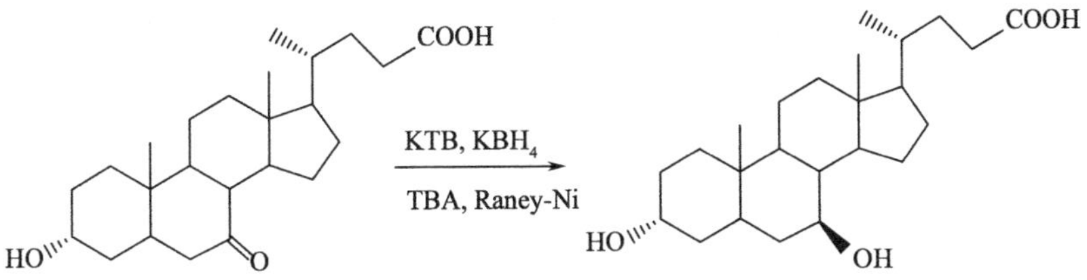

图 3.28 田禾由 7-酮石胆酸合成 UDCA

郑晨[33]等以鹅去氧胆酸为原料,用间苯二甲酰氯选择性地保护鹅去氧胆酸的 3 位羟基制得鹅去氧胆酸甲酯,然后使其与甲磺酰氯作用,在 DBU/HOAc 体系中发生 7 位从 $S$ 到 $R$ 的瓦尔登(Walden)构型转换,建立了鹅去氧胆酸 7 位立体化学人工半合成熊去氧胆酸的新路线(图 3.29)。

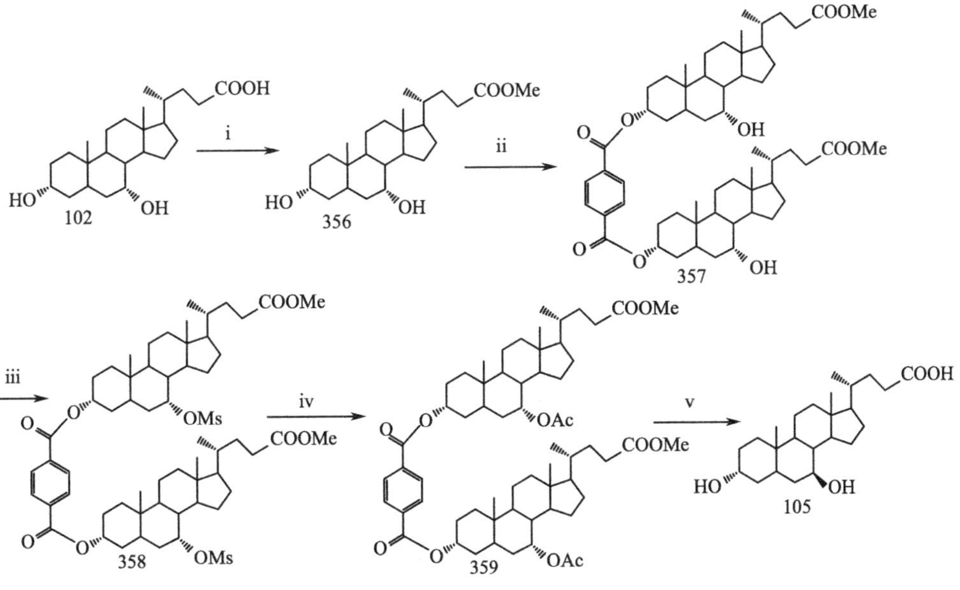

i. MeOH, HCl; ii. TPC, $Et_3$N, TFH, DMAP; iii. $CH_3SO_2$Cl, $Et_3$N; iv. DBU, HOAc, 甲苯; v. NaOH, HCl

图 3.29 郑晨化学合成熊去氧胆酸

## 3.2.4 以非胆酸类甾体为原料

韩兴春[34]选用黄体酮作为原料,经乙酰化、NBS加溴、消除得6、7位脱氢物,再用单过氧邻苯二甲酸将双键环氧化,在Pd/C的催化作用下加氢,用$NaBH_4$还原,应用威蒂格(Wittig)反应引入侧链上的羧酸,然后在二氧化铂的催化作用下加氢,立体选择性地合成CDCA,最后经氧化、还原反应得到UDCA。工艺路线如图3.30所示。

以黄体酮为原料合成熊去氧胆酸的方法成本较高,黄体酮为孕激素,起始原料的提取较为烦琐,且生产熊去氧胆酸的工艺较复杂,因此不常用该方法。

1983年,Chee等[35]选用雄甾烯二酮作为原料,经6、7位四氯苯醌脱氢、m-CPBA环氧化、Pd/C催化加氢以及3位羰基选择性还原反应合成$3\alpha,7\beta$-二羟基-$5\beta$-雄甾酮(371),371可作为胆酸立体选择性引入侧链的起始原料,工艺路线如图3.31所示。

2004年,沃夫库里奇(Wovkulich)等[36]报道了以雄甾-4-烯-3,17-二酮为起始原料合成熊去氧胆酸。使用Pd/C在N,N-二甲基甲酰胺(DMF)中催化加氢,使其碳碳双键生成5位$\beta$氢(图3.32)。此方法中的原料属于非动物来源,开辟了UDCA合成的新路径。但其中的7位羟基由微生物方法获得,并且在选择性还原3位羰基和引入侧链时难度较大。

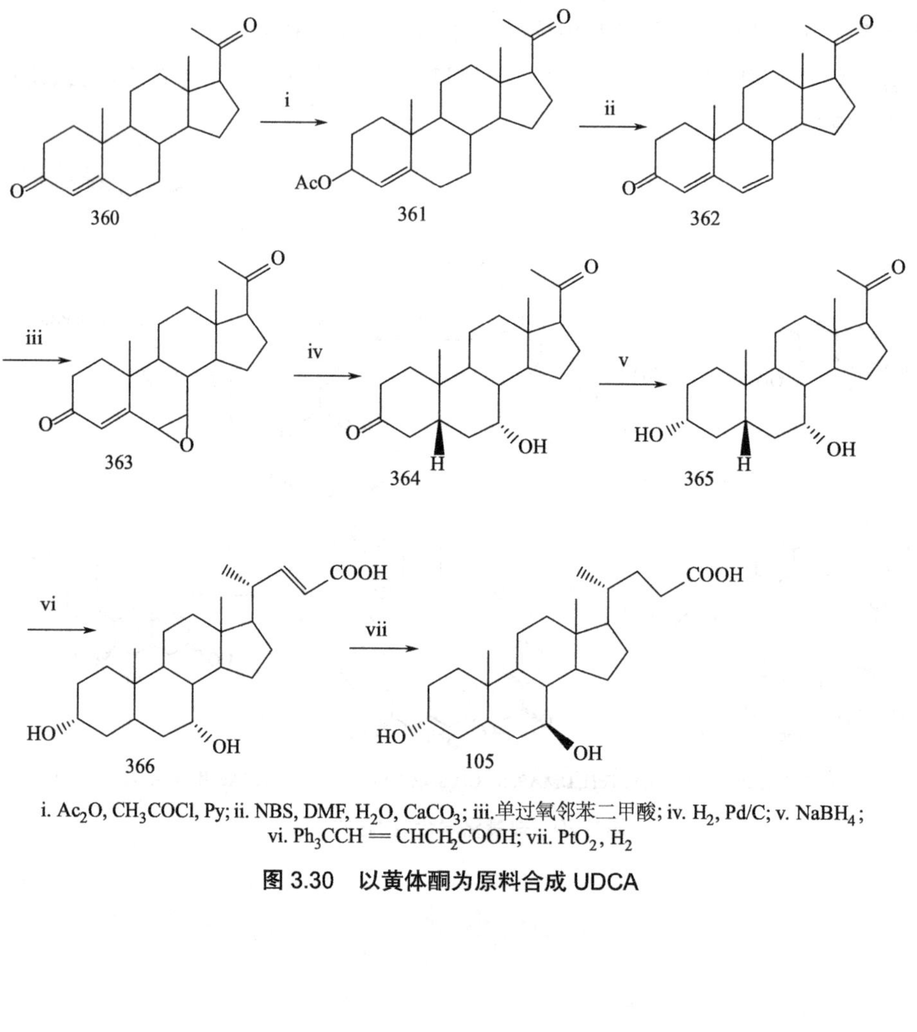

i. $Ac_2O$, $CH_3COCl$, Py; ii. NBS, DMF, $H_2O$, $CaCO_3$; iii.单过氧邻苯二甲酸; iv. $H_2$, Pd/C; v. $NaBH_4$;
vi. $Ph_3CCH = CHCH_2COOH$; vii. $PtO_2$, $H_2$

图3.30 以黄体酮为原料合成UDCA

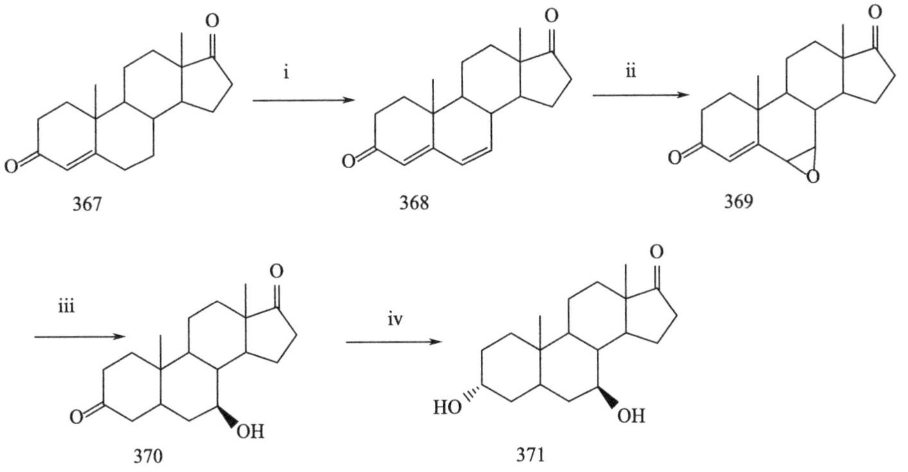

i. PhCH₃, 四氯苯醌; ii. *m*-CPBA, DCM; iii. Pd/C,H₂; iv. LiAl(*t*-Bu)₃H

**图 3.31　Chee 以雄甾烯二酮为原料合成熊去氧胆酸**

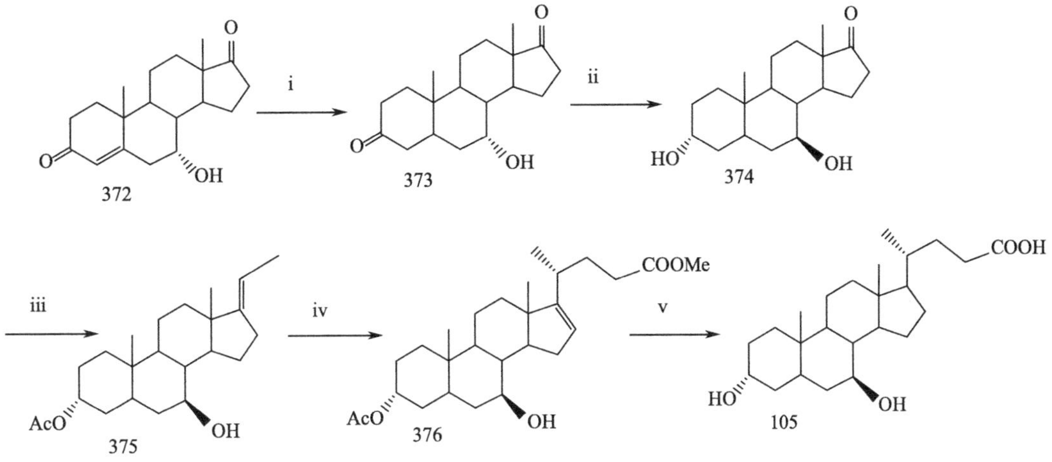

i. H₂, Pd/C; ii. LiAl(*t*-Bu)₃H; iii. Ac₂O, CH₃CHO, CH₂Cl₂; iv. Ph₃CCH=CHCH₂COOH, MeOH; v. NaOH, H₂O/HCl

**图 3.32　Wovkulich 以雄甾 -4- 烯 -3,17- 二酮为原料合成熊去氧胆酸**

## 3.3　奥贝胆酸的合成

奥贝胆酸（6- 乙基 -3α, 7α- 二羟基 -5β- 胆烷 -24- 酸，简写为 OCA，分子结构式如图 3.33 所示）是人体初级胆汁酸鹅去氧胆酸（CDCA）的半合成衍生物。它是一种具有选择性的法尼酯衍生物 X 受体（FXR）激动剂，活性比 CDCA 高 100 倍，具有抗胆汁淤积性和保护肝脏的特性[37-38]。研究表明，FXR 具有促进肝脏再生、保持肠屏障功能的完整性等生物功能。FXR 的抗炎作用可以增强肠和肝脏免疫系统的抗病毒功能[39]。因此，作为 FXR 的激动剂，OCA 具有巨大的应用价值和市场潜力。前期的临床研究表明，OCA 可以改善肝脂肪变性、纤维变性与门静脉血压过高等问题[40]，还可以增加胰岛素敏感性，调节葡萄糖动态平衡，调整脂质代谢。在肝脏、肾脏、肠等 FXR 的表达器官中，OCA 还表现出了抗炎和抗纤维变性等活性。在动物模型试验中,OCA 可以降低胰岛素抗性、肝脂肪变性和纤维变性[41]。大量临床试验证明,OCA 对于治疗胆汁淤积性肝病有着显著的效果。

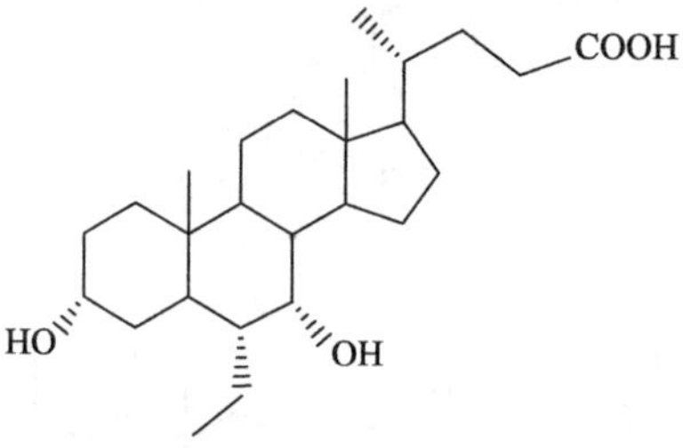

图 3.33 OCA 的分子结构式

目前,用 OCA 治疗胆汁淤积性肝病的研究受到越来越多科学家的重视,相关临床试验正在逐步开展,人们希望通过临床试验加深对 OCA 的长期治疗效果和治疗安全性的了解。在这一背景下,如何用快速、高效的方法合成 OCA 逐渐成为人们关注的热点。

Roberto 等对 OCA 的合成方法进行了阐述[42],反应步骤如图 3.34 所示。此方法以 7-氧代-石胆酸(315)为原料,经过四步反应合成 OCA:第一步是 315 在 25 ℃、以 p-TsOH 为催化剂的条件下与 3,4-二氢吡喃反应,生成 3 位保护的衍生物 378;第二步是在 -78 ℃ 的 THF 溶液中,用 LDA 做催化剂,用 R—Br 做烷基化剂,在 6 位进行烷基化反应,同时脱去 3 位的保护基,生成 6-烷基取代的衍生物 379a~379d;第三步是用 $NaBH_4$ 做还原剂,将 7 位羰基还原为羟基,得到 3α,7α-二羟基-6α-烷基-5β-胆烷酸甲酯(380a~380d);第四步是在 MeOH 溶液中,用 10% NaOH 溶液做催化剂进行碱性水解,380a~380d 脱去 24 位保护甲基,得到 381a~381d(当 R=$CH_2CH_3$ 时,产物为目标产物 OCA)。

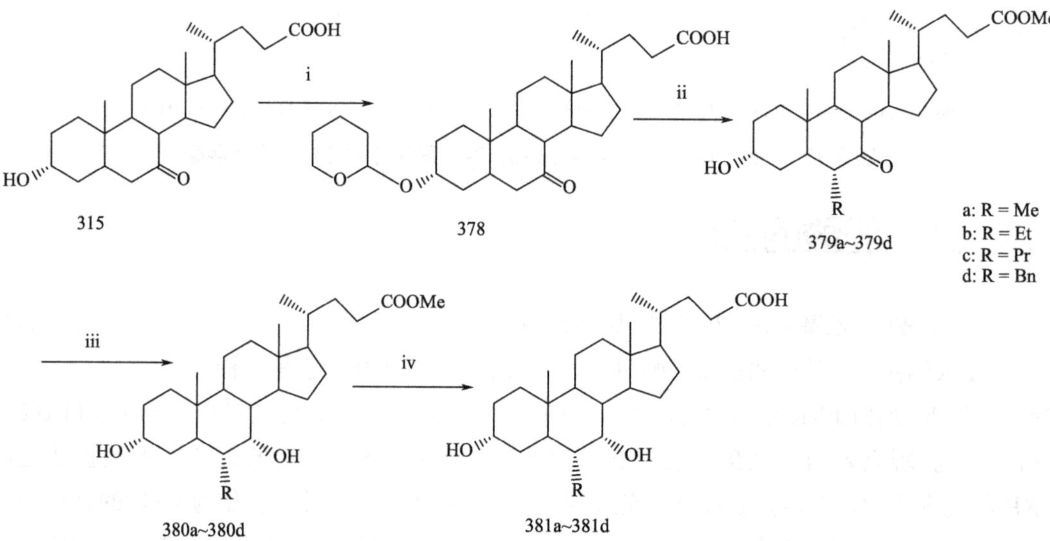

i. p-TsOH, $C_5H_8O$, $C_4H_8O_2$, 25 ℃; ii. ①LDA, R—Br, THF, −78 ℃, ②10% HCl 溶液, MeOH; iii. $NaBH_4$; iv. 10% NaOH 溶液, MeOH

图 3.34 以 7-氧代-石胆酸为原料合成 OCA

采用此种 OCA 合成方法,最终得到的 OCA 总收率仅有 2%~3%。由于反应原料昂贵,在反应步骤中,各步反应产物都需要用色谱进行纯化,因此此方法不适用于工业化规模生产。另外,此合成方法中应用的六亚甲基磷酰胺有致癌作用,也限制了其应用。

Yu 等[23] 以 CDCA 为原料,经过四步反应合成 OCA,具体步骤如图 3.35 所示。第一步是用 PCC 做氧化剂,选择性氧化 CDCA 的 7 位羟基,得到 315。第二步是以 p-TsOH 为催化剂,315 与 3,4-二氢吡喃反应,生成 3-四氢吡喃氧基衍生物 382,通过形成醚氧键保护 3 位羟基。第三步是用 n-BuLi 做还原剂、LDA/HMPA 做催化剂,形成烯醇化物后,用 Et—I 进行烷基化反应,用 PPTS 脱除 3 位保护基,得到烷基取代的中间产物 379d。第四步是用 NaBH₄ 做还原剂,最终得到 OCA(381b)。该方法在氧化步骤中使用了 PCC,在立体选择性烷基化步骤中使用了 HMPA 或乙基碘化物,原料便宜易得,相对容易实现。

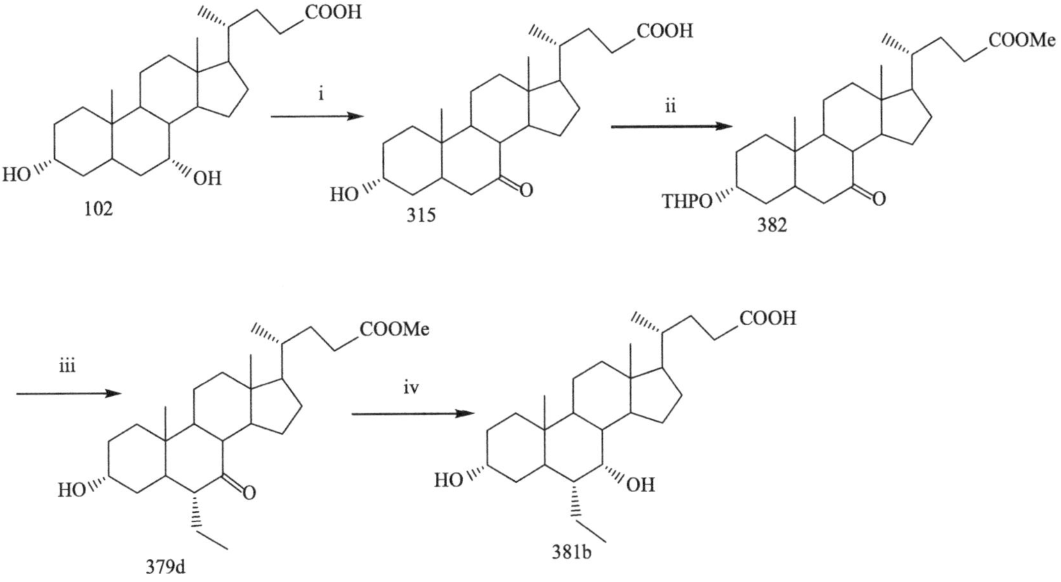

i. PCC; ii. C₅H₈O, p-TsOH; iii. ①LDA/HMPA, n-BuLi/Et—I, ②PPTS; iv. NaBH₄

**图 3.35 以 CDCA 为原料合成 OCA**

2013 年,斯坦纳(Steiner)等[43] 提出了合成 OCA 的新方法,此方法以 7-氧代-石胆酸(314)为原料,经过七步反应合成 OCA,具体步骤如图 3.36 所示。第一步是 315 与 MeOH 反应得到 383。第二步是用 LDA 做催化剂,383 在 THF 中与 Si(CH₃)₃Cl 反应,制得硅烯醇醚 384 和 385。第三步是硅烯醇醚 384 和 385 与 CH₃CHO 在 CH₂Cl₂ 溶液中发生羟醛缩合反应,然后在 BF₃·CH₃CN 作用下碱性水解,得到 6-乙烯基取代的 7-酮石胆酸甲酯 386。第四步是 386 在 MeOH 溶液中碱性水解,得到 6-乙烯基取代的 7-酮石胆酸 387。第五步是在碱性条件下,387 以 Pd/C 为催化剂与 H₂ 反应得 6-烷基取代的 7-酮石胆酸 388。第六步是 6-烷基取代的 7-酮石胆酸 388 用 NaBH₄ 做还原剂,得到 OCA(C)(即 C 型 OCA)。第七步是 C 型 OCA 先与 NaOH 反应生成盐,后用 HCl 酸化,再结晶得 OCA(I)(即 I 型 OCA),即最终产物 OCA。

此方法在规模优化、安全性以及提升纯度方面均有较大改进,生产过程较之前更加安全,最终产物纯度提升至 96% 以上,但产物收率只有 20%。

近期,邱玥珩等[44]在此基础上对合成路线在此基础上进行了优化,以 383 为原料,经五步反应合成 OCA。在此方法中,中间体 385 无须纯化,可以直接投入下一步反应,适合工业化生产;并且操作方便,成本低,总收率为 31.9%。此方法与之前的方法相比确有优化之处,但距真正的工业化大规模生产还有段距离。

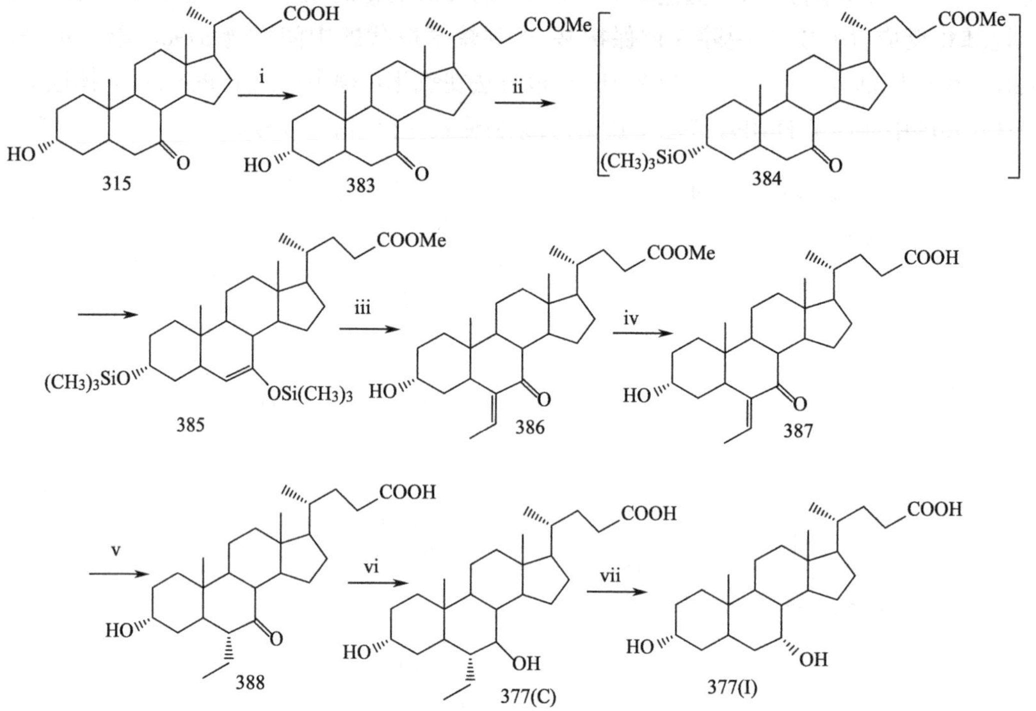

i. ①MeOH, $H_2SO_4$, 62 ℃, ②NaOH(aq.), ③$H_2O$,10~15 ℃; ii. ①THF/LDA, -25 ℃, ②Si($CH_3$)$_3$Cl, ③$C_6H_8O_7$(aq.); iii. ①$CH_2Cl_2$, $CH_3$CHO, -60 ℃, ②$BF_3 \cdot CH_3$CN, -60 ℃, ③NaOH/$H_2O$; iv. ①MeOH, NaOH, $H_2O$, 50 ℃, ②$C_6H_8O_7$, EtOAc, ③EtOAc, ④EtOH; v. ①50% NaOH溶液, $H_2O$, Pd/C, $H_2$, 25 ℃, 5 bar, ②HCl(conc.)/n-BuOAc, 40 ℃, ③活性炭, 40 ℃, ④n-BuOAc; vi. ①$H_2O$, NaOH, 90 ℃, ②$NaBH_4$, 90 ℃, ③$C_6H_8O_7$, n-BuOAc, 40 ℃; vii. ①$H_2O$, NaOH, 30 ℃, ②HCl, $H_2O$

图 3.36 以 7-氧-石胆酸为原料 OCA 的新合成路线

# 参考文献

[1] YAN Z W, DONG J, QIN C H, et al. Therapeutic effect of chenodeoxycholic acid in an experimental rabbit model of osteoarthritis[J]. Mediators of Inflammation, 2015, 2015(4): 1-7.

[2] SHIHABUDEEN M S, ROY D, JAMES J, et al. Chenodeoxycholic acid, an endogenous FXR ligand alters adipokines and reverses insulin resistance[J]. Molecular & Cellular Endocrinology, 2015, 414(6): 19-28.

[3] PLATTNER P A, HEUSSER H. Über steroide und sexualhormone. (97. Mitteilung). Über Beziehungen zwischen Konstitution und optischer Drehung in der Cholsäure-Reihe[J]. Helvetica Chimica Acta, 1944, 27(1): 748-757.

[4] HUANG M L. The reaction of hydrazine hydrate on nitro-compounds and a new route to synthetic oestrogens.[J]. Journal of the American Chemical Society, 1948, 70(8): 2802-2805.

[5] FIESER L F. Selective oxidation with N-bromosuccinimide[J]. Experientia, 1950, 6(8): 312-318.

[6] SATO Y, IKEKAWA N. Preparation of chenodeoxycholic acid[J]. Journal of Organic Chemistry, 1959, 24(9): 1367-1368.

[7] IIDA T, CHANG F C. Potential bile acid metabolites. 3. A new route to chenodeoxycholic acid[J]. Journal of Organic Chemistry, 1981, 46(13): 2786-2788.

[8] NAKADA F. Dehydration of bile acids and their derivatives. XII. Chola-3, 7, 11-trienic acid and its partially hydrogenated compounds — a note on α-cholatrienic acid II[J]. Steriods, 1963, 2(1):45-59.

[9] CHEN C H. A mild dehydromesylation reaction in the synthesis of methyl 3, 7-diacetyl-chol-11-enate[J]. Synthesis, 1976(2):125-126.

[10] 张飞,赵静国,赵蒙浩. 鹅去氧胆酸与熊去氧胆酸的合成工艺研究 [J]. 化学与生物工程, 2014, 31(1): 47-50.

[11] DALPIAZ A, PAGANETTO G, PAVAN B, et al. Zidovudine and ursodeoxycholic acid conjugation: design of a new prodrug potentially able to bypass the active efflux systems of the central nervous system[J]. Molecular Pharmaceutics, 2012, 9(4):957-968.

[12] 汤胜华,孟艳秋,蔡伶俐. 熊去氧胆酸化学合成进展 [J]. 亚太传统医药, 2008, 4(5): 48-50.

[13] IIDA T, CHANG F C. Potential bile acid metabolites 3, 7, 12-trihydroxy-5 beta-cholanic acids and related compounds[J]. Journal of Organic Chemistry, 1982, 47(15):2972-2978.

[14] DANGATE P S, SALUNKE C L, AKAMANCHI K G. Regioselective oxidation of cholic acid and its 7β epimer by using oiodoxybenzoic acid[J]. Steroids, 2011, 76(12): 1397-1399.

[15] FERRARI M, ZINETTI F. Process for preparing high purity ursodeoxycholic acid: US9206220 B2[P]. 2015-12-08.

[16] BOOTON B E, MOLINARI J J, QUIROZ G K, et al. Ergonomic transducer housing and methods for ultrasound imaging: US20060173331 A1[P]. 2006-01-17.

[17] 王锺麒,姜立中,周维善,等. 猪去氧胆酸化学:IV. 从猪去氧胆酸立体选择性合成熊去氧胆酸和鹅去氧胆酸的新法 [J]. 中国科学, 1991, 21(7):680-685.

[18] 张琪. 24-亚甲基甾体化合物的合成 [D]. 重庆:第三军医大学, 2009.

[19] 朱颖熹,李杰,吴勇,等.熊去氧胆酸关键中间体的合成工艺研究 [J].化学试剂,2012,34(4):366-368.

[20] 李蔚.对$\Delta^4$-烯-3-酮结构的甾体选择性脱氢生成$\Delta^{4,6}$-二烯-3-酮结构的研究 [D].天津:天津大学,2005.

[21] 周维善,王锺麒,姜标.猪去氧胆酸化学:Ⅲ.猪去氧胆酸转变成鹅去氧胆酸和熊去氧胆酸 [J].化学学报,1988,46(11):1150-1151.

[22] 刘明.Shapiro 反应在甾族化学中的应用 [D].上海:同济大学,2008.

[23] YU D, MATTERN D L, FORMAN B M. An improved synthesis of 6α-ethylchenodeoxycholic acid (6ECDCA), a potent and selective agonist for the farnesoid X receptor (FXR) [J]. Steroids, 2012, 77(13):1335-1338.

[24] 刘双.异熊去氧胆酸和熊去氧胆酸的合成新方法研究 [D].长沙:湖南大学,2013.

[25] 李良,杨靖华.熊去氧胆酸立体选择性合成方法:1217336[P].1998-01-25.

[26] 王锺麒,阙浩泉,姜立中,等.猪去氧胆酸的化学:Ⅰ.$\Delta^5$-7-酮胆烷酸甲酯系列的还原研究 [J].有机化学,1989,9(1):83-88.

[27] 曹建华,国晶.一种熊去氧胆酸的制备方法:106749469A[P].2017-05-31.

[28] 梁万超,蒋先曲.一种鹅去氧胆酸的制备方法:106831923A[P].2017-06-13.

[29] 田禾.从鹅去氧胆酸制备熊去氧胆酸的方法研究 [D].上海:华东理工大学,2010.

[30] 顾向忠,蒋澄宇,仇文卫,等.一种以猪去氧胆酸为原料合成石胆酸的方法:106977572A[P].2017-07-25.

[31] 朱义,王一茜,李杰,等.一类鹅去氧胆酸类化合物及其制备方法和用途:105348364A[P].2016-02-24.

[32] KUHAJDA K, KEVRESAN S, KANDRAC J, et al. Chemical and metabolic transformations of selected bile acids[J]. European Journal of Drug Metabolism and Pharmacokinetics, 2006, 31(3):179-235.

[33] 郑晨.从鹅去氧胆酸半合成熊去氧胆酸的研究 [D].上海:复旦大学,2011.

[34] 韩兴春.熊去氧胆酸的合成 [D].上海:华东理工大学,2001.

[35] CHEE K L, CHANG Y, BYON M G. Synthesis of 3α, 7α-dihydroxy-5β-androstan-17-one [J]. Steroids, 1983, 42(6):707-711.

[36] WOVKULICH P M, BATCHO A D, USKOKOVIĆ M R. Stereoselective introduction of steroid side chains. Synthesis of chenodeoxycholic acid[J]. Helvetica Chimica Acta, 1984, 67(2):612-615.

[37] SANYAL A J. Use of farnesoid X receptor agonists to treat nonalcoholic fatty liver disease [J]. Digestive Diseases, 2015, 33(3):426-432.

[38] CHEN X J. Role of farnesoid X receptor in nonalcoholic fatty liver disease [J]. World Chinese Journal of Digestology, 2015, 23(8):1258-1265.

[39] MODICA S, GADALETA R M, MOSCHETTA A. Deciphering the nuclear bile acid recep-

tor FXR paradigm [J]. Nuclear Receptor Signal, 2010(8): 1-28.

[40] VERBEKE L, FARRE R, TREBICKA J, et al. Obeticholic acid, a farnesoid X receptor agonist, improves portal hypertension by two distinct pathways in cirrhotic rats [J]. Hepatology, 2014, 59(6): 2286-2298.

[41] VERBEKE L D, MANNAERTS I, SCHIERWAGEN R, et al. Obeticholic acid, an FXR agonist, reduces hepatic fibrosis in a rat model of toxic cirrhosis [J]. Journal of Hepatology, 2015, 62(51): S479.

[42] GABRIELE C, ANTONIO M, ANTONIO E, et al. Binding mode of 6ECDCA, a potent bile acid agonist of the farnesoid X receptor (FXR)[J]. Bioorganic & Medicinal Chemistry Letters, 2003, 13(11), 1865-1868.

[43] STEINER A, POULSEN H W, JOLIBIS E, et al. Preparation and uses of obeticholic acid: US 20130345188 [P]. 2013-12-26.

[44] 邱玥珩, 曹忠诚, 强晓明, 等. 奥贝胆酸及其有关物质的合成 [J], 中国医药工业杂志, 2016, 47(4): 376-379.

# 第4章 具有药学性能的胆汁酸衍生物及其应用

胆汁酸(包括胆酸、鹅去氧胆酸、石胆酸、去氧胆酸和熊去氧胆酸等)不但可促进脂类物质的消化吸收,调节胆固醇代谢,还可直接作为药物使用或与其他药物联合治疗肝病、胆结石以及炎症等。近年来,胆汁酸因独特的生物和化学性质而在生物医药、高分子材料及仿生等领域显示出广阔的应用前景。

胆汁酸中不同成分的结构区别仅在于羟基的数目、位置及立体构型不同,其分子中含有活泼的羧基及羟基,易于进行化学结构修饰,其中24位羧基可进行酯化、酰胺化、还原及成盐等反应;3、7及12位羟基可进行酰化、氧化等反应。胆汁酸价廉易得,且由其衍生获得的化合物通常仍能保留母体胆汁酸的肝肠循环特性、良好的生物相容性、甾环的高稳定性、分子的双亲性等特征,故可用于前药的设计。研究胆汁酸类化合物结构的修饰,可为抗肿瘤、抗细菌病毒等药物的研发开辟新的途径。

目前,基于胆汁酸的药学性能的设计主要采用两种策略:其一,针对胆汁酸具有一定的抗肿瘤活性进行结构修饰与改造,从而获得抗肿瘤活性更强的胆汁酸衍生物;其二,将胆汁酸作为药物载体,使药物与胆汁酸通过适当的官能团直接偶联或通过连接基团间接偶联,从而实现靶向给药。为开发出性能优越的药物,研究者们合成了多种具有药学活性的胆汁酸衍生物,这些胆汁酸衍生物有成为特定药物的潜力。

由于鹅去氧胆酸、熊去氧胆酸、胆酸等胆汁酸的药学性能不同,它们的衍生物也具有不同的药用价值。本章分别综述鹅去氧胆酸、熊去氧胆酸和胆酸衍生物及其药学性能。

## 4.1 鹅去氧胆酸衍生物及其药学性能

鹅去氧胆酸分子中可以修饰的位置为6位氢、3位羟基、7位羟基和24位羧基等,对不同位置进行修饰所得物质的药学性能有较大的差别。鹅去氧胆酸衍生物的获得主要是从对这几个位置进行修饰开始的。

### 4.1.1 6位修饰的衍生物

鹅去氧胆酸是法尼酯衍生物X受体(FXR)的天然内源性配体。$6\alpha$-乙基-鹅去氧胆酸(obeticholic acid,OCA),又名奥贝胆酸(401a),是鹅去氧胆酸的一种新型衍生物,是人工合成的FXR的高亲和度的激动剂,可以促进胆酸合成,治疗原发性胆汁性肝硬化和非酒精性脂肪性肝炎等疾病,奥贝胆酸还可以调节胆汁酸和胆固醇的内稳态,作为肝保护剂使用,用于预防和治疗起因于胆汁淤积的肝疾病,具有广阔的前景[1]。

吉欧依鲁(Gioiello)等[2]在 OCA 的基础上发现并合成了新的具有潜力的选择性 FXR 的配体,即 23-N-(甲酸肉桂酯基)-3α,7α-二羟基-6α-乙基-24-nor-5β-胆烷-23-胺(401b,图 4-1)。此化合物具有激活和调控 FXR 反应的能力,药物筛选和受体研究显示该物质为 FXR 的完全激动剂,对 FXR 具有高亲和力。

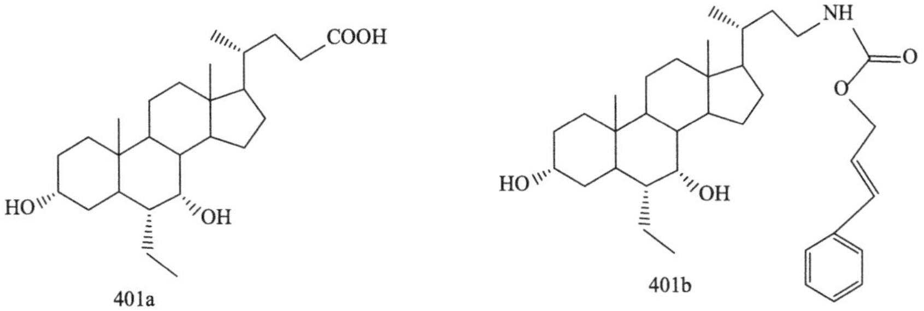

图 4.1 奥贝胆酸及其衍生物的结构

### 4.1.2　3、7 位修饰的衍生物

对鹅去氧胆酸的 3、7 位进行修饰得到的衍生物一般具有分子钳状的结构,能够识别特定分子,在分子识别领域具有应用价值[3]。近年来,人们以鹅去氧胆酸为原料合成了多种分子钳,并将其应用到分子识别领域的研究中。图 4.2 所示的鹅去氧胆酸分子钳是对鹅去氧胆酸分子中的 3α-OH 和 7α-OH 同时进行了修饰,这类分子钳对 D 型氨基酸甲酯有较好的识别作用[4];在 3α-OH 上桥连不同的芳香化合物,而保持 7α-OH 不做修饰,得到的不对称的分子钳(图 4.3)对 L 型氨基酸甲酯有较好的识别作用[5]。

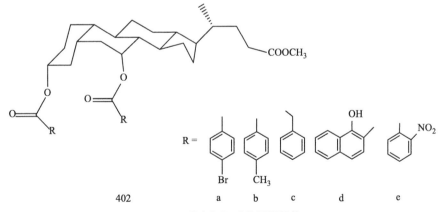

图 4.2 鹅去氧胆酸分子钳结构

石志川等[6]以鹅去氧胆酸甲酯为隔离基,在 3α、7α 位通过酯键连接上对硝基苯甲酰基后,将硝基还原为氨基,再使氨基与芳醛反应,合成席夫碱型鹅去氧胆酸分子钳(图 4.4),这类分子钳对有机小分子具有很好的识别作用。

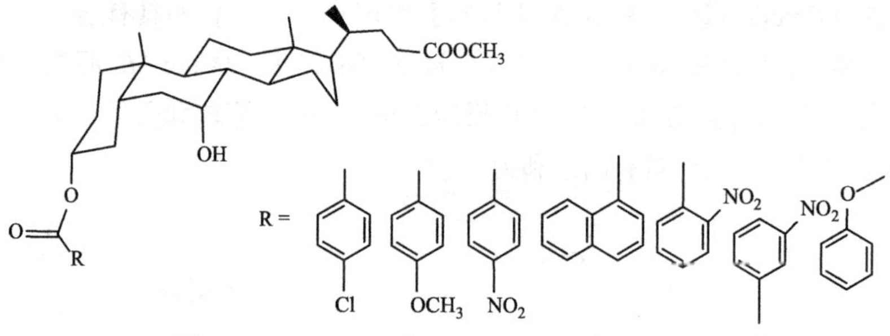


403 a b c d e f g

**图 4.3 鹅去氧胆酸分子钳结构**

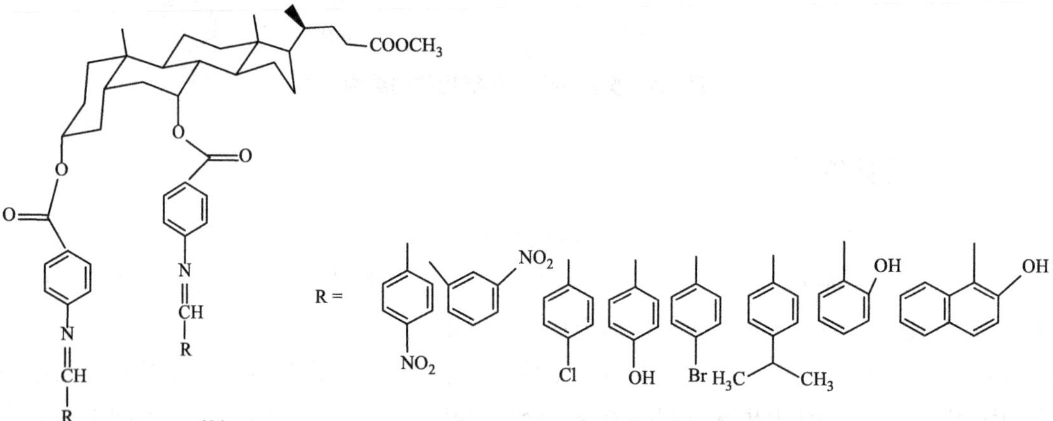


404 a b c d e f g h

**图 4.4 鹅去氧胆酸分子钳结构**

赵志刚等以鹅去氧胆酸为隔离基，经过桥连得到 3，7- 二叠氮乙酰氧基鹅去氧胆酸甲酯（图 4.5），此类分子钳可以作为人工受体，对阳离子具有很好的识别作用，特别对汞离子有优良的选择性识别效果[7]。

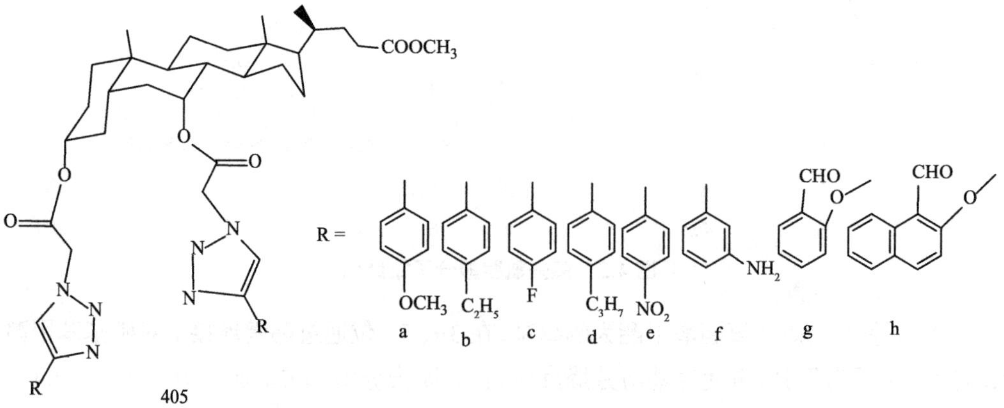


405

**图 4.5 鹅去氧胆酸分子钳结构**

硫脲类化合物在生物医药中具有重要作用。Shi 等[8]在微波辐射、无溶剂的条件下，以中性三氧化二铝为介质,制备了非对称的鹅去氧胆酸硫脲类衍生物(406a~406h,图4.6),其中化合物406d、406e、406h呈现出抗金黄色葡萄球菌的性能,化合物406a、406c、406f、406g呈现出与阿莫西林功能相当的抗枯草杆菌活性,可以作为重要的药效基团设计合成新的抗菌制剂。

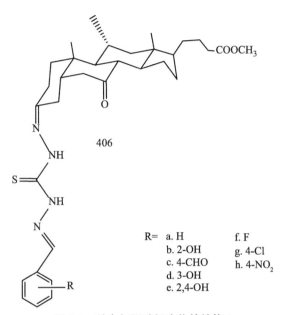

R= a. H　　　f. F
　　b. 2-OH　　g. 4-Cl
　　c. 4-CHO　h. 4-NO$_2$
　　d. 3-OH
　　e. 2,4-OH

**图4.6　鹅去氧胆酸衍生物的结构1**

Bai等[9]选择性地醚化和酯化CDCA的7位羟基,设计合成了图4.7所示的化合物407a。此化合物是格拉布催化大环内酯化和闭环反应的重要中间体,为进一步的研究奠定了基础。同时,他们也合成了图4.7所示的化合物407b,在其合成过程中可以引入同位素标记的$^{14}CO_2$,研究药物在人体肝脏内的代谢机制。对于大多数胆酸基的前药,药物底物一般连接在C24或者C3上,很少有连于C7上的。将7位羟基选择性地功能化,就会产生新的衍生物,从而激励7位共聚前药的发展。

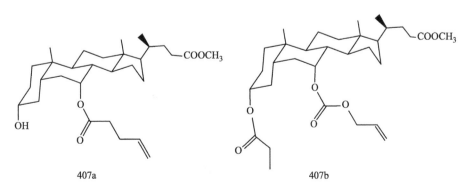

**图4.7　鹅去氧胆酸衍生物的结构2**

黄燕敏等[10]分别在鹅去氧胆酸甾核的3位和7位引进肟基、甲氧肟基、苄氧肟基和含有不同取代基的氨基硫脲等含氮基团,合成了一系列含氮衍生物(图4.8)。体外癌细胞抑制活性试验表明,某些鹅去氧胆酸含氮化合物对肝癌及前列腺癌细胞具有较好的抑制作用,为今后设计合成具有更好的抗肿瘤活性的甾体化合物提供了有用的参考。

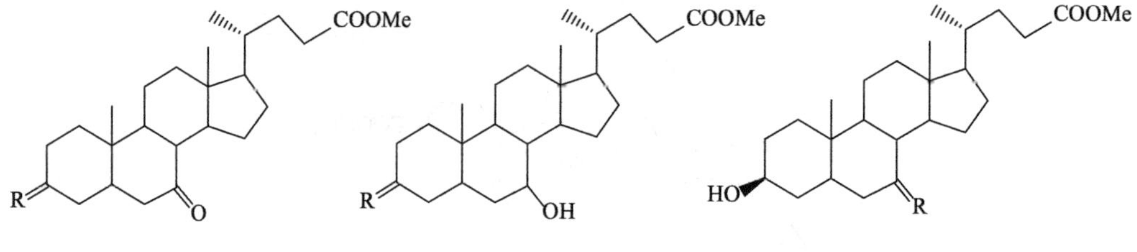

a₁ R=(Z)-NOCH₃
a₂ R=(Z)-NOCH₂Ph
a₃ R=(E)-NOCH₂Ph

b₁ R=(Z)-NOCH₃
b₂ R=(Z)-NOCH₂Ph
b₃ R=(E)-NOCH₂Ph

c₁ R=(Z)-NOCH₂Ph
c₂ R=NNHCSNHCH₃
c₃ R=NNHCSNHPhCH₃

408

图 4.8 鹅去氧胆酸含氮衍生物的结构

### 4.1.3 24 位修饰的衍生物

1. 氨基酸类衍生物

近年来人们一直致力于开展靶向抗肿瘤药物的研究。胆汁酸作为肝靶向药物载体,显示出了良好的应用前景。伊姆(Im)等[11]研究发现,CDCA 作为初级胆汁酸,可以与 L-苯丙氨酸苄酯、β-丙氨酸苄酯偶合,所形成的衍生物 409a 和 409b(图 4.9)的抗肿瘤活性总体强于 UDCA 的衍生物,其中 409a 不但可以增强放疗诱导 MCF-7 细胞凋亡的功效,而且对 HepG2(野生型 p53)和 Hep3B(p53 敲除)的 $IC_{50}$ 分别为 60 μmol·L⁻¹ 和 50 μmol·L⁻¹。

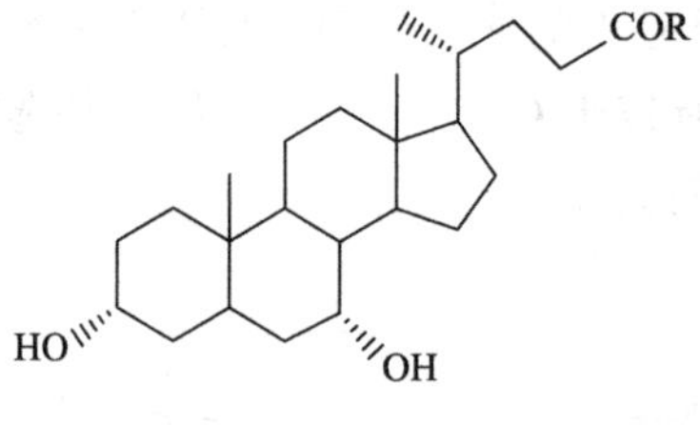

409a R = NHCH(CH₂C₆H₅)COOC₄H₉
409b R = NH(CH₂)₂COOC₄H₉

图 4.9 甘氨鹅去氧胆酸衍生物的结构

佩利恰里(Pellicciari)等[12]为了进一步系统地研究能够与 FXR 背部的结合位点作用,从而实现 FXR 调控的物质,合成了一系列鹅去氧胆酸氨基甲酸酯类衍生物(图 4.10)。荧光共振能转移测定以及细胞荧光素酶转录分析显示这些物质具有完全激动、部分激动以及拮抗活性。新衍生物的侧链能够作用于 FXR 背部未开发的结合位点,为在不影响 H12 取向的情况下获得多种 FXR 调节剂提供了可能。

2. 杂环衍生物

法国卡昂大学的艾尔·契尔( El Kihel )等[13]合成了两种具有一定空间位阻的鹅去氧胆酸含氮杂环酰胺类衍生物( 图 4.11 )。CDCA- 哌嗪类衍生物不但能抑制结肠癌 HCT-116 细胞的增殖,对具有很强的抗凋亡性及耐药性的多形性恶性胶质瘤( GBM )和多发性骨髓瘤( KMS-11 )细胞也有较强的抑制活性。

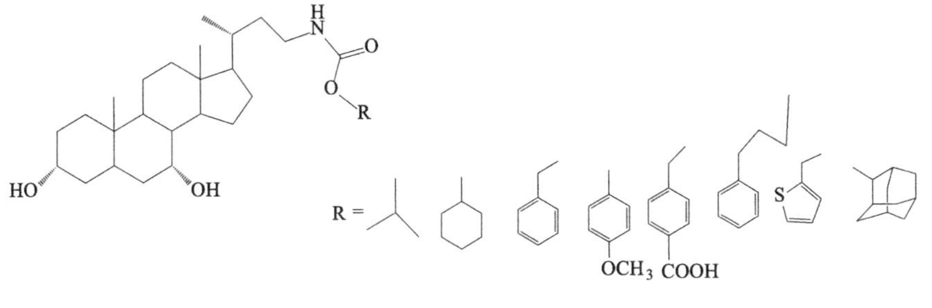


410 a b c d e f g h

图 4.10 鹅去氧胆酸氨基甲酸酯类衍生物的结构

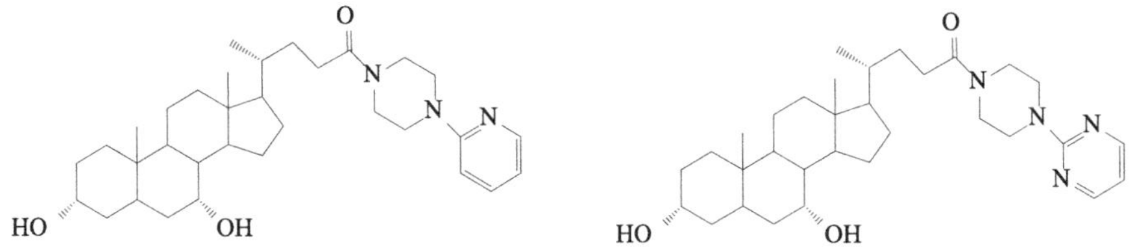


411a 411b

图 4.11 鹅去氧胆酸含氮杂环酰胺类衍生物的结构 1

最近, Kihel 所在的研究小组[14]报道了另外两种含有哌嗪环的胆酸酰胺衍生物 412( 图 4.12 ),其中,UDCA- 哌嗪类衍生物对 HCT-116、GBM 及 KMS-11 细胞的抑制活性与 CDCA- 哌嗪类衍生物相当。

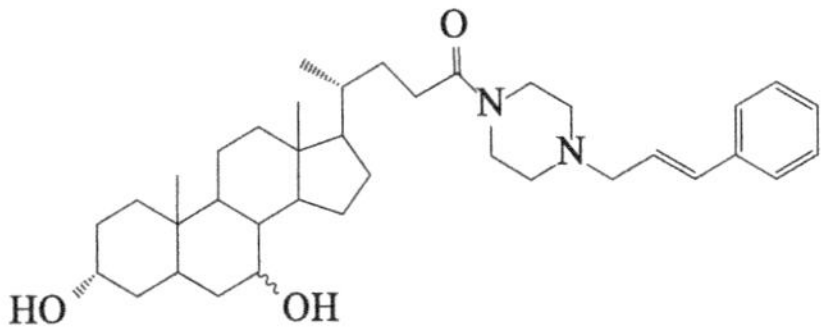


412a $\alpha$-OH
412b $\beta$-OH

图 4.12 鹅去氧胆酸含氮杂环酰胺类衍生物的结构 2

韦英亮等[15]从鹅去氧胆酸出发,用琼斯试剂氧化其 3、7 位羟基,利用草酰氯转化为脱氢鹅去氧胆酸酰氯。待酰氯形成后,再进行芳杂环氨反应,最后将羰基还原,从而合成了六种新的具有不同结构特征的甾体芳杂环酰胺衍生物( 图 4.13 )。其中的 3, 7- 二羟基鹅去氧胆酸芳杂环酰胺衍生物( 413d~413f )对所测试的肿瘤细胞株具有明显的抑制活性,其中有的化合物对人肝癌细胞 Bel-7404 表现出优于阳性对照物顺铂的抑制活性。这为此类甾体抗肿瘤药物分子的设计合成研究提供了有用的参考。

413a 413b 413c 413d 413e 413f

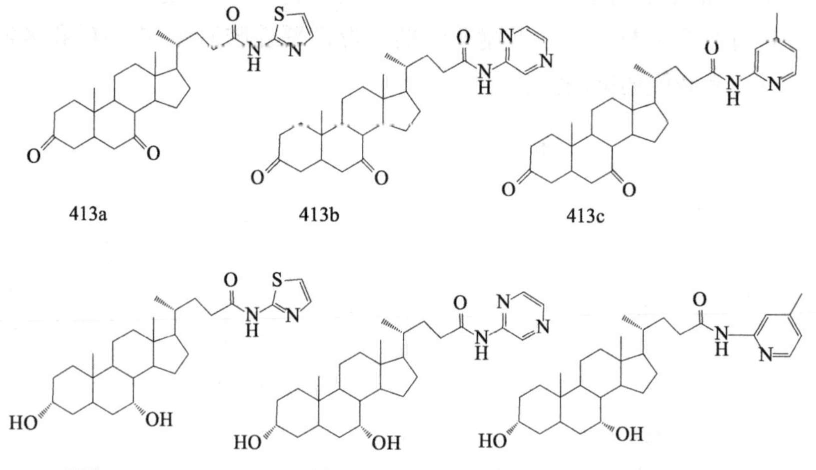

图 4.13 鹅去氧胆酸芳杂环酰胺衍生物的结构

席勒丝( Siless )等[16]以鹅去氧胆酸为原料,通过官能团转换得到一类在 C17 支链上连接一个苯二酚结构的芳香环甾体化合物(苯二酚结构在二氧化锰的作用下很容易转化为苯醌结构,图 4.14),并且研究了它们的细胞毒性与抗真菌活性,为进一步研究这类衍生物奠定了基础。

414a 414b

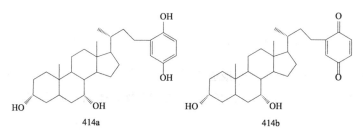

图 4.14 鹅去氧胆酸酚和醌类衍生物的结构

3. 用于前药的研究

胆汁酸可与人小肠细胞上顶端钠依赖性胆酸转运体( hASBT )及肝细胞膜表面的钠离子 – 牛磺胆酸转运多肽( NTCP )特异性结合,具有良好的生物兼容性,适合用作肝靶向药物载体。

阿昔洛韦是一种抗病毒药物,能够抑制疱疹病毒的增殖,然而其低的肠道透过性导致其生物利用度仅为 20%。托勒 – 桑德尔( Tolle-Sander )等[17]将阿昔洛韦与鹅去氧胆酸 24 位的羧基通过缬氨酸相连制成前药,即阿昔洛韦的鹅去氧胆酸缬氨酸酯 415( 图 4.15 ),靶向作用于 hASBT。与单独服用阿昔洛韦相比,该前药的生物利用度提高了两倍。

加巴喷丁是一种新颖的抗癫痫药,它是 $\gamma$- 氨基丁酸( GABA )的衍生物,其药理作用与现有的抗癫痫药不同,它的作用是改变 GABA 的代谢。然而,加巴喷丁在治疗神经性疼痛中因需要较高的剂量、排泄快速、循环周期短、频繁用药而导致癫痫病人不适。赖斯（Rais）等[18]将活化的鹅去氧胆酸或其谷氨酸酰胺与加巴喷丁偶联形成单阴离子、中性及双阴离子复合物，一共合成了五种加巴喷丁-鹅去氧胆酸复合物（图4.16），其中两种单阴离子偶合物为hASBT配基，具有高亲和性及高承载力，可作为加巴喷丁前药使用，靶向作用于hASBT，提高其口服生物利用度[19]。

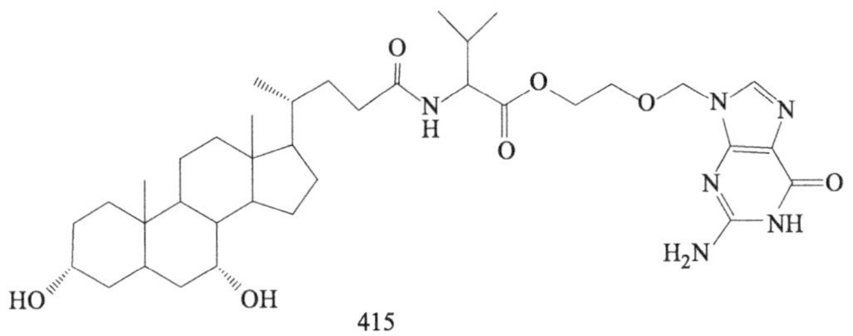

图4.15 阿昔洛韦的鹅去氧胆酸缬氨酸酯的结构

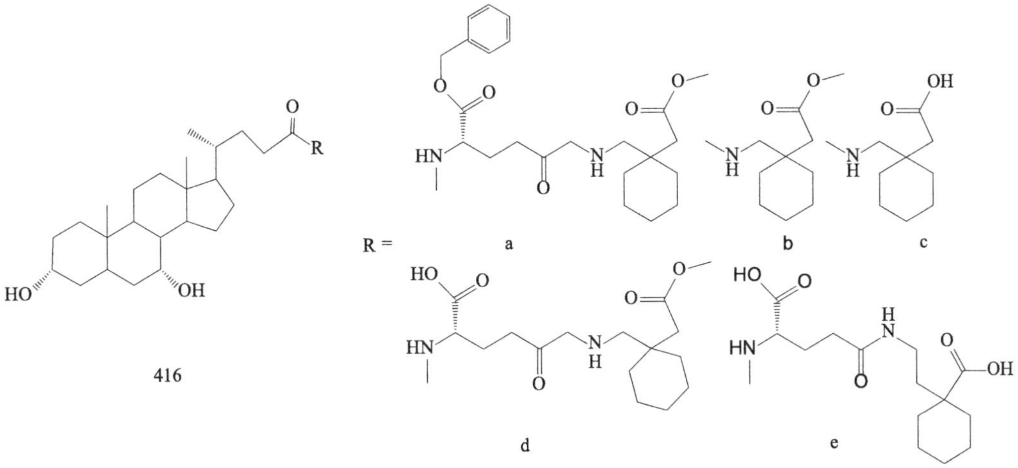

图4.16 加巴喷丁-鹅去氧胆酸复合物的结构

自从喜树碱的显著的抗肿瘤活性被发现以来，人们设计合成了大量的喜树碱衍生物，先后有两种喜树碱衍生物已经被批准为抗肿瘤药物在全球各地上市。然而由于它的副作用，其在临床应用中受到严格的控制。为尽可能地减小其毒副作用，寻找水溶性好、性能稳定、毒副作用小且能有效地将所需量的喜树碱类药物传递到靶组织的载体，李庆勇等[20]以胆汁酸为载体，合成了多种喜树碱衍生物，包括10-O-鹅去氧胆酸喜树碱417a以及9-硝基-10-O-鹅去氧胆酸喜树碱417b（图4.17）。喜树碱衍生物不仅保持了活性部位内酯环的稳定性，而且水溶性好，大大降低了喜树碱类化合物因不溶于体液的水环境而带来的毒性，提高了药物的生物利用度，充分保持了喜树碱抗肿瘤的药理活性。

浙贝乙素（verticinone）是中药贝母的主要生物活性成分。药理学研究表明，浙贝乙素具有良好的镇咳、祛痰、平喘以及抗肿瘤活性。鹅去氧胆酸浙贝乙素酯（chenodeoxycholic acid-verticinone ester，CDCA-Ver）418（图4.18）是将浙贝乙素与鹅去氧胆酸通过酯键连接而合成的新型化合物，研究证明 CDCA-Ver 在体内外均具有很强的抗肿瘤活性，主要是通过诱导细胞凋亡、将细胞周期阻滞在 G0/G1 期实现的[21]，这为今后将 CDCA-Ver 用于对肿瘤进行干预治疗提供了研究依据。

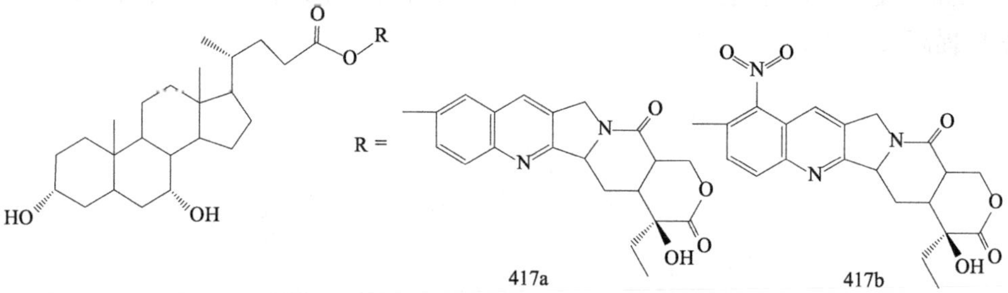

图 4.17　喜树碱 – 鹅去氧胆酸复合物的结构

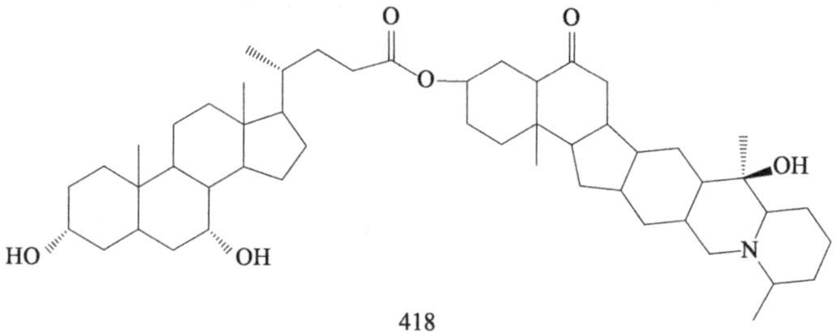

图 4.18　鹅去氧胆酸浙贝乙素酯的结构

### 4.1.4　其他位修饰的衍生物

Iida 等[22]首次报道了分别以 CDCA 和 UDCA 为原料，利用二甲基过氧化酮（DMDO）高效地、立体选择性地氧化甾核上不活泼的次甲基碳原子，得到 17α- 和 14α- 羟基衍生物，并以其为中间体，通过反应得到 3,7,15- 和 3,7,16- 三酮 -5β- 胆烷酸甲酯，选用叔丁胺 – 硼烷（$t$-C$_4$H$_9$NH$_2$·BH$_3$）混合试剂进行立体选择性还原，分别得到 3α,7α,16α- 和 3α,7α,16β- 三羟基 -5β- 胆烷酸以及 3α,7α,15α- 和 3α,7α,15β- 三羟基 -5β- 胆烷酸及相应的立体异构体（图 4.19），并阐述了其主要的化学性质。

大村（Omura）等[23]描述了 CDCA 的（22$R$)- 和（22$S$)- 羟基异构体的合成。先将 CDCA 乙酰化得到 3,7- 二乙酰 - 鹅去氧胆酸，根据文献 [45] 使 CDCA 的 C17 侧链缩短，氧化脱羧，经环氧化，在活性 Zn 和 Cu 存在的条件下，与溴乙酸乙酯发生瑞福马斯基（Reformatsky）反应，生成 22 位羟基化的异构体混合物；通过硅胶色谱分离两种异构体的混合物，最后在氢氧化钾的甲醇溶液中水解，随后酸化，得到相应的化合物（图 4.20）。这些衍生物通过分步结晶能够产生大小适合进行结构分析的单晶，并能准确测定出 C22 手性碳的构型。它们在不同的溶剂体系，如 CHCl$_3$、CD$_3$OD 和 C$_5$D$_5$N 中，具有特征 $^1$H 和 $^{13}$C NMR 信号，为研究 C22 位的立体化学性质提供了参考。

鹅去氧胆酸能诱导肿瘤细胞凋亡，但活性较弱。一些鹅去氧胆酸氨基衍生物能抑制多种人癌（如 T 细胞白血病、前列腺癌、恶性胶质瘤、成神经管细胞瘤等）细胞的增殖。鹅去氧胆酸与 L-苯丙氨酸苄酯、β-丙氨酸苄酯偶合形成的衍生物 421a、421b（图 4.21）有较强的抗肿瘤活性。其中，化合物 421b 不但可增强放疗诱导 MCF-7 细胞凋亡的功效，而且对 HepG2（野生型 p53）和 Hep3B（p53 敲除）的 $IC_{50}$ 分别为 60 和 50 $\mu mol \cdot L^{-1}$。作用机制研究表明：该化合物能诱导肝癌细胞周期停滞于 G1 期，抑制细胞周期相关蛋白（如 cyclinD1、cyclinA 及 Cdk2）的表达，而提高 p21WAF1/CIP1 及 p27KIP1 的表达水平。以化合物 421b（50 $\mu mol \cdot L^{-1}$）处理肝癌细胞 30 min 即可显著诱导早期生长反应基因（Egr-1）的表达，说明其通过调节 Egr-1 基因的表达诱导癌细胞凋亡。另一项研究表明：化合物 421b 可通过线粒体途径诱导人肝癌 BEL7402 细胞凋亡[24]。

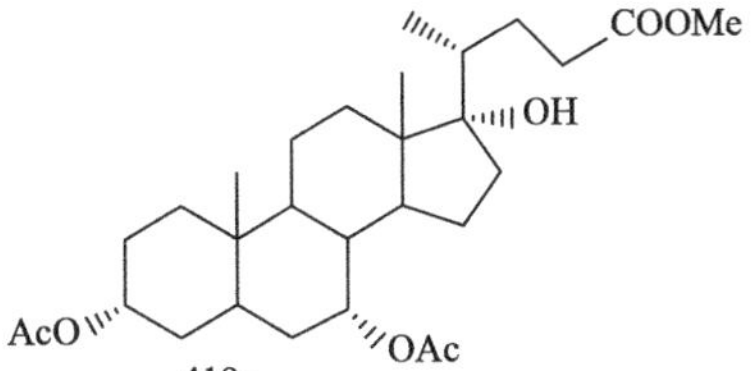

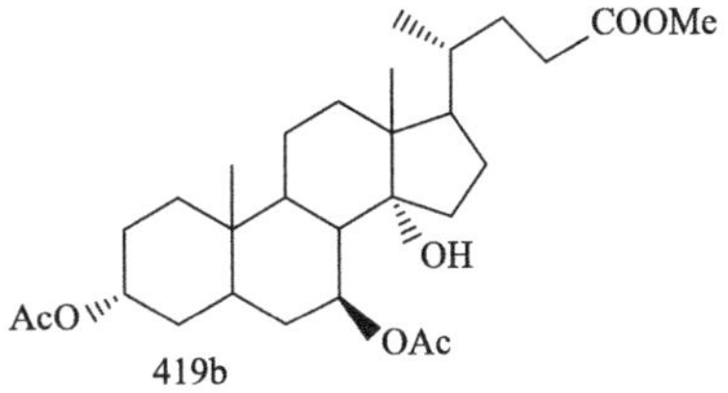

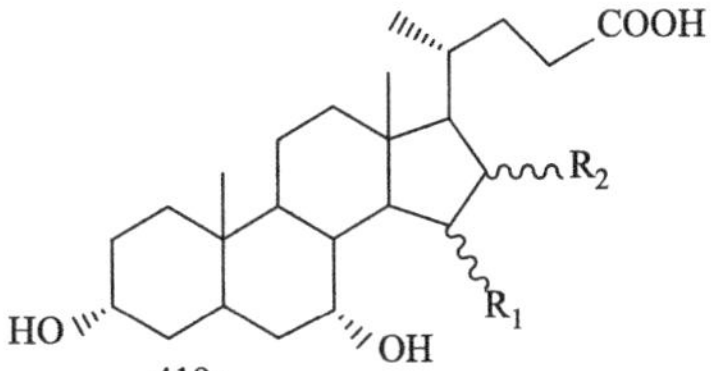

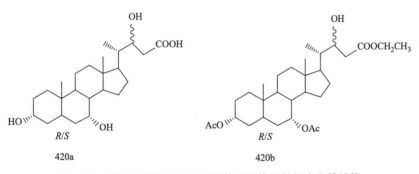

图 4.19　鹅去氧胆酸的 15、16 位羟基衍生物及合成的中间体的结构

图 4.20　鹅去氧胆酸的（R/S）羟基异构体及其衍生物的结构

## 4.2　熊去氧胆酸衍生物及其药学性能

熊去氧胆酸分子中羟基、羧基和甾环上的多个位置都可以进行化学修饰，合成具有不同生物活性的衍生物。这里根据化学修饰的不同位置，概述熊去氧胆酸衍生物的制备方法及

生物活性。

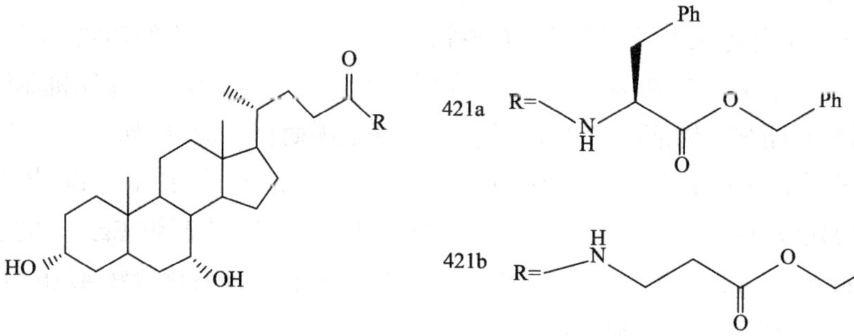

图 4.21 鹅去氧胆酸氨基衍生物的结构

## 4.2.1 3 位修饰的衍生物

熊去氧胆酸 3- 硫酸酯（UDCA 3-Suls）是口服 UDCA 的主要尿代谢物。健康男性尿液中一天排泄量相当于（131±61.2）(SD)μg 未氨基化 UDCA 3-Suls 当量[25]。在临床上 UDCA 3-Suls 可作为 UDCA 的应变标志物。UDCA 的谷胱甘肽聚合物及其 C-3 硫酸酯,如 UDCA 的 S- 酰基 - 谷胱甘肽 -3- 硫酸酯（UDCA-GSH 3-Suls），可用于治疗胆汁淤积疾病。

UDCA 的叠氮基衍生物的亲脂性和毒性取决于叠氮基所在位置和电离度（$K_w$）；$K_w$ 值与毒性呈负相关关系。UDCA 3α- 氨基衍生物（图 4.22）对转运蛋白具有高度识别力,科学家们应用这个性质研究细胞的相互作用和分布,以及胆汁酸生物学的相关问题[26]。

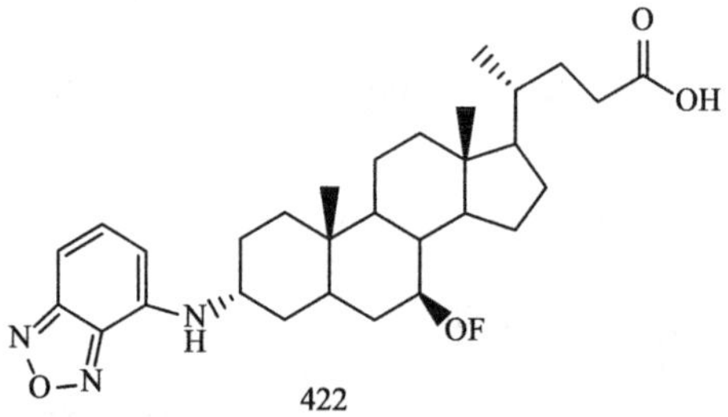

图 4.22 熊去氧胆酸 3α- 氨基衍生物的结构

UDCA 葡萄糖基衍生物（图 4.23）具有较强的水溶性,可用于手术后的病人及不能口服药物的病人的注射治疗[27]。

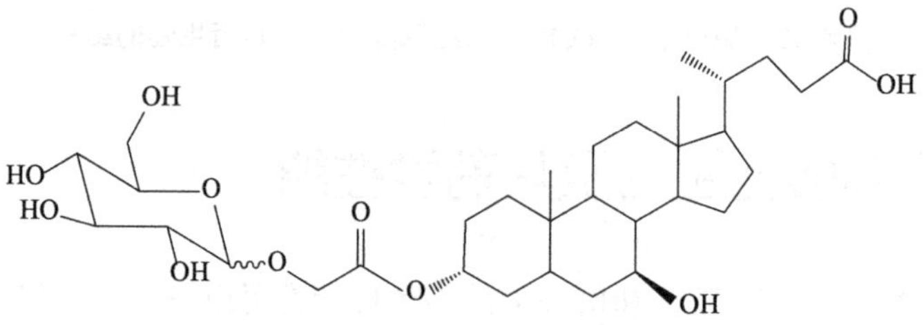

图 4.23 熊去氧胆酸葡萄糖基衍生物的结构

UDCA、牛磺熊去氧胆酸（TUDCA）和甘氨熊去氧胆酸（GUDCA）的 3α- 乙酰氨基葡萄糖羧酸酯有希望应用于治疗人体代谢紊乱[28]。分子中同时含有乙酰葡萄糖氨基和磺酸基衍生物 424（图 4.24），与 C1 型尼曼 – 匹克病（NPC1）有关。

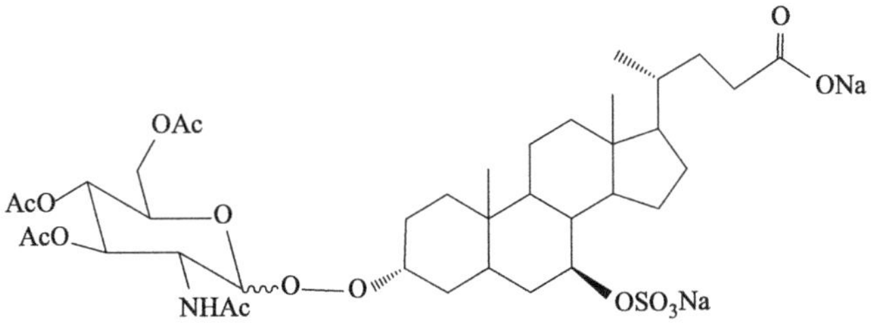

图 4.24　熊去氧胆酸乙酰葡萄糖氨基和磺酸基衍生物的结构

3- 对叔丁基苯甲酰氨基熊去氧胆酸钠盐在水溶液中呈管状结构，其疏水性的对叔丁基苯基具有增强表面活性剂的性能，管状结构的壁为双层结构，内外表面均带负电荷，有希望应用于中等尺度主客体化学领域。

## 4.2.2　6 位修饰的衍生物

UDCA 的 6 位氟化物（6-FUDCA）425（图 4.25）能够预防癌前细胞的形成，防止结肠癌治愈患者病情复发，具有优良的生物活性[29]。

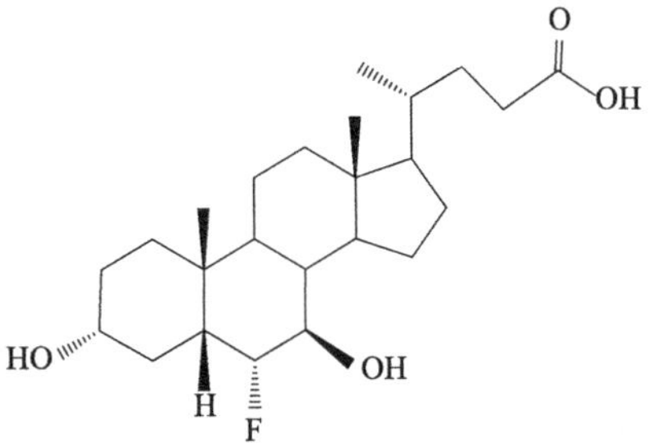

图 4.25　6- 氟代熊去氧胆酸的结构

6 位乙基取代的熊去氧胆酸衍生物 426（图 4.26）可作为 FXR 诱导剂。其在临床上做保肝药物，在预防和治疗肝脏及胆汁淤积疾病方面有很好的疗效[30]。

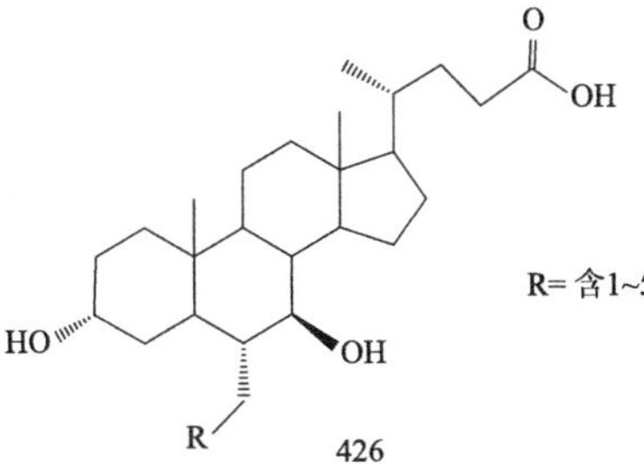

R= 含 1~5 个碳原子的直链或支链烷基

图 4.26　6 位取代的熊去氧胆酸衍生物的结构

以 6-乙基鹅去氧胆酸 401a 为原料合成的化合物 6-*E*-23(*S*)Me-UDCA(427,图 4.27)能够增加肠内胰高血糖素样肽 1(GLP-1)的转录,增强 GP-BAR1 的效能和专一性,为配体提供潜在的结合位点信息,预计可用于治疗肥胖症、Ⅱ型糖尿病等由代谢紊乱引起的疾病[31]。

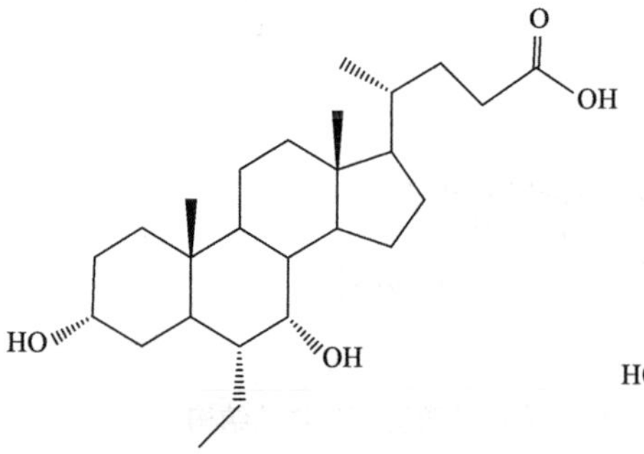

图 4.27  6-乙基熊去氧胆酸及其衍生物的结构

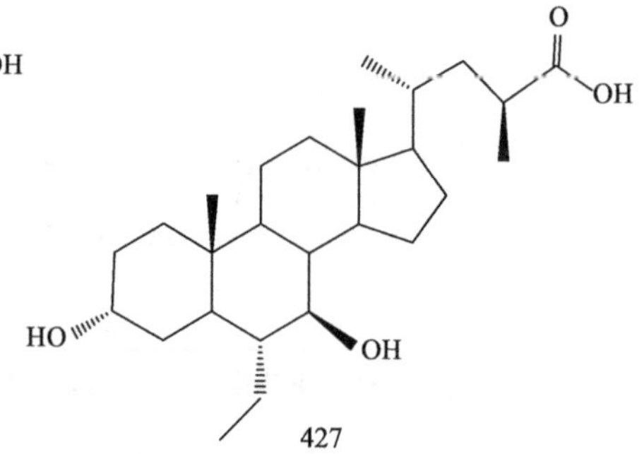

### 4.2.3  7 位修饰的衍生物

在 UDCA 的 7 位或 3、7 位引入磺酸基的熊去氧胆酸 7-硫酸酯(UDCA 7-Suls)和熊去氧胆酸 3,7-二硫酸酯(UDCA 3,7-DSuls)能够防止胆汁淤积和限制肝细胞损害,可用于治疗消化道、肝脏炎症,也可用于改善肝脏疾病或肝功能引起的血清生化性质,增加胆汁流量,降低磷脂或胆固醇的胆汁排泄。在 UDCA 的 7 位引入酰基所得的化合物对胆汁结石病、胆管机能障碍、高甘油三酯血症等疾病具有很好的疗效。UDCA、TUDCA 和 GUDCA 的 7 位羟基上的氢原子被 N-乙酰葡萄糖胺取代所得的衍生物具有酶吸附性能,可以利用其在尿液中的含量为诊断原发性肝硬化(PBS)提供有用的信息(是临床上判断肝硬化的诊断指标),有望用于治疗原发性胆汁性肝硬化(PBC)。

在 UDCA 的 7 位或 3、7 位引入葡萄糖基得到的 UDCA 衍生物 7-GLG-UDCA(428a)和 3,7-二 GLG-UDCA(428b,图 4.28)在水中的溶解度都较高,有望作为利胆药物,用于手术后或不能口服药物的病人的注射治疗。

图 4.29 所示的 UDCA 衍生物可抑制钠依赖性胆盐转运体(ASBT)的效力,减小钠牛磺胆盐共转运体(NTCP)的亲和力。ASBT 和 NTCP 可与多种取代基结合,但是 UDCA 7 位修饰得到的类似物大部分不能被 ASBT 或 NTCP 聚合转运[32]。

### 4.2.4  11 位修饰的衍生物

11 位和 12 位同时被氘取代的 UDCA 衍生物 430(图 4.30)比放射性物质稳定、安全,且质谱结果与母体不同,口服 430 可用于治疗人的胆汁瘘[33]。

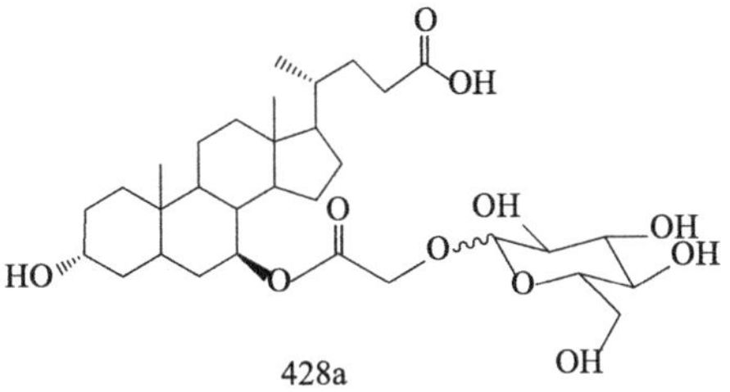


428a

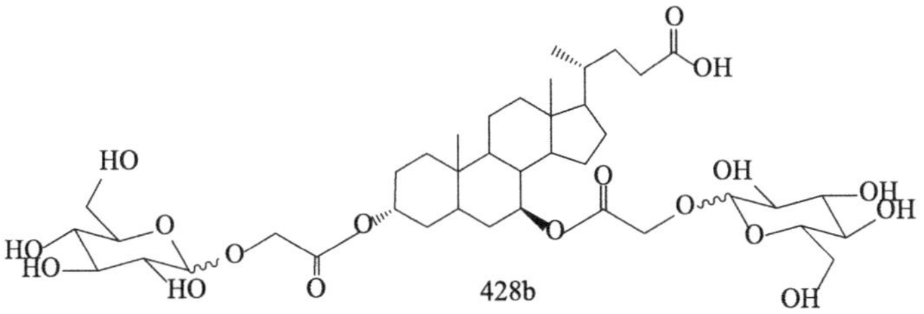


428b

图 4.28　熊去氧胆酸葡萄糖衍生物的结构

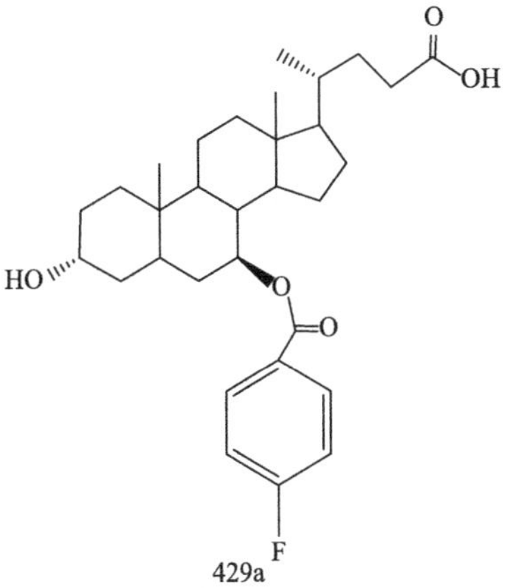


429a

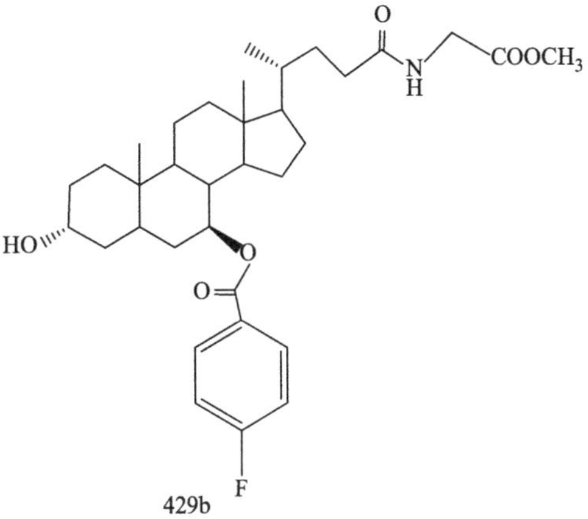


429b

图 4.29　熊去氧胆酸衍生物的结构 1

## 4.2.5　23 位修饰的衍生物

23- 甲基熊去氧胆酸（MUDCA）极少分泌到胆汁中，也很少与牛磺酸、甘氨酸结合。在进入消化道后，MUDCA 很快进入肝脏，对动物无毒；其硫酸盐化、葡萄苷酸化后能抑制肝脏内二次衍生物的积累，同时抑制胆汁酸的肝肠循环。

细胞表面受体 GP-BAR1 能够激发胆汁酸的活性，刺激人体能量消耗，减少由饮食引起的肥胖，在临床上用于治疗代谢紊乱，23（*S*）-MUDCA（431，图 4.31）能够与 GP-BAR1 相互作用，调节其非基因组功能。

图 4.30　11 与 12 位取代的熊去氧胆酸衍生物的结构

图 4.31　熊去氧胆酸衍生物的结构 2

### 4.2.6　24 位修饰的衍生物

1. 酰胺类衍生物

在生物体内,胆汁酸是胆固醇的代谢产物,其作用是促进脂肪和类脂的消化与吸收。在生物体内,胆汁酸通常以游离态和结合态两种状态存在。结合态胆汁酸主要有与甘氨酸和牛磺酸结合的甘氨胆汁酸和牛磺胆汁酸。甘氨熊去氧胆酸(GUDCA)和牛磺熊去氧胆酸(TUDCA)是熊体内存在的结合态胆汁酸。

与 UDCA 相比,GUDCA 毒副作用更小,亲水性更强,具有较强的抗氧化作用,在临床上可以作为抗氧化剂,用于治疗高胆红素血症。TUDCA 能抑制家族性腺瘤性息肉病衍生的 LT97 结肠腺瘤细胞的生长;TUDCA 以有效地抑制不同类型细胞的凋亡为特征;TUDCA 通过调节 ER 压力对人脂肪干细胞(hASC)的形成起决定性作用,被用作减肥药物;TUDCA 也被用于治疗由糖尿病引起的视网膜病变[34]。

如图 4.32 所示的 UDCA 衍生物能够抑制肿瘤细胞增殖,并诱导其凋亡。432a 能抑制前列腺癌细胞 PC-3 的生长。432b 能诱导 HepG2 细胞凋亡,效果比 UDCA 更好,被用作治疗肝癌的特效药。432c、432d 在一定浓度下对 MCF-7、MDA-MB-231 细胞有抗增殖作用。此外,人们发现新型胆汁酸衍生物对人类胸腺肿瘤细胞的毒性作用可以通过使细胞凋亡进行调控[35]。

图 4.32　熊去氧胆酸衍生物的结构 3

磺酰胺类化合物具有广泛的抗菌活性和潜在的抗肿瘤作用。图 4.33 所示的一系列 N- 磺酰 -3，7- 二氧代 -5$\beta$- 胆烷 -24- 酰胺对 HCT-116、MCF-7、K562 呈现出良好的选择性细胞毒性。尤其是 433a 对 SGC-7901 抑制效果较好，433b、433c、433d 对人癌细胞系呈现出高抑制活性 [36]。

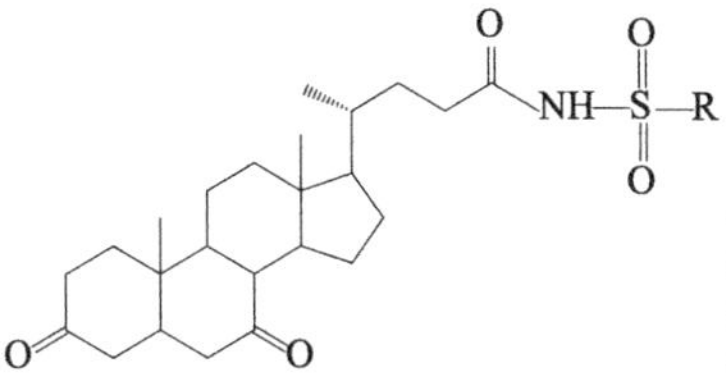

| | R |
|---|---|
| 433a | $CH_2CH_3$ |
| 433b | $CH_2CH_2CH_2CH_3$ |
| 433c | Ph |
| 433d | $PhCH_3$ |

**图 4.33　N- 磺酰 -3，7- 二氧代 -5$\beta$- 胆烷 -24- 酰胺的结构**

图 4.34 所示的 UDCA 磺酰胺类衍生物（434a~434d）对碳酸酐酶同工酶的抑制效果明显；这些化合物在兔子体内的生物利用度比乙酰唑胺（acetazolamide）高 [37]。

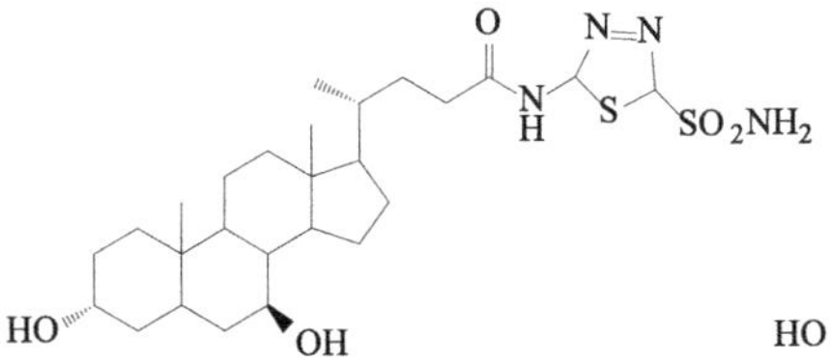

434a

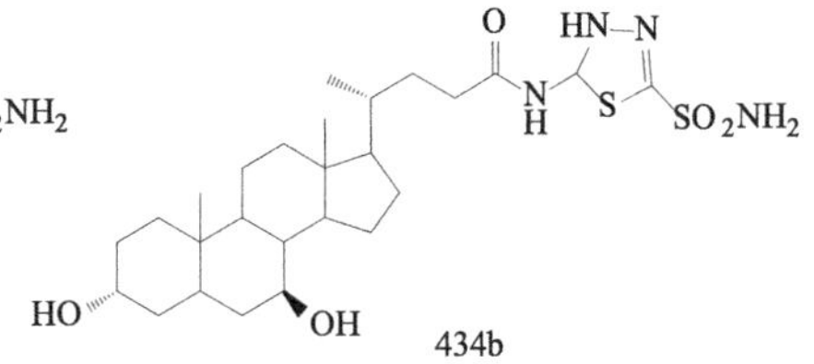

434b

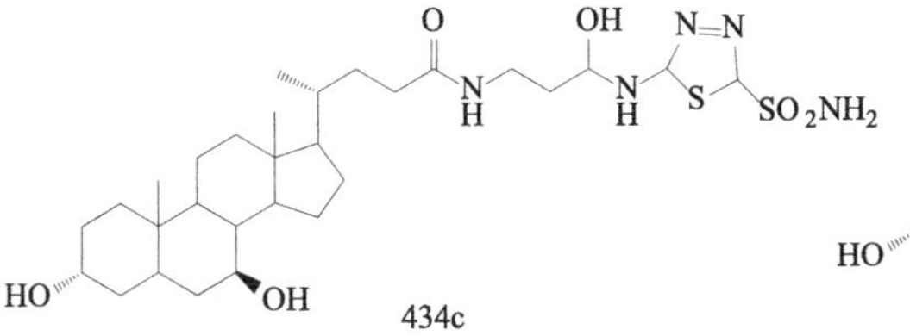

434c

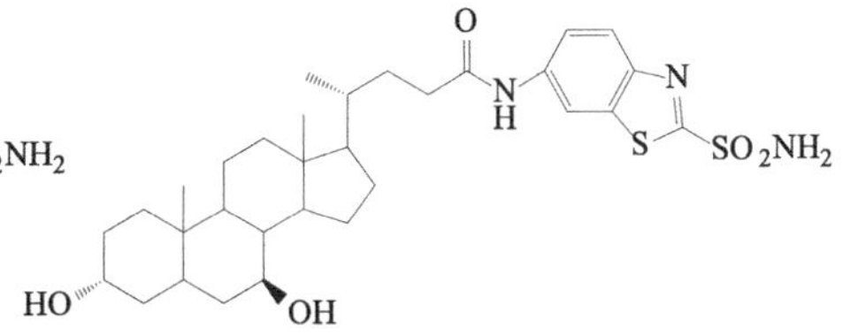

434d

**图 4.34　UDCA 磺酰胺类衍生物的结构**

图 4.35 所示的 UDCA 脂肪酸衍生物（435）的脂肪酸为长链脂肪酸（即碳原子数大于 14）时，对模型胆汁溶液胆固醇结晶具有明显的抑制作用，能够溶解小鼠胆结石 [38]。

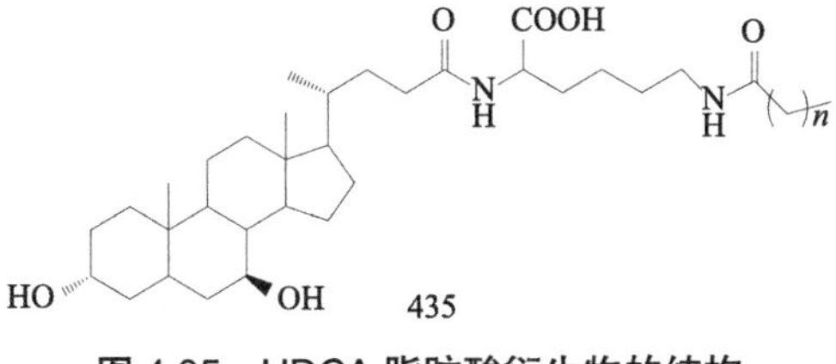

435

**图 4.35　UDCA 脂肪酸衍生物的结构**

2. 金属配合物衍生物

436a 与 436b 是分子中含有 Pt 原子的 UDCA 衍生物（图 4.36），436b 能抑制肿瘤细胞生长，抗肿瘤活性高，与母体铂化合物相比，毒副作用小，在临床上被用作治疗肝癌的药物[39]。

图4.36 胆汁酸铂缀合物的结构

3. 杂环类衍生物

熊去氧胆酸衍生物（437，图4.37）能选择性向肝脏传递 NO，显著增大肝脏中环磷酸鸟苷（cGMP）的浓度，调节肝脏中血管的扩张力和收缩力。437 具有比 UDCA 更强的抵抗胺碘酮的毒性作用[40]；能够有效抑制白介素、肿瘤坏死因子等多种炎性因子，对各种原因引起的肝损伤及炎症、门静脉高压、肝硬化及肝纤维化均具有较好的治疗作用[41]。

图4.37 熊去氧胆酸衍生物的结构 4

图 4.38 所示的肝靶向一氧化氮释放偶合物（438）对四氯化碳及对乙酰氨基酚诱导的小鼠急性肝损伤具有显著的修复作用。除此之外，该偶合物具有良好的肝靶向性，且其肝靶向性优于阳性药（437）[42]。

图4.38 熊去氧胆酸衍生物的结构 5

图 4.39 所示的 N-乙酰基-S-(熊去氧胆烷基)半胱氨酸（439）在兔肝脏内很容易被羧酸酯酶水解。此化合物水解后能起到 UDCA 与半胱氨酸的双重药学作用，且更容易被吸收[43]。

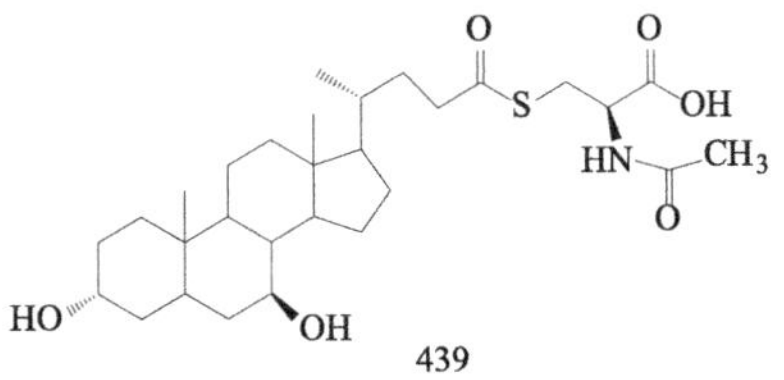

439

图 4.39　N- 乙酰基 -S-( 熊去氧胆烷基 )半胱氨酸的结构

图 4.40 所示的哌嗪类胆汁酸衍生物( 440a、440b )对骨髓瘤细胞( KMS-11 )、恶性胶质癌细胞( GBM )和结肠癌细胞( HCT-116 )的生长增殖活性有抑制作用。该杂环固醇类物质有可能成为新型的抗癌药 [14]。哌嗪类熊去氧胆酸的酰胺衍生物( 440c、440d、440e )能够降低人类结肠癌细胞株 DLD-1、HCT-116、HT-29 的生存能力 [34]。

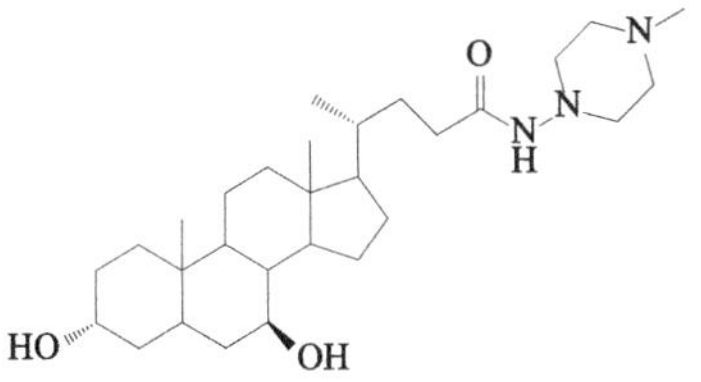

440a

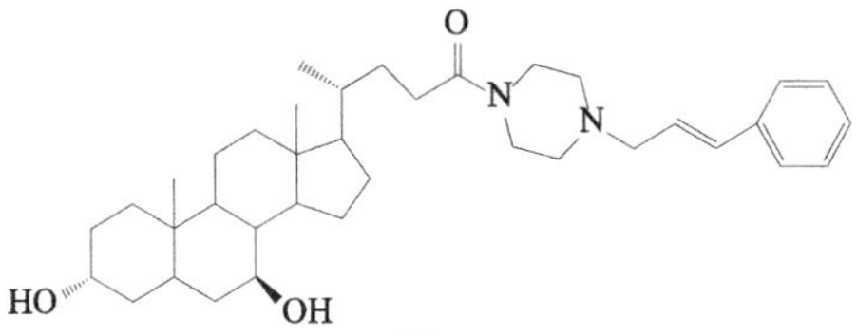

440b

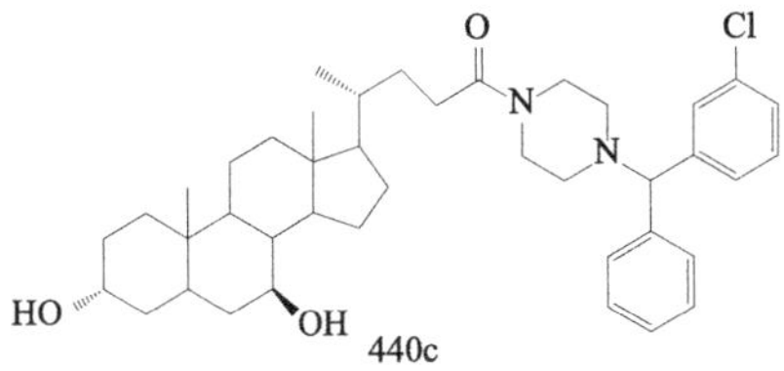

440c

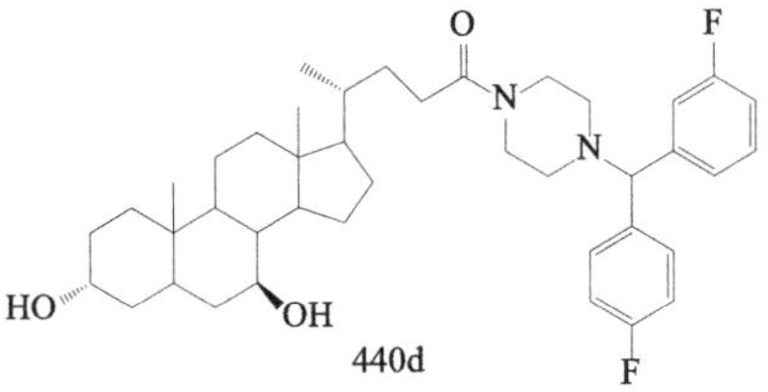

440d

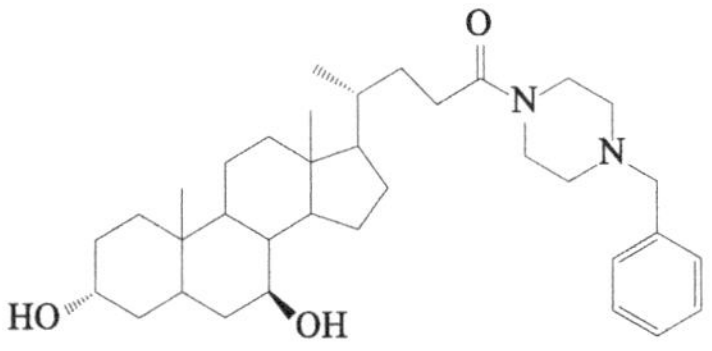

440e

图 4.40　哌嗪类熊去氧胆酸衍生物的结构

熊去氧胆酸葡萄糖衍生物 24-GLG-UDCA( 441,图 4.41 )的水溶性大约是 UDCA 的 13 倍。441 可用于注射治疗,极大地拓宽了其作为药物的应用途径 [27]。

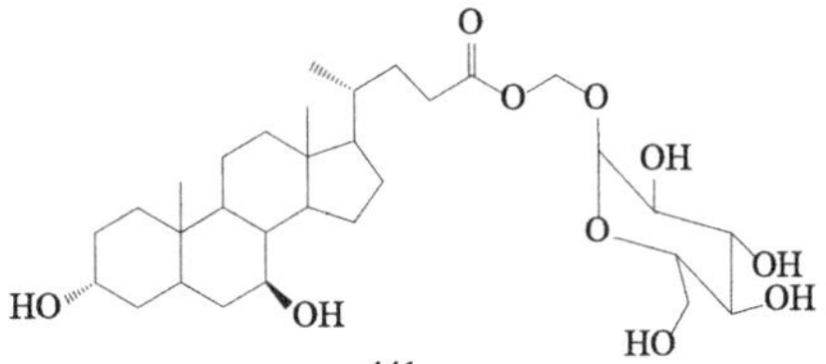

441

图 4.41　熊去氧胆酸葡萄糖衍生物的结构

### 4.2.7 失碳甾体化合物

24-nor-熊去氧胆酸（nor-UDCA）是 UDCA 的短侧链衍生物，其侧链少一个亚甲基基团，nor-UDCA 与 UDCA 有着不同的物理化学和治疗学特性，在体内也有不同的代谢机制。两者比较，UDCA 对胆总管结扎（CBDL）老鼠的毒性比 nor-UDCA 大，nor-UDCA 能明显减轻选择性结扎（SBDL）老鼠的肝脏损伤[44]；在治疗肝脏纤维化方面，nor-UDCA 比 UDCA 更有效果。相比于 UDCA，nor-UDCA 在体外能直接抑制抗原呈递细胞的性能，激活 T 细胞。因此，nor-UDCA 是治疗肝脏纤维化的潜在药物。

### 4.2.8 前药类衍生物

作为内源性天然配基，胆汁酸具有良好的生物兼容性，适合做肝靶向药物载体。图 4.42 所示的 UDCA 的 N-烷基酰胺衍生物（442a、442b）[45] 有可能作为前体药成分，用于治疗多种疾病。

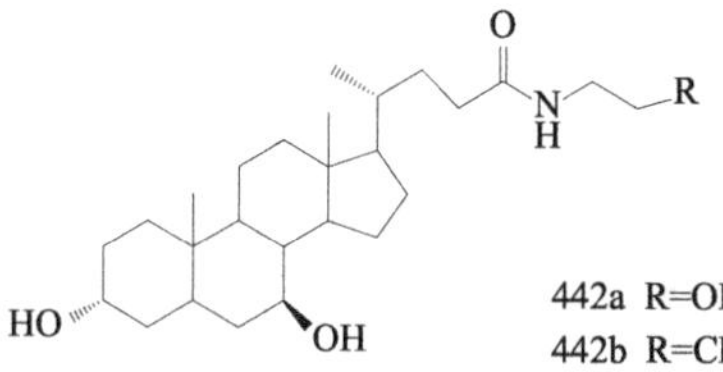

442a R=OH
442b R=CH$_2$OH

**图 4.42　熊去氧胆酸 N-烷基酰胺衍生物的结构**

Tolle-Sander 等将阿昔洛韦与熊去氧胆酸 24 位的羧基通过缬氨酸相连制成前药，即熊去氧胆酸的缬氨酸酯，靶向作用于 hASBT，与单独服用阿昔洛韦相比，该前药的生物利用度显著提高。

UDCA 与去氢贝母碱通过酯键结合形成熊去氧胆酸去氢贝母碱酯衍生物，在相同剂量下，该衍生物比 UDCA 和去氢贝母碱的止咳化痰效果都好。该衍生物具有更高的生物活性和较小的毒副作用，可用作止咳化痰药，代替传统中药中的川贝和蛇胆，解决了这两种中药稀缺的问题[46]。

## 4.3　胆酸衍生物及其药学性能

2015 年 3 月，美国食品药品监督管理局（FDA）批准胆酸（CA）胶囊用于治疗胆汁酸合成困难的罕见疾病，如缺乏单一酶及过氧化物酶体等疾病。CA 通过增大脂肪的表面积，更大限度地和胰脂肪酶接触，加速脂肪的溶解，促进脂肪酸、脂溶性纤维、胆固醇等的吸收。CA 能够抑制呼吸中枢的兴奋，对神经系统有着镇静和镇痛作用。CA 可以改变细胞死亡的方式，其通过激活核受体或者其他细胞信号来调节小肠和肝脏中的基因表达。CA 也具有诱导细胞凋亡或诱导坏死性凋亡的药理作用[47]。

在对胆汁酸衍生物的应用研究中，抗肿瘤细胞生长是报道较多的。对胆汁酸的支链、甾体母核的 A 环或 C 环进行结构修饰,形成二聚物及与金属形成配合物,都是常用的修饰改造方法。CA 属于内源性载体类天然产物。因 CA 特有的物化性质,其衍生物也受到了研究者广泛重视。CA 分子结构中的三个—OH 和末端—COOH 具有很高的活性,容易进行化学修饰,从 CA 衍生物中可以筛选出具有药学性能的物质。

下面根据胆酸结构改造的位置和类型进行讨论。

### 4.3.1 羧基端修饰所得的胆酸衍生物

(1)阿加瓦尔(Agarwal)等[48]在胆酸的 24 位通过酰胺键引入杂环分子链合成一系列胆酸衍生物(图 4.43),并对这些衍生物的抗癌活性进行了试验,结果发现化合物 443a~443c 对乳腺癌细胞株 MDA-MB-231 有很强的活性抑制作用($GI_{50}$=1.35 μmol·$L^{-1}$),效果同阿霉素($GI_{50}$=1 μmol·$L^{-1}$)相当;化合物 443c~443e 对恶性胶质瘤细胞株有很强的活性抑制作用,甚至优于顺铂和阿霉素。

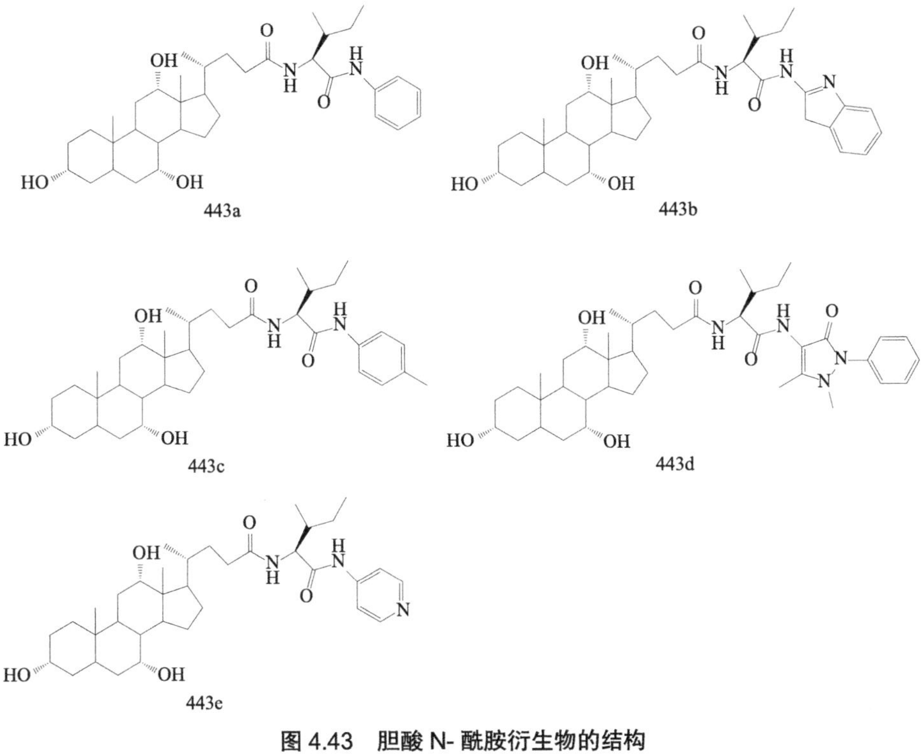

**图 4.43 胆酸 N-酰胺衍生物的结构**

(2)正电子发射体层摄影(position emission tomography,PET)在癌症早期诊断和治疗中发挥着非常重要的作用。Chong 等[49]将 N-NE3TA 螯合物经酰胺键与胆酸连接得到肿瘤靶向甾体化合物 444(图 4.44),其与 $^{64}$Cu 放射性标记形成探针,可用于 PET 成像。结果发现,在室温下 N-NE3TA-CA 能够高效、快速地同 $^{64}$Cu 结合,被标记的络合物能够在人体血清中保留 2 天,具有较高的放射性标记率。被标记的络合物与 100 倍浓度的 EDTA 溶液相比,表现出更好的稳定性,且只释放出少量放射性物质。

（3）为考察胆酸衍生物对菌株的抑制活性，帕里克（Parikh）等[50]在胆酸的24位通过酰胺键引入L-苏氨酸结构形成化合物445（图4.45）。该胆酸衍生物对革兰氏阳性菌、革兰氏阴性菌以及真菌的抑制活性高。实验表明，当浓度为31.5~125 μg·mL$^{-1}$时，化合物445的抑制效果比阳性环丙沙星强2倍多。

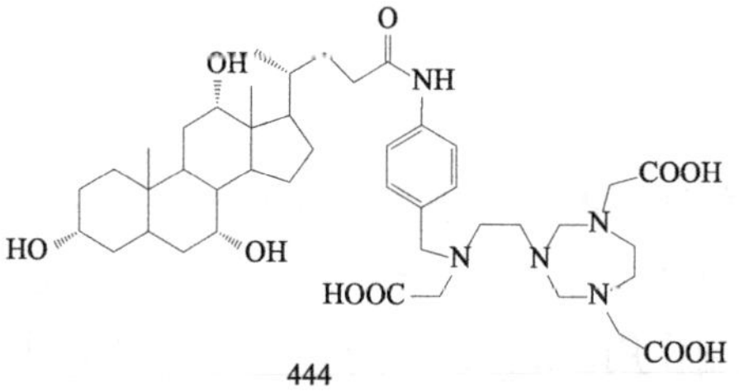

图4.44　胆酸N-NE3TA螯合物的结构

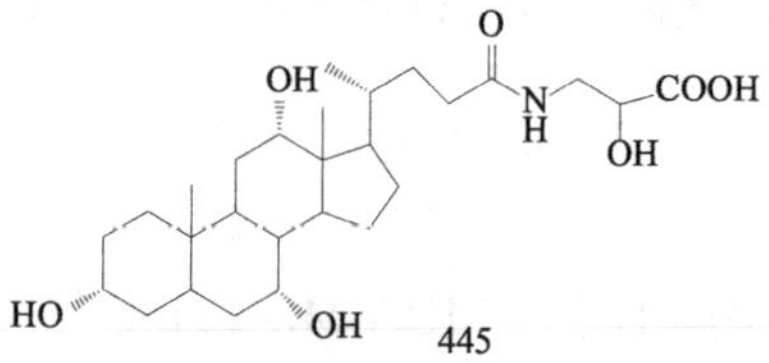

图4.45　胆酸苏氨酸缀合物的结构

（4）波雷（Pore）等研究者[51]合成了一系列11-三氮唑取代的胆酸衍生物（图4.46）。其中，化合物446a和化合物446b对结合分支杆菌H37Ra的抑制活性最高，IC$_{90}$达到了3 μg·mL$^{-1}$。分子对接结果显示，化合物446a分子结构中的三氮唑环与结核杆菌内DprE1酶的His123咪唑结构形成π-π键，DprE1酶的活性位点能够与类似于天然配体的化合物446a高效地结合。同时，吸收、分布、代谢和排泄（ADME）实验充分证明了化合物446a有着优良的药代动力学性质。

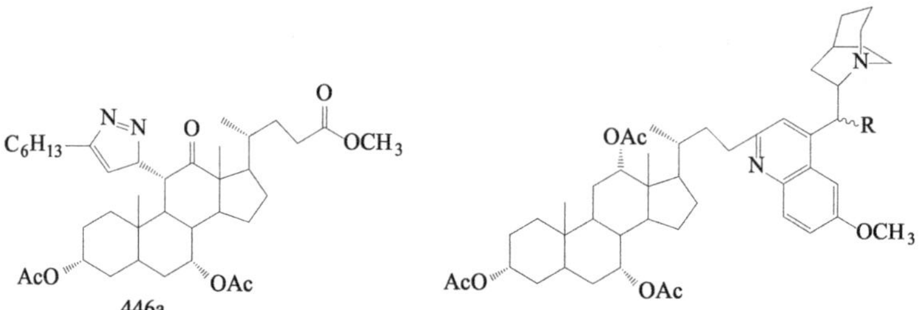

图4.46　杂环修饰所得的胆酸衍生物的结构

## 4.3.2　胆酸-四氧六环衍生物

由于1,2,4,5-四氧六环衍生物与抗疟药青蒿素的活性基团1,2,4-三氧六环结构片段相似，特尔齐（Terzi）等[52]为了寻找新型抗疟药物，设计并合成了一系列BA-四氧六环衍生物，结果却发现此类衍生物具有抗肿瘤活性。用美国国家癌症研究所（NCI）提供的60种人肿瘤细胞株进行研究，结果表明，这些化合物中的大部分对肿瘤细胞的半数生长抑制浓度（GI$_{50}$）、全部生长抑制浓度（TGI）和半数致死浓度（LC$_{50}$）分别在0.1、1.0和6.0 μmol·L$^{-1}$以下，显示出良好的抗肿瘤活性。其中，去氧胆酸四氧化物衍生物（DCA-TO）447a和胆酸四氧化物衍生物（CA-TO）447b活性最强（图4.47），DCA-TO对结肠癌HCT-116细胞和黑色素瘤LOX IMVI细胞的LC$_{50}$分别为47和22 nmol·L$^{-1}$；CA-TO可有效抑制黑色素瘤、非小细胞肺癌、结肠癌、CNS瘤和肾癌细胞的增殖，其对非小细胞肺癌HOP-62细胞和黑色素瘤

M14 细胞的 $LC_{50}$ 分别为 83 和 69 nmol·L$^{-1}$。

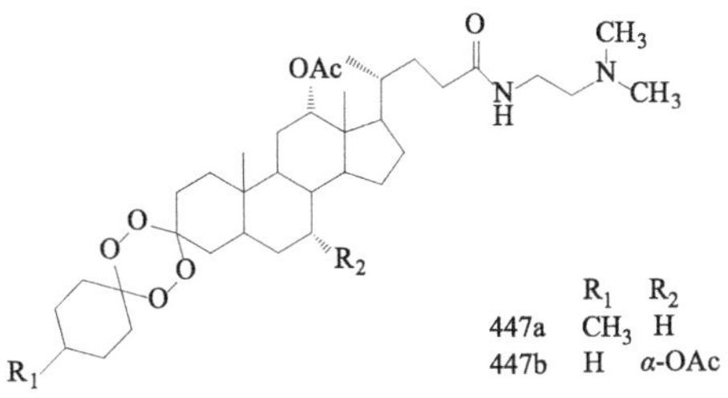

|  | $R_1$ | $R_2$ |
|---|---|---|
| 447a | $CH_3$ | H |
| 447b | H | $\alpha$-OAc |

图 4.47　胆酸 – 四氧六环衍生物的结构

## 4.3.3　胆酸 – 铂类偶合物

顺铂（cisplatin）是目前应用最广、最为广谱的抗癌药物之一，它对某些癌症（例如睾丸癌）的治愈率高达 80%~90%。但是，顺铂对一些常见的癌症（诸如卵巢癌、膀胱癌等）效果有限，甚至导致抗药性的产生而使病患的病情加重。因此，提高抗癌活性、降低抗药性成为当前顺铂类抗癌药物的研究重点。通过与胆甾酸缀合可以提高顺铂的疗效。

马林（Marin）、克瑞阿多（Criado）、帕施克（Paschke）等三个研究小组各自合成了一系列胆甾酸 – 顺铂缀合物并研究它们的抗癌活性[53]。其中比较有代表性的是 Marin 等合成的缀合物 448a（图 4.48）。研究表明，化合物 448a 能够有效地参与肠肝循环过程并长时间、高浓度地存在于肝脏中，肝脏对其的吸收和释放效率均比顺铂高。其长时间停留在肠肝循环器官（主要是肝脏）的肿瘤处，增强了药物的靶向性，减小了对其他器官（如肾脏等）的副作用；其高吸收性使顺铂的口服成为可能。

448b 为铂与两分子 CA 的螯合物，其转运特性与 448a 类似，在大鼠肝细胞中的浓度高于顺铂和 CG，因此，其对肝癌细胞的生长也具有一定的选择性抑制活性[54]。

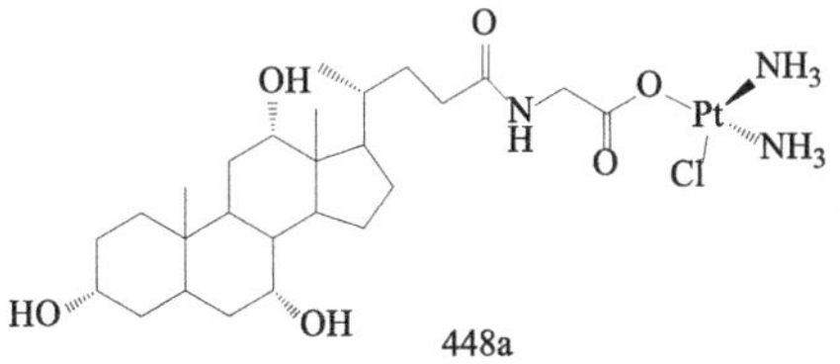

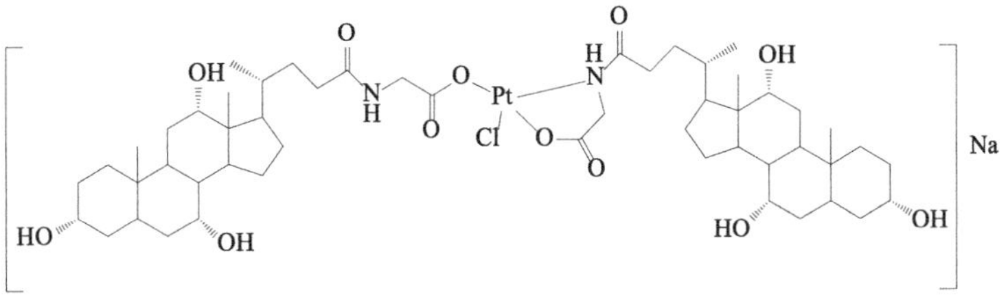

图 4.48　胆酸 – 铂衍生物的结构

此外，Criado 等[55] 还合成了胆酸 – 铂衍生物 449a 和 449b（图 4.49）。体外实验表明：

449b 对大鼠肝癌 McA-RH7777、人肝癌 HepG2、人结肠腺癌 LS174T 及鼠类淋巴细胞性白血病 L1210 等细胞的抑制活性比顺铂高,其和顺铂对上述四种细胞的 $IC_{50}$ 分别为 42.5 和 17.5 μmol·$L^{-1}$,50.0 和 17.5 μmol·$L^{-1}$,23.7 和 10.0 μmol·$L^{-1}$, 33.7 和 13.7 μmol·$L^{-1}$,优于 449a,后者对上述肿瘤细胞的 $IC_{50}$ 分别为 100.0 μmol·$L^{-1}$ 以上及 61.2、80.0、68.7 μmol·$L^{-1}$。

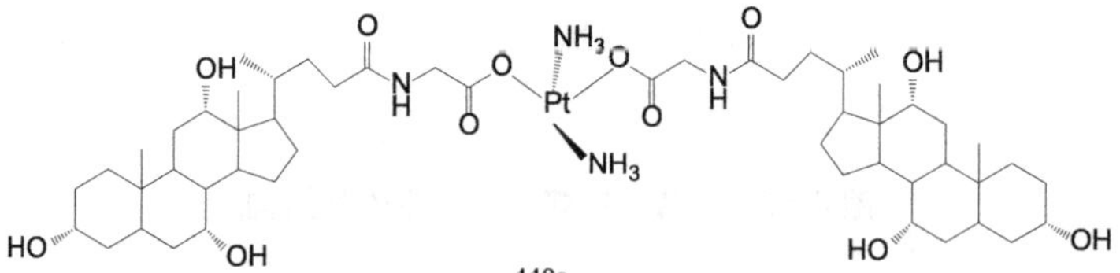

图 4.49　胆酸－铂衍生物的结构

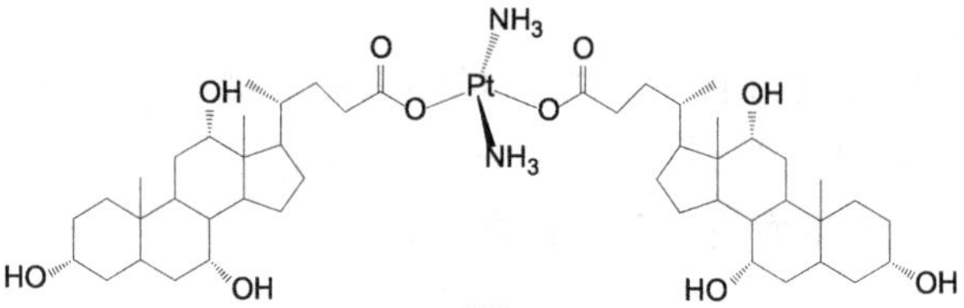

用 Hepa 1-6 荷瘤小鼠进行的实验表明:449b(15 nmol·$g^{-1}$)和 448a(15 nmol·$g^{-1}$)均具有明显的体内抗癌活性,尽管 448a 的活性不及顺铂,但与顺铂相比,这两种偶合物能更有效地延长荷瘤小鼠的寿命,原因可能与其毒副作用较小有关。给大鼠分别腹腔注射等剂量(7.5 nmol·$g^{-1}$)的 449b、448a 和顺铂,持续 1 周,结果发现:两种偶合物主要分布于大鼠肝脏中,浓度分别为顺铂的 3.5 和 2 倍,在心、肺、肾、肌肉、神经及骨髓等处分布极少,故其无神经、肾脏及骨髓等毒副作用;而顺铂在肾脏中的浓度分别为两种偶合物的 2.4 和 6.2 倍,且在心、肺、肾、神经及骨髓等处分布也较多,故可观察到顺铂组大鼠出现明显的神经、肾脏及骨髓毒性反应[56]。

Paschke 等[57] 报道了一系列带有长链烷基的 CA-卡铂偶合物(carbo-ChAPt,450a)及 CA-顺铂偶合物(cis-ChAPt)(450b,图 4.50)。构效关系研究表明,连接基团的碳链长度对细胞毒性有较大影响,碳链越长,则化合物的活性越高:当碳原子个数 $n$ = 11 时,carbo-ChAPt 和 cis-ChAPt 的活性均高于原药;而当 $n$ = 4 时,活性低于原药。

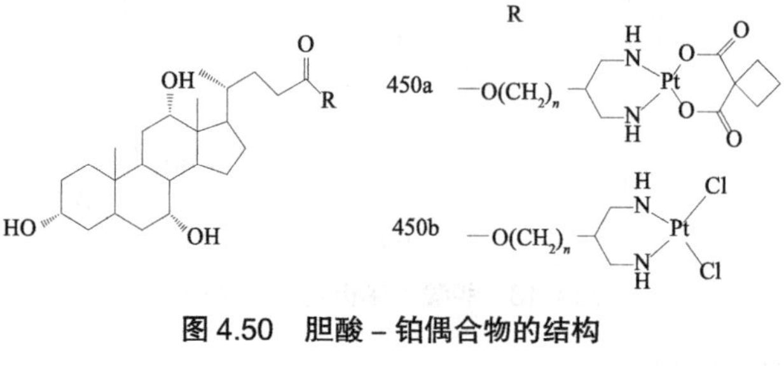

图 4.50　胆酸－铂偶合物的结构

## 4.3.4 胆酸-核苷衍生物

核苷类似物齐多夫定（AZT）是目前治疗艾滋病病毒感染的一线药物。近年来，人们又开发了一些具有抗肿瘤活性的 AZT 类似物，Wu 等[58]在此基础上，以多胺为连接基团，设计合成了一系列胆汁酸-多胺-AZT 衍生物（图 4.51）。构效关系研究表明：连接基团对活性有较大的影响，以二亚丙基三胺为连接基团时，胆汁酸与 AZT 磷酸十八烷酯偶联生成的衍生物（451a~451c）对宫颈癌 HeLa 细胞具有明显的抑制活性，$IC_{50}$ 在 6.8~7.2 μmol·L$^{-1}$ 的范围内；而以二亚乙基三胺为连接基团时，化合物的活性则明显下降（$IC_{50}$ 为 42~59 μmol·L$^{-1}$）。

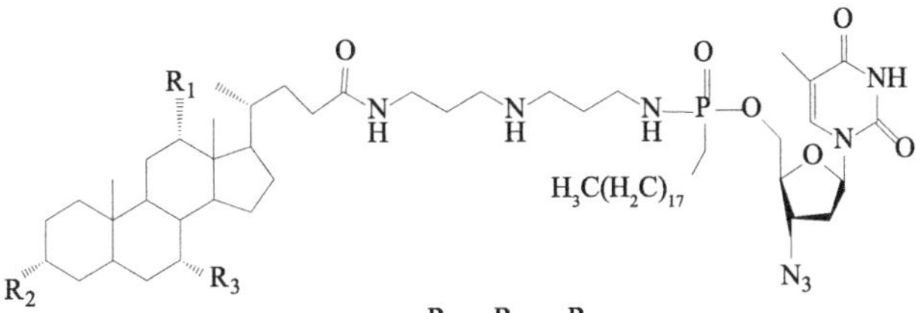

|      | R$_1$ | R$_2$ | R$_3$ |
| ---- | ---- | ---- | ---- |
| 451a | OH | OH | OH |
| 451b | OH | OH | H |
| 451c | O | O | O |

图 4.51 胆酸与 AZT 缀合物的结构

## 4.3.5 胆汁酸-铁离子螯合物

已有研究表明：铁离子在体内过度蓄积与肿瘤的发生、发展有关，与正常细胞相比，肿瘤细胞的生长需要更多的铁离子，且对铁离子相关蛋白表达上调而造成的铁离子缺失更为敏感，因此，利用铁离子螯合剂除去体内多余的铁离子有望成为抗肿瘤的新策略。目前，三嗪（triapine）、去铁胺（DFO）、二乙烯三胺五乙酸（DTPA）等铁离子螯合剂正处于研发阶段。与 DFO 和 DTPA 相比，多氨基羧化物类去铁抗肿瘤药 NE3TA（27）对人宫颈癌 HeLa 细胞和结肠癌 HT29 细胞具有更强的抑制活性，且对人正常肺成纤维细胞（MRC-5）毒性较小。为了提高 NE3TA 对肿瘤细胞的靶向能力，Chong 等[59]设计并合成了一系列 CA-NE3TA 衍生物（452b~452d，图 4.52）。结果发现，这些化合物的抗肿瘤活性均强于 DFO 和 DTPA，其中，DCA-NE3TA（452c）抑制 HeLa 和 HT29 细胞的活性最强，$IC_{50}$ 分别为 6.3 和 7.5 μmol·L$^{-1}$，与 NE3TA 活性相当（$IC_{50}$ 分别为 5.7 和 4.7 μmol·L$^{-1}$）。将胆汁酸-NE3TA 衍生物与荧光物质（NBD）偶联，可明显地观察到 NBD-胆汁酸-NE3TA 聚集至 HT29 细胞中，表明胆汁酸-NE3TA 具有一定的结肠靶向性。

恶性肿瘤是严重危害人类健康的重大疾病之一，而目前临床使用的化疗药物大多缺乏选择性，易引发毒副作用，导致患者不能耐受，降低药物疗效。研究显示：一些胆汁酸衍生物具有显著的抗肿瘤活性及较少的不良反应；一些以胆汁酸为载体的药物可明显提高药物在肝脏中的浓度，从而减小原药的毒副作用；有些胆汁酸衍生物能克服原药的耐药性，显示出良好的应用前景。

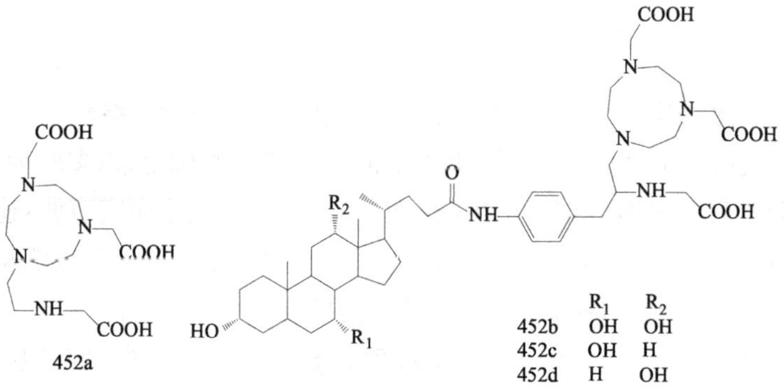

图 4.52 BA-NE3TA 衍生物的结构

### 4.3.6 胆酸-寡肽缀合物

一些寡肽类药物被广泛应用于疾病的治疗,但是口服寡肽类药物有一个很大的缺陷:寡肽类药物常在小肠中为肠肽酶所分解而导致其生物利用度低下。1992 年,佩金格尔(Petzinger)等合成了胆酸-寡肽缀合物 453(图 4.53),发现它对动物肝脏有很好的靶向性,可以随胆汁进入肠肝循环过程。进一步研究表明,453 能够有效地抵制肠肽酶的酶解作用,从而提高生物利用度。在此研究的基础上,Petzinger 等首次提出了利用胆甾酸的靶向性与药物缀合的概念[60]。

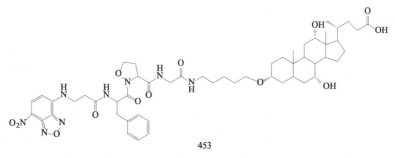

图 4.53 胆酸-寡肽缀合物的结构

# 参考文献

[1] GIOIELLO A, CERRA B, MOSTARDA S, et al. Bile acid derivatives as ligands of the farnesoid X receptor: molecular determinants for bile acid binding and receptor modulation[J]. Current Topics in Medicinal Chemistry, 2014, 14(19): 2159-2174.

[2] GIOIELLO A, MACCHIARULO A, CAROTTI A, et al. Extending SAR of bile acids as FXR ligands: discovery of 23-N-(carbocinnamyloxy)-3α,7α-dihydroxy-6α-ethyl-24-nor-5β-cholan-23-amine[J]. Bioorganic & Medicinal Chemistry, 2011, 19(8): 2650-2658.

[3] LI L, MU Q M, YANG Z X, et al. Design and synthesis of molecular tweezers derived from

α-hyodeoxycholic acid[J]. Chinese Journal of Organic Chemistry,2003,23(5):452-455.

[4] 赵志刚,张佩玉,杨祖幸,等.新型酯键型鹅去氧胆酸分子钳的设计合成[J].有机化学,2005(6):679-683.

[5] 刘兴利,赵志刚,陈淑华.新型鹅去氧胆酸分子裂缝的设计合成[J].化学研究与应用,2007(3):330-333.

[6] 石治川,赵志刚,李晖,等.新的席夫碱型鹅去氧胆酸分子钳的微波无溶剂合成[J].有机化学,2014(3):572-577.

[7] 赵志刚,王晓红,石治川,等.通过点击化学方法合成鹅去氧胆酸类分子钳及其识别性能研究[J].有机化学,2014(6):1110-1117.

[8] SHI Z C,ZHAO Z G,LIU M,et al. Solvent-free synthesis of novel unsymmetric chenodeoxycholic acid bis thiocarbazone derivatives promoted by microwave irradiation and evaluation of their antibacterial activity[J]. Comptes Rendus Chimie,2013,16(11):977-984.

[9] BAI X,BARNES C,DIAS J R. Synthesis and comparative spectroscopic analysis of two chenodeoxycholic acid(CDCA)derivatives with closely related 7α-ester moieties[J]. Tetrahedron Letters,2009,50(5):503-505.

[10] 黄燕敏,姚秋翠,刘志平,等.鹅脱氧胆酸含氮衍生物的合成及抗肿瘤活性研究[J].有机化学,2015(10):2168-2175.

[11] IM E,CHOI S-H,SUH H,et al. Synthetic bile acid derivatives induce apoptosis through a c-Jun N-terminal kinase and NF-κB-dependent process in human cervical carcinoma cells[J]. Cancer Letters,2005,229(1):49-58.

[12] PELLICCIARI R,GIOIELLO A,COSTANTINO G,et al. Back door modulation of the farnesoid X receptor: design, synthesis, and biological evaluation of a series of side chain modified chenodeoxycholic acid derivatives[J]. Journal of Medicinal Chemistry, 2006, 49(14):4208-4215.

[13] EI KIHEL L,CLÉMENT M,BAZIN M-A,et al. New lithocholic and chenodeoxycholic piperazinylcarboxamides with antiproliferative and pro-apoptotic effects on human cancer cell lines[J]. Bioorganic & Medicinal Chemistry,2008,16(18):8737-8744.

[14] BROSSARD D,KIHEL L E,CLÉMENT M,et al. Synthesis of bile acid derivatives and in vitro cytotoxic activity with pro-apoptotic process on multiple myeloma(KMS-11), glioblastoma multiforme(GBM), and colonic carcinoma(HCT-116)human cell lines[J]. European Journal of Medicinal Chemistry,2010,45(7):2912-2918.

[15] 韦英亮,姚秋翠,杨春晖,等.N-杂芳基鹅脱氧胆酰胺化合物的合成及抗肿瘤活性研究[J].化学研究与应用,2015,27(2):139-144.

[16] SILESS G E,KNOTT M E,DERITA M G,et al. Synthesis of steroidal quinones and hydroquinones from bile acids by Barton radical decarboxylation and benzoquinone addition. Studies on their cytotoxic and antifungal activities[J]. Steroids,2012,77(1-2):45-51.

[17] TOLLE-SANDER S, LENTZ K, MAEDA D, et al. Increased acyclovir oral bioavailability via a bile acid conjugate[J]. Molecular Pharmaceutics, 2004, 1(1): 40-48.

[18] RAIS R, FLETCHER S, POLLI J E. Synthesis and in vitro evaluation of gabapentin prodrugs that target the human apical sodium-dependent bile acid transporter (hASBT)[J]. Journal of Pharmaceutical Sciences, 2010, 100(3): 1184-1195.

[19] BALAKRISHNAN A, WRING S A, POLLI J. Interaction of native bile acids with human apical sodium-dependent bile acid transporter (hASBT): influence of steroidal hydroxylation pattern and C-24 conjugation[J]. Pharmaceutical Research, 2006, 23(7): 1451-1459.

[20] 李庆勇, 高洋, 祖元刚, 等. 喜树碱10位偶合胆酸的新衍生物: 101967172A[P]. 2011-02-09.

[21] LIANG D, ZHOU Q, ZHANG J L, et al. A novel chenodeoxycholic acid-verticinone ester induces apoptosis and cell cycle arrest in HepG2 cells[J]. Steroids, 2012, 77(13): 1381-1390.

[22] IIDA T, HIKOSAKA M, KAKIYAMA G, et al. Potential bile acid metabolites synthesis and chemical properties of stereoisomeric $3\alpha$, $7\alpha$, 16- and $3\alpha$, $7\alpha$, 15-trihydroxy-$5\beta$-cholan-24-oic acids[J]. Chemical & Pharmaceutical Bulletin, 2002, 50(10): 1327-1334.

[23] OMURA K, OHSAKI A, ZHOU B A, et al. Improved chemical synthesis, X-ray crystallographic analysis, and NMR characterization of (22R)-/(22S)-hydroxy epimers of bile acids[J]. Lipids, 2014, 49(11): 1169-1180.

[24] PARK S E, LEE S W, HOSSAIN M A, et al. A chenodeoxycholic derivative, HS-1200, induces apoptosis and cell cycle modulation via Egr-1 gene expression control on human hepatomacells[J]. Cancer Lett, 2008, 270(1): 77-86.

[25] KOBAYASHI N, KATSUMATA H, KATAYAMA H, et al. A monoclonal antibody-based enzyme-linked immunosorbent assay of ursodeoxycholic acid 3-sulfates in human urine[J]. J Steroid Biochem, 2000, 72(5): 265-272.

[26] MAJER F, SALOMON J J, SHARMA R, et al. New fluorescent bile acids: synthesis, chemical characterization, and disastereoselective uptake by Caco-2 cells of 3-deoxy 3-NBD-amino deoxycholic and ursodeoxycholic acid[J]. Bioorgan Med Chem, 2012, 20(5): 1767-1778.

[27] MANDAI T, OKUMOTO H, NAKANASHI K, et al. Ursodeoxycholic acid derivatives and methods for producing them: US6075132[P]. 2000-06-13.

[28] NIWA T, KOSHIYAMA T, GOTO J, et al. Synthesis of N-acetylglucosaminides of unconjugated and conjugated bile acids[J]. Steroids, 1992, 57(11): 522-529.

[29] KONIGSBERGER K, CHEN G P, VIVELO J, et al. An expedient synthesis of 6-fluoroursodeoxycholic acid[J]. Org Process Res Dev, 2002, 6(5): 665-669.

[30] FERRARI M, PELLICCIARI R. Process for preparing $3\alpha(\beta)$-$7\alpha(\beta)$-dihydroxy-$6\alpha(\beta)$-al-

kyl-5$\beta$-chol acid: US7994352B2[P]. 2011-09-09.

[31] YU D D, SOUSA K M, MATTERN D L, et al. Stereoselective synthesis, biological evaluation, and modeling of novel bile acid-derived G-protein coupled bile acid receptor 1 (GPBAR1, TGR5) agonists[J]. Bioorg Med Chem, 2015, 23(7): 1613-1628.

[32] KOLHATKAR V, POLLI J E. Structural requirements of bile acid transporters: C-3 and C-7 modifications of steroidal hydroxyl groups[J]. Eur J Pharm Sci, 2012, 46(1-2): 86-99.

[33] TOHMA M, NAKATA Y, YAMADA H, et al. Quantitative determination of ursodeoxycholic acid and its deuterated derivative in human bile by gas chromatography-mass fragmentography[J]. Chem Pharm Bull, 1981, 29(1): 137-145.

[34] BROSSARD D, LECHEVREL M, KIHEL L E, et al. Synthesis and biological evaluation of bile carboxamide derivatives with pro-apoptotic effect on human colon adenocarcinoma cell lines[J]. Eur J Med Chem, 2014, 86: 279-290.

[35] IM E, CHOI Y H, PAIK K-J, et al. Novel bile acid derivatives induce apoptosis via a p53-independent pathway in human breast carcinoma cells[J]. Cancer Lett, 2001, 163(1): 83-93.

[36] REN J, WANG Y, WANG J, et al. Synthesis and antitumor activity of N-sulfonyl-3, 7-dioxo-5$\beta$-cholan 24-amides, ursodeoxycholic acid derivatives[J]. Steroids, 2013, 78(1): 53-58.

[37] TEMPERINI C, SCOZZAFAVA A L, PUCCETTI L, et al. Carbonic anhydrase activators: X-ray crystal structure of the adduct of human isozyme II with L-histidine as a platform for the design of stronger activators[J]. Bioorg Med Chem Lett, 2005, 15(23): 5136-5141.

[38] 李美英, 刘河, 何新华, 等. 新型饱和脂肪酸胆酸缀合物的合成及抗胆结石活性研究[J]. 有机化学, 2009, 3(3): 420-425.

[39] LAFINA M, MARTINEZ-DIEA M C, MONTE M J, et al. Liver organotropism and biotransformation of a novel platinum-ursodeoxycholate derivative, Bamet-UD2, with enhanced antitumour activity[J]. J Drug Target, 2001, 9(3): 185-200.

[40] AMINE O C, AZIA E, ALLAL C, et al. Combining ursodeoxycholic acid or its NO-releasing derivative NCX-1000 with lipophilic antioxidants better protects mouse hepatocytes against amiodarone toxicity[J]. Can J Physiol Pharmacol, 2007, 85(2): 233-242.

[41] FIORUCCI S, ANTONELLI E, MORELLI O, et al. NCX-1000, a NO-releasing derivative of ursodeoxycholic acid, selectively delivers NO to the liver and protects against development of portal hypertension[J]. P Natl Acad Sci USA, 2001, 98(15): 8897-8902.

[42] 李美英, 何新华, 陶林, 等. 胆汁酸为载体的肝靶向一氧化氮释放药物的设计与合成[J]. 有机化学, 2008, 28(12): 2170-2174.

[43] MITAMURA K, SAKAI T, NAKAI R, et al. Synthesis of the 3-sulfates of N-acetylcysteine conjugated bile acids (BA-NACs) and their transient formation from BA-NACs and

subsequent hydrolysis by a rat liver cytosolic fraction as shown by liquid chromatography/electrospray ionization-mass spectrometry[J]. Anal Bioanal Chem, 2011, 400(7): 2061-2072.

[44] FICKERT P, POLLHEIMER M J, SILBERT D, et al. Differential effects of norUDCA and UDCA in obstructive cholestasis in mice[J]. J Hepatol, 2013, 58(6): 1201-1208.

[45] WILLEMEN H M, VERMONDEN T, MARCELIS A T M, et al. N-choly amino acid alkyl esters—a novel class of organogelators[J]. Eur J Org Chem, 2002, 33(5): 2329-2335.

[46] ZHANG J L, WANG H, PI H F, et al. Structural analysis and antitussive evaluation of five novel esters of verticinone and bile acids[J]. Steroids, 2009, 74(4-5): 424-434.

[47] HU Z X, GAO M, ZHAO J N, et al. Glycochenodeoxycholate induces rat alveolar epithelail type Ⅱ cell death and inhibits surfactant secretion in vitro [J]. Free Radic Biol Med, 2012, 53(1):122-128.

[48] AGARWAL D S, ANANTARAJU H S, SRIRAM D, et al. Synthesis, characterization and biological evaluation of bile acid-aromatic/heteroaromatic amides linked via amino acids as anti-cancer agents[J]. Steriods, 2016, 107: 87-97.

[49] CHONG H S, CHEN Y W, KANG C S, et al. Novel $^{64}$Cu-radiolabled bile acid conjugates for targeted PET imaging[J]. Bioorg Med Chem Lett, 2015, 25(5): 1082-1085.

[50] PARIKH K, SAVALIYA D, JOSHI D. Antibacterial and antifungal screening of novel α-amino acid conjugated bile acid derivatives[J]. Curr Bioact Compd, 2014, 10(4): 260-270.

[51] PORE V S, DIVSE J M, CHAROLKAR C R, et al. Design and synthesis of 11α-substituted bile acid derivatives as potential anti-tuberculosis agents[J]. Bioorg Med Chem Lett, 2015, 25(19):4185-4190.

[52] TERZI N, OPSENICA D, MILI D, et al. Deoxycholic acid derived tetraoxane antimalarial sandantiproli feratives(1)[J]. J Med Chem, 2007, 50(21): 5118-5127.

[53] BRIZ O, MACIAS R I R, VALLEJO M, et al. Usefulness of liposomes loaded with cytostatic bile acid derivatives to circumvent chemotherapy resistance of enterohepatic tumors[J]. Mol Pharmacol, 2003, 63:742-750.

[54] CRIADO J J, MANZANO J L, RODRÍGUEZ-FERNÁNDEZ E. New organotropic compounds: synthesis, characterization and reactivity of Pt(Ⅱ) and Au(Ⅲ) complexes with bile acids: DNA interactions and 'invitro' anticancer activity [J]. J Inorg Biochem, 2003, 96(2-3): 311-320.

[55] CRIADO J J, DOMÍNGUEZ M F, MEDARDE M, et al. Structural characterization, kinetic studies, and in vitro biological activity of new cis-diammine bis-cholylglycinate(O, O')Pt(Ⅱ) and cis-diammine bis-ursodeoxycholate(O,O')Pt(Ⅱ)complexes[J]. Bioconjug Chem, 2000, 11(2):167-174.

[56] DOMINGUEZ M F, MACIAS R I, IZCO-BASURKOI, et al. Low in vivo toxicity of a novel cisplatin-ursodeoxycholic derivative (Bamet-UD 2) with enhanced cytostatic activity versus liver tumors[J]. J Pharmacol Exp Ther, 2001, 293(3):1106-1112.

[57] PASCHKE R, KALBITZ J, PAETZ C, et al. Cholic acid-carboplatin compounds (Carbo-ChAPt) as models for specific drug delivery: synthesis of novel carboplatin analogous derivatives and comparison of the cytotoxic properties with corresponding cisplatin compounds[J]. J Inorg Biochem, 2003, 94(4):335-342.

[58] Wu D M, Ji S H, Wu Y, et al. Design, synthesis, and antitumor activity of bile acid-polyamine-nucleoside conjugates[J]. Bioorg Med Chem Lett, 2007, 17(11): 2983-2986.

[59] CHONG H S, SONG H A, MA X, et al. Bile acid-based polyamino carboxylate conjugates as targeted antitumor agents[J]. Chem Commun, 2009, 40(21):3011-3013.

[60] PETZINGER E, WICKBOLDT A, PANGLS P, et al. Hepatobiliary transport of bile acid amino acid, bile acid peptide, and bile acid oligonucleotide conjugates in rats[J]. Hepatology, 1999, 30(5):1257-1268.

# 第 5 章　含胆汁酸的高分子化合物的制备和特性

在生物医药领域,高分子生物材料的研究和应用引起了越来越多的关注,生物相容性是制备和应用这些材料时首先要考虑的问题之一。用自然界中的化合物做原料,能够提高合成材料的生物相容性。胆汁酸(图 5.1)由于其生物来源和独特的分子结构,近年来在合成高分子生物材料方面的研究与应用发展迅速[1]。在实际操作过程中,一般采用两种措施将胆汁酸引入高分子材料:一是在胆汁酸的分子中修饰可以发生聚合反应的基团,通过聚合反应使胆汁酸成为高分子体系的一部分;二是应用化学方法将胆汁酸键合到高分子化合物的分子上。本章从自由基聚合形成的含胆汁酸高分子化合物和胆酸修饰的高分子化合物两个方面介绍含胆汁酸的高分子材料,同时介绍由胆汁酸形成的树枝状高分子、星形高分子、梳形高分子等。

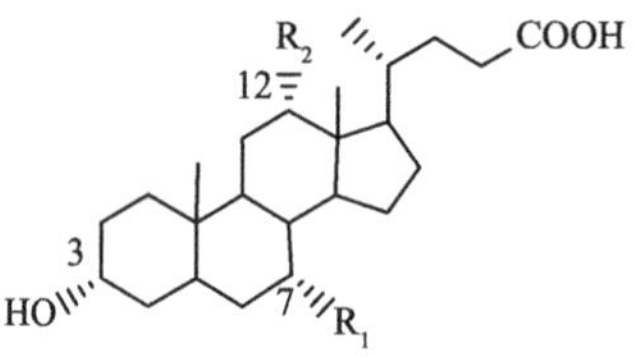

| 编号 | 名称 | $R_1$ | $R_2$ |
|---|---|---|---|
| 101 | 胆酸 | OH | OH |
| 102 | 鹅去氧胆酸 | OH | H |
| 103 | 石胆酸 | H | H |
| 104 | 去氧胆酸 | H | OH |
| 105 | 熊去氧胆酸 | $\beta$-OH | H |

图 5.1　胆汁酸的化学结构 [10]

## 5.1　自由基聚合形成的含胆汁酸高分子化合物

### 5.1.1　3 位乙烯基聚合形成的高分子化合物

应用化学方法修饰胆酸的羟基和羧基,能够在其分子中引入可以发生自由基聚合反应或缩聚反应的功能基团。由于胆酸的 3、7 和 12 位羟基在甾体骨架中的位置不同,所以其反应活性有差别。3 位羟基的空间位阻较小,其化学反应活性比 7 和 12 位羟基高,能够直接与甲基丙烯酸或甲基丙烯酰氯等反应生成酯;3 位羟基也可以转化为 3 位氨基,再与甲基丙烯酰氯等作用,在分子中引入可以发生自由基聚合反应的碳碳双键。胆酸 3 位的甲基丙烯酸衍生物和 3 位的甲基丙烯酰胺衍生物容易发生自由基聚合反应生成具有特殊性能的高分子化合物(图 5.2)[2]。

在用甲基丙烯酸和甲基丙烯酰氯修饰 3 位羟基得到的单体中,甲基丙烯酰基处在 $\beta$ 位的单体与其处在 $\alpha$ 位的单体相比,聚合反应活性更高,发生聚合反应时具有更高的转化率,聚合后得到的高分子化合物具有更大的相对分子质量、更窄的相对分子质量分布和更好的溶解性;两者在聚合活性上的差别是由它们的立体化学结构不同引起的。分子结构模型和X射线晶体衍射显示,甲基丙烯酰基处在$\beta$位时,它与刚性的甾体骨架处在同一平面上,而当它处在$\alpha$位时,则与刚性的甾体骨架成直角[3]。

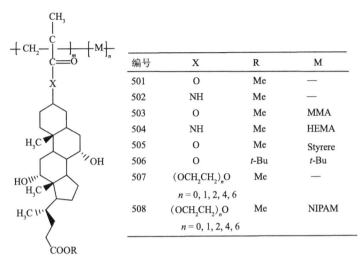

图5.2 胆酸做侧基的高分子化合物的结构 [13-14,17-19,22-24]

胆酸甲基丙烯酸酯或甲基丙烯酰胺衍生物的共聚物可以用于制备性能不同的高分子材料。如胆酸甲基丙烯酸酯衍生物与甲基丙烯酸(MAA)和2-羟乙基甲基丙烯酸酯(HEMA)的共聚物是吸水性很强的水凝胶。聚合物的吸水性能由其组成决定,增加MAA或HEMA的含量,聚合物的吸水性增强[4]。

在胆酸甲基丙烯酸酯衍生物分子的甲基丙烯酰基和甾体骨架之间引入不同长度和性能的间隔臂,可以改变生成的高分子化合物的性质,使它们具有特定性能。随着分子中间隔臂长度的增大,化合物507(图5.2)的亲水性增强,硬度降低[4]。

胆酸甲基丙烯酸酯衍生物与N-异丙基丙烯酰胺(NIPAM)的共聚物同时具有温度敏感性和pH敏感性。与NIPAM的均聚物相比,此共聚物具有更低的低临界溶液温度(LCST)。共聚物的LCST随着甾体结构含量的增加而降低。增大胆酸衍生物单体分子中亲水性间隔臂的长度和溶液的pH值,也能够导致聚合物的LCST降低。在低于其LCST时,这些以甾体结构作为侧基的聚合物在溶液中能够通过分子之间的憎水相互作用而形成自组装体[5]。

用丙烯酸或降冰片烯[6]修饰胆酸得到的单体聚合生成以胆酸作为侧基的高分子聚合物,这类聚合物具有优良的抗干刻蚀能力,在193 nm处具有良好的透光性和优良的石印特性。吉米(Kim)将胆酸键接到降冰片烯上得到的功能单体与顺丁烯二酸酐共聚,得到的聚合物相对分子质量大约为3 500,具有良好的热稳定性($T_d$ = 253 ℃),在193 nm处具有极佳的透光率。

Zhang等将3$\alpha$-甲基丙烯酰基胆酸甲酯自由基聚合形成的高分子化合物选择性水解,得到带游离羧基的双亲性高分子化合物。这种高分子化合物在水溶液中能够形成直径约为

1 nm 的纤维,进一步组装成束状或片状聚集体。此双亲性高分子化合物在模拟体液中能够诱导羟基磷灰石在其表面有规则地生长[7]。这个结果显示,由胆酸制备的高分子化合物在组织工程领域有潜在的应用价值。

## 5.1.2 羧基位乙烯基聚合形成的高分子化合物

胆酸的羧基与脂肪族二元醇或脂肪族二元胺反应,可以生成二元醇单胆酸酯或二元胺单胆酸酰胺。这类化合物分子中羧基端的羟基和氨基能够与甲基丙烯酰氯或丙烯酰氯反应,生成分子中带有一个碳碳双键的功能单体。这样的功能单体与 N-烷基丙烯酰胺共聚,可以得到图 5.3 所示的聚合物[8]。509 分子中的胆酸侧基能够水解去掉,因此它被用于制备分子印迹材料。510 具有温度敏感性,其 LCST 随着分子中甾体结构含量的增加而下降。

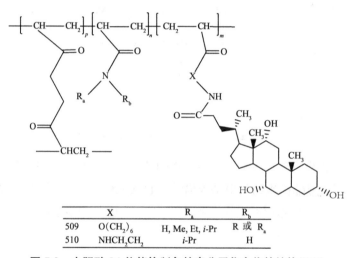

| | X | $R_a$ | $R_b$ |
| --- | --- | --- | --- |
| 509 | O(CH$_2$)$_6$ | H, Me, Et, i-Pr | R 或 $R_a$ |
| 510 | NHCH$_2$CH$_2$ | i-Pr | H |

图 5.3　由胆酸 24 位修饰制备的高分子化合物的结构[28,30]

## 5.1.3　3、7 和 12 位乙烯基聚合形成的高分子化合物

胆酸甾体骨架上 7 位羟基和 12 位羟基所处的位置不同,反应活性有一定差别。7 位羟基与 12 位和 3 位羟基相比,空间阻碍大,反应活性低,但在一定的条件下,都能够与甲基丙烯酸、甲基丙烯酸酐或甲基丙烯酰氯反应;由于反应活性存在差别,可以通过选用不同反应试剂和控制反应条件的方式选择修饰 3 位、7 位和 12 位羟基,在其分子中引入一个甲基丙烯酰基、两个甲基丙烯酰基或三个甲基丙烯酰基。布斯(Boos)等以丙烯酸为反应原料、二环己基碳二亚胺(DCC)为脱水剂、4,4-二甲氨基吡啶(DMAP)为催化剂,将甲基丙烯酰基键接到胆酸甲酯的三个羟基上,在胆酸甲酯甾体骨架上引入不同数量的乙烯基,并应用此类单体制备能特异性吸附胆固醇印迹的分子印迹材料[9-10]。胡祥正等以羧酸、酸酐和酰氯为酰化试剂考察了胆酸衍生物甾体骨架上羟基的反应性能,合成了图 5.4 所示的功能单体,并研究了这些单体的聚合性能。结果显示,胆酸酯分子中羟基的相对反应性由反应条件决定,在不同的反应条件下,胆酸酯分子中羟基发生酰化反应的先后次序不同;图 5.4 所示功能单

体分子中的乙烯基由于在甾体骨架中的位置不同,聚合反应活性有差别。初步的研究结果显示,胆酸甲酯衍生物分子中 3 位乙烯基的聚合反应活性高于 7 和 12 位乙烯基;在脂肪族二元醇单胆酸酯衍生物分子中,羧基端伯羟基上键接的乙烯基的聚合反应活性最高[11-12]。

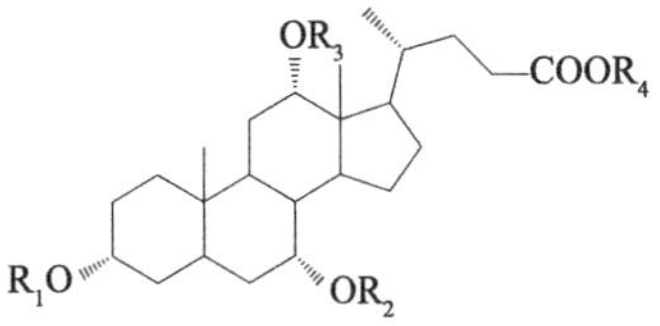

| 编号 | $R_1$ | $R_2$ | $R_3$ | $R_4$ |
|------|-------|-------|-------|-------|
| 511 | H | X | X | $CH_3$ |
| 512 | X | H | H | $CH_3$ |
| 513 | X | X | H | $CH_3$ |
| 514 | X | H | X | $CH_3$ |
| 515 | X | X | X | $CH_3$ |
| 516 | H | H | H | Y |
| 517 | X | H | H | Y |
| 518 | X | X | H | Y |
| 519 | X | H | X | Y |
| 520 | X | X | X | Y |

$X = OOCC(CH_3)=CH_2$
$Y = CH_2CH_2OOCC(CH_3)=CH_2$

图 5.4 含丙烯酸酯基的胆酸衍生物的结构

# 5.2 胆酸修饰的高分子化合物

通过 24 位—COOH 与高分子化合物中的—OH 或—$NH_2$ 反应,可以将胆酸的甾体结构引入高分子化合物中,用于高分子化合物的改性修饰。根据胆酸甾体结构组分在高分子骨架中的位置,可以把这种高分子化合物分为两类,即胆酸作为侧基的高分子化合物和胆酸封端的高分子化合物。许多高分子化合物是亲水的,用胆酸修饰可以使它们具有双亲性,通过分子中胆酸组分间的憎水相互作用,在溶液中体现自组装行为。用胆酸修饰高分子化合物分子中的—OH 或—$NH_2$ 时,需要先活化胆酸的羧基。将胆酸键接到高分子化合物分子中的—OH 上,可以用碳二亚胺或碳酰二咪唑做活化剂;将胆酸键接到高分子化合物分子中的—$NH_2$ 上,可以用碳酰二咪唑[8]或 N-羟基琥珀酰亚胺[13]做活化剂。

## 5.2.1 胆酸作为侧基的高分子化合物

将胆酸连接到葡聚糖的羟基上或在 N-脱硫肝素的氨基上修饰这些生物大分子,得到的物质具有双亲性,当胆酸组分在聚合物中的含量达到一定范围时,这类化合物在水中能够自组装[14]。尼基福尔(Nichifor)等[15]应用胆酸修饰葡聚糖得到双亲高分子化合物 521(图 5.5),其在水溶液中聚集为直径为 20~200 nm 的粒子,其临界胶束浓度(CAC)是 0.2~0.4 mol·$mL^{-1}$。在 0.001%~2% 的浓度范围内应用荧光光谱和静态光散射研究发现,在整个浓度范围内,聚合物都能够发生聚集。溶液的浓度决定了聚集体的形状和尺寸:当溶液的浓度低于 CAC 时,聚合物能够形成大而疏松的聚集体,这些聚集体的平均直径是 150~200 nm,是由 10~20 个高分子链通过链间较弱的憎水相互作用形成的,在水中这些聚集体能够溶胀;当溶液的浓度高于 CAC 时,高分子线团变得更加紧密,这种变化伴随着分子内缔合的破坏和线团内溶剂质量的改变。在浓溶液中,聚集体只包含 2~3 个高分子链,平均直径为 20 nm 左右。

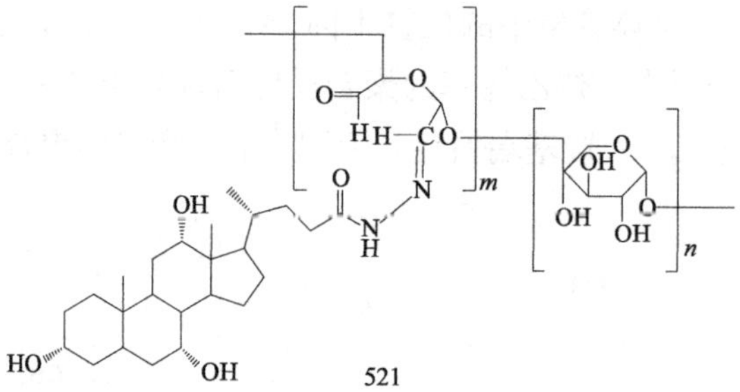

**图 5.5 胆酸和葡聚糖形成的高分子化合物的结构**

瓦顿-切维尔(Vaton-Chanvrier)等[16]将 3 和 12 位连有不同芳基的胆酸衍生物通过 24 间隔臂上的官能团键合到以三烷氧基硅烷形式体现的硅胶支载物上,获得的改性硅胶用作高效液相色谱固定相,与没有被胆酸修饰的硅胶柱相比,这种色谱柱具有使用寿命长、重复使用的次数多、对对映异构体的分离具有很好的选择性等优点。化合物 522(图 5.6)对联萘外消旋体具有高效的选择性。改变此类硅胶分子中甾体骨架上键接的基团,可以制备对不同种类的对映异构体具有选择活性的手性支载物。当此类支载物分子中甾体骨架上的取代基与被分离物处在适配位置时,它们之间能够产生 π-π 相互作用,从而达到分离外消旋体的目的。在这样的体系中,胆酸组分起到双选择系统的作用。

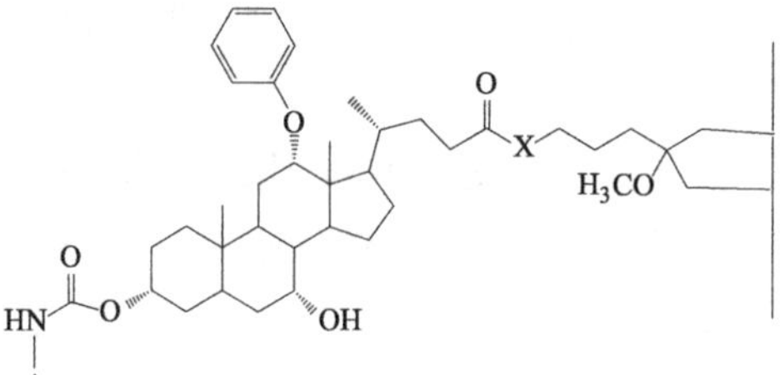

**图 5.6 胆酸修饰硅胶所得的色谱固定相的结构**

Zhang 等[17]将胆酸键接到交联的聚苯乙烯球上,制备了可以吸附牛磺酸盐的功能树脂。这种树脂对牛磺酸的吸附速度、吸附后的释放速度与球上结合胆酸的量有关。随着树脂结构中胆酸组分含量增加,树脂对牛磺酸的吸附量增加,而吸附后在体液中牛磺酸的释放速度降低。

## 5.2.2 胆酸封端的高分子化合物

聚乙二醇(PEG)或聚异丙基丙烯酰胺(PNIPAM)等水溶性大分子的一端连接上胆酸之后,得到的化合物具有与原来的化合物不同的性质。基姆(Kim)等将胆酸连接到一端带有糖基的 PEG 分子链的另一端,得到的化合物 523(图 5.7)具有双亲性,在水溶液中能够自组装,形成直径为 120~180 nm 的球形粒子(用动态光散射法测定);其临界胶束浓度(CMC)为 0.04~0.05 mg·mL$^{-1}$,低于相应的胆酸盐在水溶液中的 CMC。这种粒子在干燥后直径变为 10~30 nm(用扫描电子显微镜测量)。将胆酸连接到一端带有甲基的 PEG 分子链的另一端,得到的化合物 524(图 5.7)也具有双亲性,在水溶液中能够自组装,形成直径为 10~

30 nm 的球形粒子（用动态光散射法测定）；其 CMC 为 0.063 mg·mL$^{-1}$。粒度分布较窄,粒径为（22.3 ± 2.0）nm,聚分散度为 0.238 ± 0.02（用动态光散射法测定）[18-19]。Kim 等以二氨基硫醇为间隔基,通过形成酰胺键将胆酸分子键合到相对分子质量约为 8 000 的聚异丙基丙烯酰胺分子一端,制备的高分子化合物具有双亲性、温度敏感性。其 LCST 是 31.5 ℃,几乎等于 PNIPAM 的 LCST。这种高分子化合物在水溶液中能够自组装成直径为 30～50 nm 的球形粒子,其 CMC 为 0.089 mg·L$^{-1}$。在 10～40 ℃的温度范围内,其疏水状态与亲水状态能够随着温度在 LCST 上下波动而迅速可逆地变化[20]。

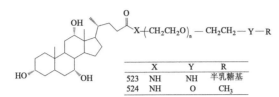

图 5.7　胆酸封端的聚乙二醇结构

## 5.3　树枝状高分子化合物

　　树枝状高分子是一类具有确定分子结构和多重可控官能团的单分散、纳米尺寸的高分子化合物。这类高分子化合物具有独特的性质,近十多年来,在药物传送、手性分子分离、催化剂、分子识别与光捕获系统等领域的研究与应用被广泛开展。

　　在树枝状高分子化合物化学领域的发展初期,核酸、糖、酒石酸等手性天然化合物是人们构建树枝状高分子常用的原料。胆酸分子性质稳定,尺寸较大,具有手性、双亲性,分子中的官能团易于修饰,这些性质使其成为构造树枝状高分子的理想原材料。到目前为止,不拉曼尼安（Balasubramanian）等已经合成了七聚、九聚、十聚等胆酸类树枝状高分子化合物[21-22]。这些化合物的分子都是纳米尺寸的分子,由于胆酸分子是双亲结构,这种树枝状高分子在溶液中通过亲水/憎水相互作用而呈现特定的构型。如 AB3 型树枝状化合物 525（图 5.8）在水溶液中是球形的。这些胆酸类树枝状高分子化合物的独特性质决定了它们在药学领域具有潜在的应用价值。

　　梅特拉（Maitra）等[24]以胆甾酸分子为构筑基元,在树枝状高分子化合物研究方面取得了突出的成就。其将胆酸上的三个羟基用氯代乙酰氯保护,通过两步反应合成了胆酸树枝状高分子化合物（图 5.8）。由于胆酸分子特有的面式双亲性结构,这种树枝状高分子可以在外界溶剂的诱导下发生构象的翻转。在非极性溶剂中,疏水面向外而在分子中形成亲水的空腔,而在极性溶剂中则相反。胆酸分子独特的面式双亲性使树枝状高分子 526 具有环境响应特性,在极性和非极性溶剂中发生构象翻转,分别形成疏水和亲水的空腔,同时具有正胶束和反胶束的功能。人们通过染料包覆的实验验证了这一理论。树枝状高分子化合物 527 既可以在极性溶剂中促进 Organic OT 等非极性染料的溶解,又可以在非极性溶剂中提高对甲酚红钠盐（Cresol Red sodium salt）极性染料的溶解度。胆甾酸基团来源于生物体,具有较好的生物相容性,这一特性有可能使其在药物的传输中得到应用。树枝状的四聚胆酸衍生物分子中的羟基和羧基官能团用萘衍生物修饰后得到的树枝状高分子化合物 527 具有强的吸收紫外光线的能力,在光捕获系统领域具有潜在的价值与应用前景 [24]。

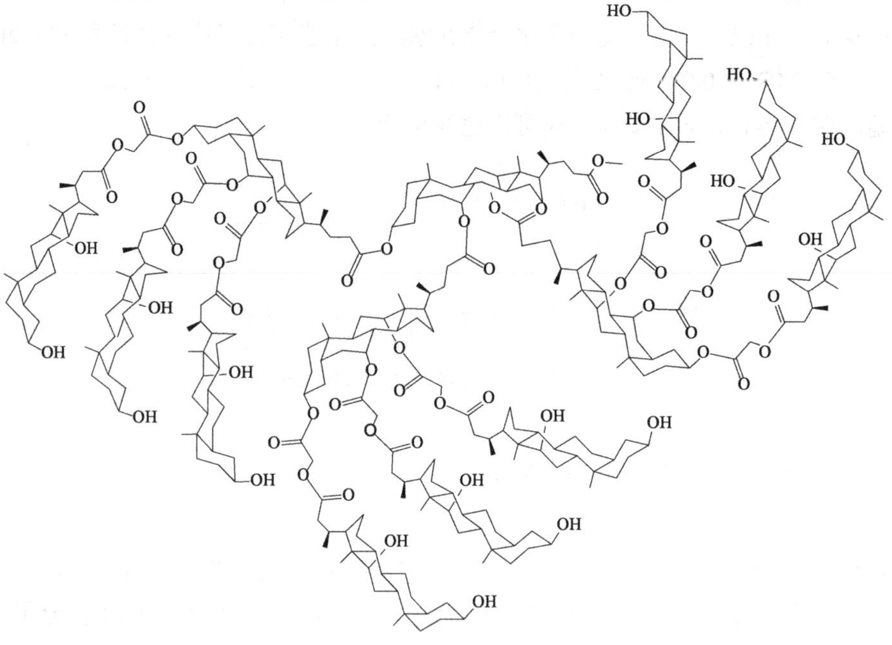

525

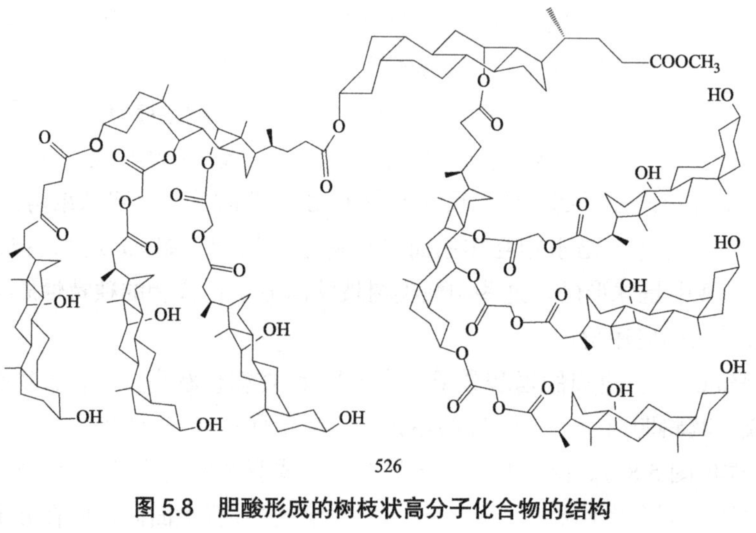

526

图 5.8　胆酸形成的树枝状高分子化合物的结构

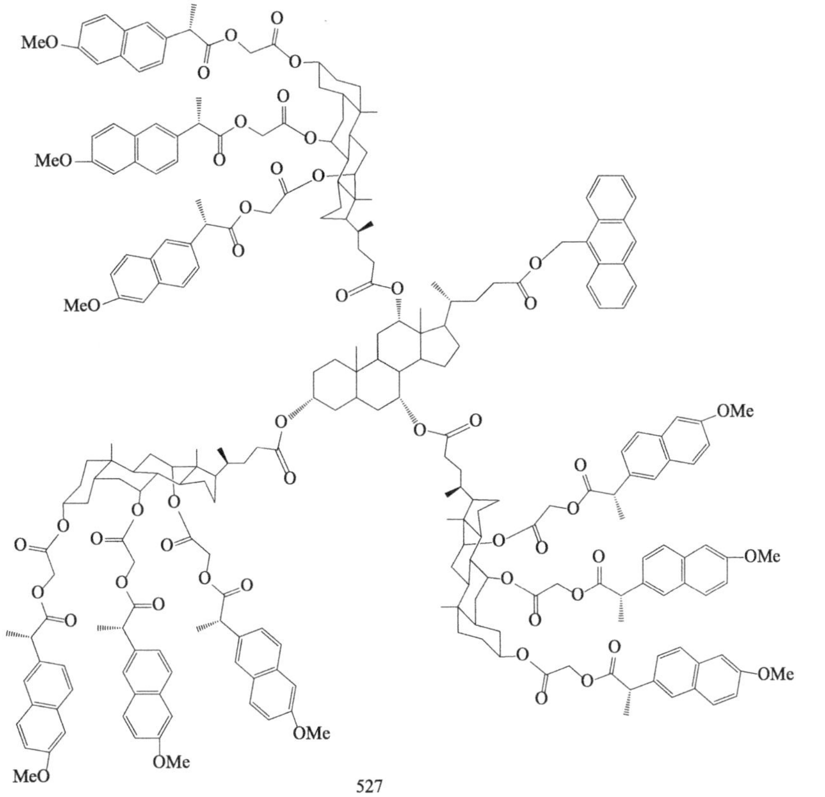

图5.8 胆酸形成的树枝状高分子化合物的结构（续）

Li 等[25]合成了一系列含胆酸和 PEG 的树枝状高分子化合物,在水溶液中组装形成了胶束（图5.9）。调节 PEG 链段的长度和胆酸分子的含量,会对高分子化合物 528~531 的临界胶束浓度、组装体的颗粒大小及载药浓度产生影响。高分子胶束由胆酸骨架形成疏水的内核,可以运输疏水性抗癌药 PTX、依托泊苷和 SN-38 等。其对 PTX 的载药量可达到 12 mg·mL$^{-1}$,约相当于胶束总质量的 37.5%,药物的释放可持续数天。另外,可在分子结构中引入巯基,在胶束内部聚合得到交联结构,这对增强胶束的稳定性、药物可控释放等有一定的帮助。

## 5.4 星形高分子化合物

胆酸分子骨架中有三个预组织排列的羟基,距离适中,可以很好地被修饰。以胆酸为核的星形高分子化合物具有良好的生物相容性和可降解性,而且各支链间的空隙可以容纳药物,很适合作为药物载体。Zou 等[26]以胆酸为核,利用胆酸骨架上羟基的诱导作用,通过开环聚合得到了一系列侧链含丙交酯、己内酯或低聚碳酸盐的星形高分子化合物 532~535（图5.10）。调节胆酸和环状内酯的给料比例,可以控制所得星形高分子的相对分子质量。这些高分子以胆酸骨架为核,具有良好的生物相容性和可降解性,在药物输送、药物可控释放、基因传输、细胞吸附与生长等方面具有广阔的应用前景[27-28]。值得一提的是,在胆酸的 24 位引入热敏性高分子聚异丙基丙烯酰胺(图 5.10),赋予高分子热敏感特征,可使其在药物传输中具有热响应特性。

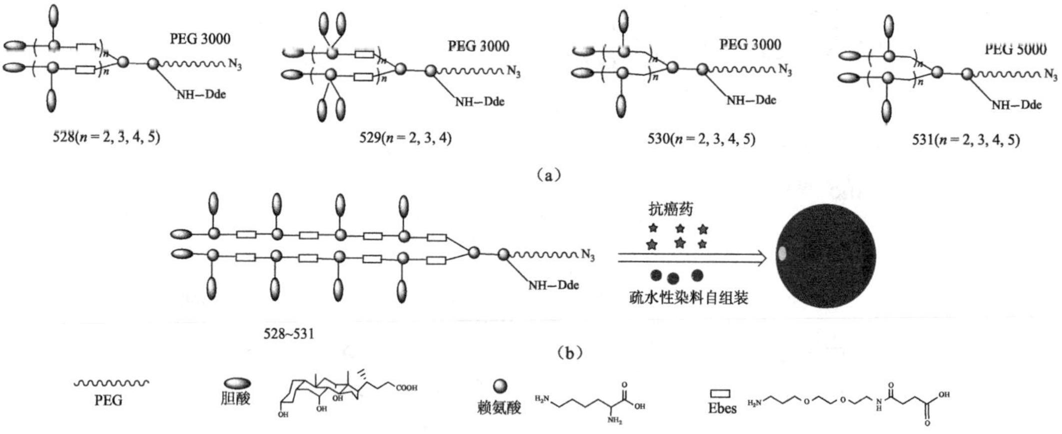

**图 5.9 含胆甾酸的树枝状高分子化合物及其组装结构**
(a) 4 个系列线性接枝嵌段聚合物 (b) 由嵌段聚合物自组装形成的多功能胶束

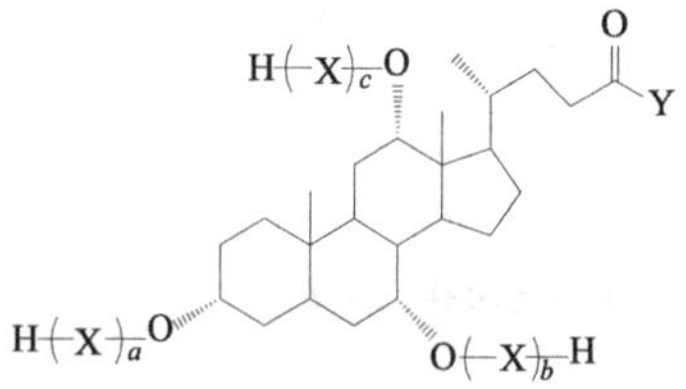

| | X | Y |
|---|---|---|
| 532 | $COCH(CH_3)O(CO)CH(CH_3)O$ | OH |
| 533 | $COOCH_2C(CH_3)_2CH_2O$ | OH |
| 534 | $COOCH_2CH_2CH_2O$ | OH |
| 535 | $CO(CH_2)_5O$ | $(CH_3)_2HCHNCONHCH(CH_3)_2$ |

**图 5.10 用开环聚合法制得的胆甾酸星形高分子化合物的结构**

利用开环聚合得到的星形高分子的相对分子质量分布宽,侧链长度不一。朱晓夏课题组利用阴离子聚合将亲水性聚乙烯醇连接到胆酸的侧链,得到相对分子质量分布窄、相对分子质量可控的双亲性高分子化合物,并且可以方便地引入不同的官能团,使星形高分子功能化[29-30]。如图 5.11 所示,通过阴离子聚合法将烯丙基缩水甘油醚与胆酸骨架上的羟基和 24 位衍生羟基相连,制得相对分子质量可控的星形高分子化合物 536 和 537,同时将双键基团引入高分子中,进一步利用双键与巯基的"点击"(Click)反应在星形高分子中引入不同的官能团,如羧基和氨基等,以调控高分子化合物的聚集性能、酸碱响应性能、热响应性能等[31],在生物传感、组织工程和药物传输等方面有潜在的应用前景。

## 5.5 支链型高分子化合物

充分利用胆甾酸骨架上的多个反应位点,将其作为支链连接到已知高分子的结构上,也是一种常见的制备含胆甾酸高分子化合物的方法。胆酸分子作为高分子的侧基,通常连接在壳聚糖[32]、乙二醇壳聚糖[33-34]、肝素[35]、葡聚糖[13,36]及纤维素[37]等多糖上或牛血清白蛋白[38]等蛋白质上。要制备这种高分子化合物,通常利用高分子活泼的—OH、—$NH_2$ 与胆酸分子的3位或24位形成酯键或酰胺键来实现(图5.12)[34];也可以将高分子氧化,通过所得的—CHO与胆酸相连来实现。高分子链连接上胆酸的比例比较低,一般在35%以下。高分子的临界胶束浓度(CAC)与分子链上含胆甾酸分子的比例有关。随着高分子支链中含胆甾酸分子的比例增大,临界胶束浓度降低,聚集体的直径减小。

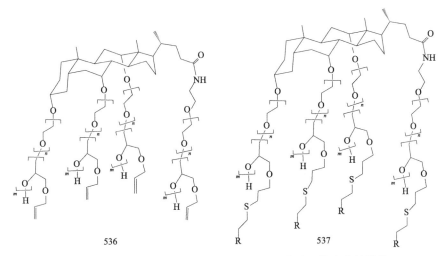

图5.11 用阴离子聚合法制得的胆甾酸星形高分子化合物的结构

| 高分子支载物(P) | X |
|---|---|
| 538 葡聚糖 | ONHCH$_2$COONH(CH$_2$)$_5$COO |
| 539 壳聚糖 | NH |
| 540 硫酸软骨素 | NH |
| 541 琼脂糖 | NH(CH$_2$)$_6$NH |
| 542 牛血清蛋白 | NH |
| 543 聚苯乙烯 | CH$_2$NH |

图5.12 支链上含有胆甾酸的生物高分子化合物的结构

连接上胆酸分子的高分子在疏水作用力下可以聚集成纳米级核壳结构的微球,且其聚集情况与高分子的性质及所用的胆酸分子有关。当在壳聚糖上修饰去氧胆酸后形成高分子化合物544(图5.13),由于疏水作用力去氧胆酸聚集成疏水的硬核,壳聚糖链聚集成亲水的壳。其临界胶束浓度与所连接的去氧胆酸的比例有关,连接的去氧胆酸的比例越大,临界胶束浓度越低。聚集形成的微球的直径也与连接的去氧胆酸的比例有关,连接的去氧胆酸的比例越大,聚集成球所需要的高分子链就越少,形成的微球就越小[33],并且形成的微球可以包裹疏水性的药物(如阿霉素等)。由于壳聚糖链上具有—NH$_2$,所以所得高分子也可以与DNA结合,因而修饰上去氧胆酸的壳聚糖可以作为DNA载体用于药物缓释。

如果将疏水性能更好的5$\beta$-胆甾烷酸连接到乙二醇壳聚糖上,根据所连的5$\beta$-胆甾烷酸的比例不同,所得到的高分子化合物在PBS缓冲溶液中自聚集形成直径为200~850 nm且稳定性能很好的微球。实验证明,微球内的空腔可以容纳阿霉素[39]、紫杉醇[40]、喜树碱[41]等不溶于水的抗癌药物,并能进行药物释放。另外,由于胆酸分子具有手性结构,将胆酸连接在硅胶上可以得到新型的手性固定相,从而分离消旋化合物。

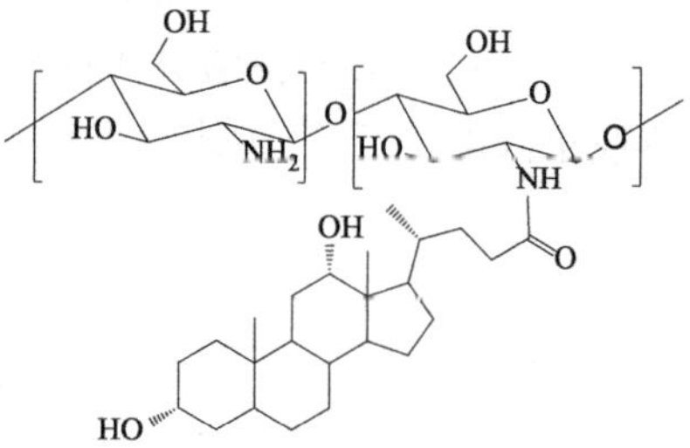

图 5.13　去氧胆酸与壳聚糖形成的高分子化合物的结构

如果将含有胆酸衍生物的丙烯酸或丙烯酰胺与温敏性的丙烯酰胺类单体共聚,可以得到具有良好生物相容性的温敏高分子化合物[8]。胆酸通过 3 位相连( 545 )得到的高分子不但具有温敏的特性(图 5.14),而且由于胆酸末端羧基的影响,同时具有 pH 敏感的特性,此外胆酸分子的引入可以改变高分子的聚集行为[5,42]。与聚( N- 异丙基丙烯酰胺 )相比,即便引入很少量( 5% 以下)的胆酸分子,就能很明显地改变高分子的 LCST。一般来说,LCST 随着胆酸含量的增加而降低。在 LCST 以下,由于胆酸分子之间的疏水作用力,高分子化合物在溶液中发生聚集形成胶束。从差示扫描量热(DSC)结果来看,所得到的高分子化合物都只有一个 $T_g$,说明各个单体之间是无规共聚。通过改变间隔臂、胆酸的含量及共聚单体的种类,可以得到符合各种要求的高分子。这些温度、pH 双重敏感的高分子化合物具有很好的生物相容性,在生物医学领域具有很高的应用价值。

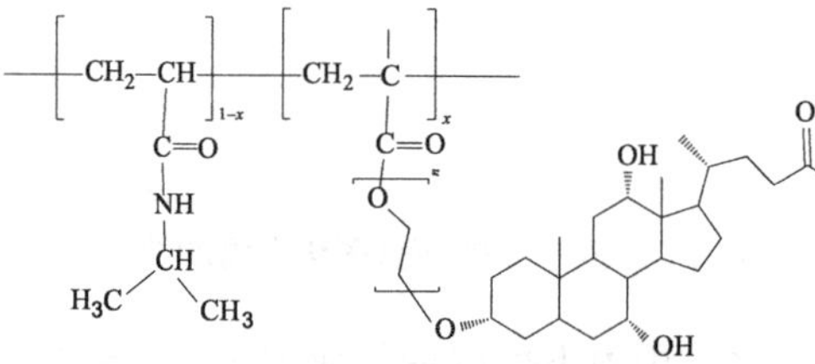

$x$ = 1%~5%（摩尔分数）
$n$ = 0, 1, 2, 4

图 5.14　含有胆酸衍生物的甲基丙烯酸与 N- 异丙基丙烯酰胺的嵌段共聚物的结构

## 5.6　主链型高分子化合物

对于胆甾酸化合物,主链型高分子化合物的合成一直是个巨大的挑战,文献中这方面的报道较少。1988 年,Ahlheim 等[43] 以对甲苯磺酸为催化剂,利用高温缩聚的方法首次得到主链上含有胆酸的高分子(图 5.15 )。由于胆酸骨架上含有多个羟基,在高温条件下,存在 24 位羧基和 7 位或 12 位羟基的缩聚反应,得到相对分子质量小且溶解性不好的交联高分子化合物。1999 年,魏格纳( Wagener )和苏卢阿加( Zuluaga )[44] 对上述缩聚反应进行改进,用二异丙基碳二亚胺( DIPC )和 4- 二甲氨基吡啶( DMPA )与对甲苯磺酸的络合物作为催化剂,在室温下缩聚制得胆甾酸主链型高分子化合物。通过凝胶渗透色谱测得分子质量为50~60 kDa。

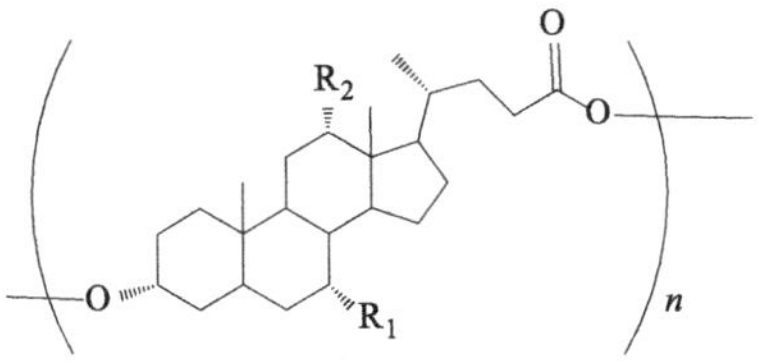

546  $R_1=R_2=OH$
547  $R_1=H, R_2=OH$
548  $R_1=R_2=H$

图 5.15  用缩聚法制备的胆甾酸主链型高分子化合物的结构

2000 年,朱晓夏课题组制得石胆酸与癸二酸共聚的主链型胆甾酸高分子化合物[45]。首先通过缩聚反应得到石胆酸与癸二酸的二聚体,然后利用缩合共聚反应得到癸二酸含量为50%~90% 的共聚高分子化合物 549(图 5.16)。这类高分子在 pH=7.4 的磷酸盐缓冲溶液中的降解和释放速率接近零级动力学曲线。改变聚合物中柔性癸二酸的含量,可有效调控主链型高分子的可降解性和可控释放特性。该类高分子具有较好的稳定性,其以固体状态可保存长达 5 年。活体实验显示,此类高分子对人类和猪的正常组织细胞无明显的毒性,在药物可控释放方面具有潜在的应用价值。

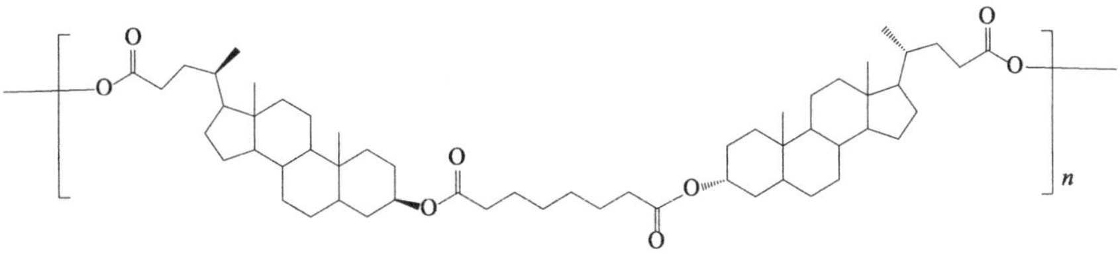

549

图 5.16  石胆酸与癸二酸共聚主链型高分子化合物的结构

2006 年,朱晓夏等利用第二代格拉布斯(Grubbs)催化剂,通过熵驱动的开环聚合成功地得到了一类新的主链上含有石胆酸的高分子(图 5.17)[46],将其压制成膜,由于高分子链互相缠绕和链与链之间的作用力较弱,此高分子薄膜不但具有很好的弹性(在 37 ℃ 时可拉伸至自身长度的 4 倍以上),而且具有形状记忆的特性(加热到 $T_g$ 以上时施加外力改变其形状,冷却至 $T_g$ 以下时将其形状固定,再升温时可恢复原来的形状)。

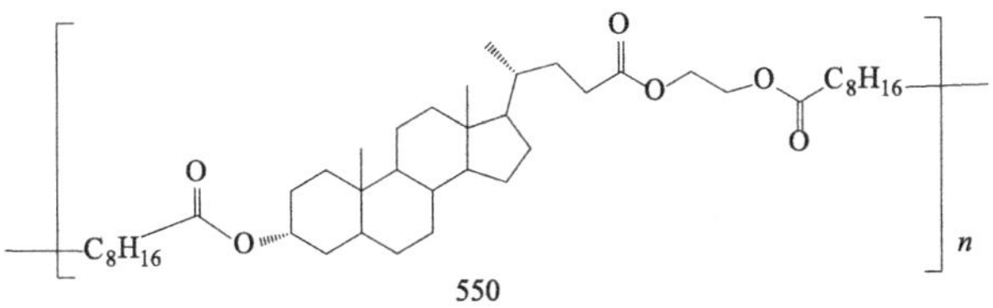

550

图 5.17  通过熵驱动的开环聚合得到的主链含有石胆酸的弹性高分子化合物的结构

如果将含有胆酸的环状单体和含有蓖麻酸的环状单体共聚,则可以得到分子质量可控的高分子化合物 551（图 5.18）[47]。这类高分子化合物同样具有很好的弹性，且其玻璃化温度 $T_g$ 和杨氏模量 $E$ 都随着高分子化合物中蓖麻酸含量的增加而降低，因而可以利用这种方法得到具有特定力学强度的高分子化合物。这类含有胆酸的高分子化合物不但在作为皮肤、血管等软组织的替代材料及药物载体方面有潜在的应用价值，而且作为一种生物相容性好且毒性低的形状记忆材料在生物医学的其他领域也有很广阔的应用前景。除了石胆酸和蓖麻酸外，胆酸家族的其他成员和其他类型的脂肪酸也可以用来合成这方面的材料，开环聚合无疑为制备主链含有胆酸的高分子提供了一种很好的方法。

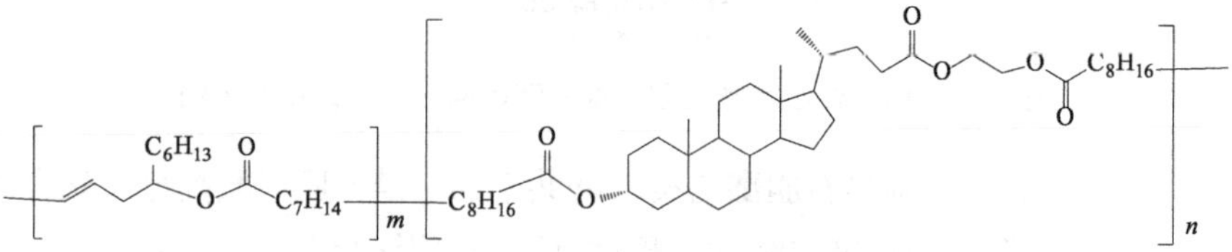

图 5.18　通过熵驱动的开环易位聚合制备的主链含石胆酸的弹性高分子化合物的结构

主链上含胆甾酸的高分子化合物已取得较大的进展，但在大多数情况下仍然采用胆甾酸分子和具有较长柔性链的分子共聚的方法，主链完全由胆甾酸分子骨架构成的高分子仍然具有极大的挑战性。

关于由两个以上的胆酸分子形成线形分子的报道较少，维尔塔宁（Virtanen）等用胆酸合成了图 5.19 所示的分子 552。这种分子既可以形成线形构象，也可以像环形分子一样形成环形构象。但与环形分子相比，这种分子与 $Ag^+$、$Cd^{2+}$ 等金属离子的结合能力比较弱[48]。然而当分子链中含有 6 个胆酸分子时，由于疏水作用力，在非极性溶剂中，分子链螺旋形折叠形成一个具有纳米空腔的环状结构（图 5.20）。在分子链上修饰不同的功能基团，可以使其成为对 $Hg^{2+}$、$Zn^{2+}$ 敏感的离子检测器或具有环境响应性的催化剂[49-51]。

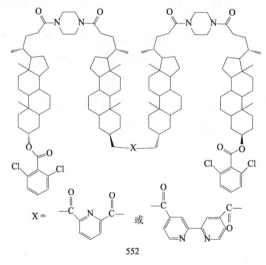

图 5.19　由胆酸分子构成的线形分子的结构

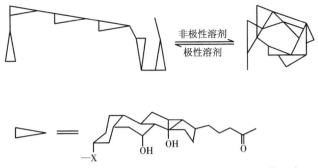

图 5.20 含有 6 个胆酸分子的线形分子的舒展与折叠示意图

## 5.7 梳形高分子化合物

胆甾酸的 3 位羟基和 24 位羧基反应活性较高,易于进行选择性修饰,引入双键功能基团,通过传统自由基聚合反应或者活性原子转移自由基聚合(ATRP)反应可以得到梳形高分子化合物。

蒙特利尔大学的朱晓夏课题组在这方面做了许多开创性的工作。他们利用酰胺键或酯键,通过不同长度的间隔臂将甲基丙烯酰氯与胆酸的 3 位或 24 位相连,制备得到图 5.21 所示的单体,这些单体以偶氮二异丁腈(AIBN)为引发剂,通过传统自由基聚合反应可以得到梳形胆酸高分子化合物。当甲基丙烯酰氯与胆酸的 3 位相连时,一般需要先把 24 位羧基用甲酯保护起来,避免其参与反应。聚合后将羧基脱保护,可以得到具有 pH 响应特性的高分子。通过在胆酸和双键之间引入聚乙二醇、乙二胺等间隔臂,可以明显改变高分子的亲水性和链段的灵活度。聚合高分子链与胆甾骨架之间无柔性间隔臂连接的高分子,如由单体 553 和 554 形成的高分子,具有较高的玻璃转化温度($T_g$>200 ℃)。由单体 553 形成的高分子脱甲酯保护后在水溶液中可以组装成直径为 1 nm 的纤维结构,置于模拟体液(simulated body fluid)中,可以诱导羟基磷灰石在高分子纤维表面聚集,显示出良好的诱导成矿特性[3]。

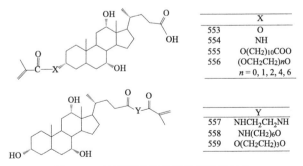

图 5.21 梳形胆酸高分子的单体的结构

利用活性原子转移自由基聚合(ATRP)反应聚合,有助于控制高分子化合物结构的规整性。通过适当的结构修饰,也可以利用这种方法制得梳形胆酸高分子化合物。将甲基丙烯酰三乙二醇通过酯键与胆酸的 24 位羧基相连,引入可聚合的双键基团,以氯化亚铁和五甲基二乙烯三胺的络合物（$FeC_{12} \cdot PMDETA$）为催化剂,通过活性 ATRP 反应聚合,得到分子质量较大且分子质量分布较窄的梳形胆酸高分子化合物[52]。

## 5.8 具有形状记忆功能的高分子化合物

最近,朱晓夏课题组[53]得到了具有形状记忆功能的胆甾酸支链高分子化合物（图 5.22）。首先合成胆酸和三甘醇单甲醚的降冰片烯的衍生物,通过开环易位聚合（ROMP）的方法得到一系列两种单体的共聚物。调节含胆酸单体的共聚比例,可以得到玻璃化温度从 –58 ℃ 到 176 ℃ 可调的高分子化合物,宽泛的玻璃化温度范围使高分子化合物具有多形状记忆效果。利用动态力学分析研究具有等摩尔量单体的共聚高分子化合物的形状记忆性能,可得到 2~4 个形状记忆阶段。该类高分子化合物在不同的热加工阶段展示了良好的形状固定和形状恢复性能。这种具有宽泛可调的玻璃化温度的共聚高分子化合物在多形状记忆功能材料方面有潜在的应用价值。

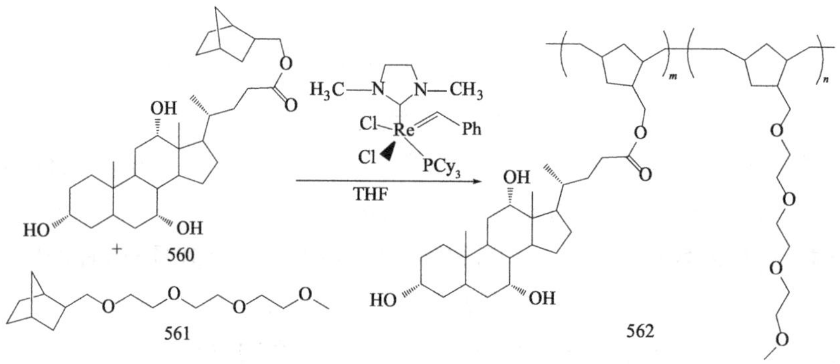

图 5.22 具有形状记忆功能的胆甾酸支链高分子化合物的结构

## 参考文献

[1] ZHU X X, NICHIFOR M. Polymeric materials containing bile acids[J]. Accounts of Chemical Research , 2002, 35( 7 ): 539-546.

[2] ZHANG Y H, AKRAM M, LIU H Y, et al. Characterization of new copolymers made from methacrylate and methacrylamide derivatives of cholic acid[J]. Macromol Chem Phys, 1998, 199: 1399-1404.

[3] ZHU X X, MOSKOVA M, DENIKE J K. Preparation and characterization of copolymers of new monomers from bile acid derivatives with methacrylic monomers and selective hydrolysis of the homopolymers[J]. Polymer, 1996, 37: 493-498.

[4] BENREBOUH A, ZHANG Y H, ZHU X X. Hydrophilic polymethacrylates containing cholic acid-ethylene glycol derivatives as pendant groups[J]. Macromol Rapid Commun, 2000, 21: 685-690.

[5] BENREBOUH A, AVOCE D, ZHU X X. Thermo- and pH-sensitive polymers containing cholic acid derivatives[J]. Polymer, 2001, 42: 4031-4038.

[6] KIM J B, LEE B W, YUN H J, et al. 193-nm photoresists based on norbornene copolymers with derivatives of bile acid[J]. Chem Lett, 2000, 29(4):414-415.

[7] ZHANG X, LI Z Y, ZHU X X. Biomimetic mineralization induced by fibrils of polymers derived from a bile acid[J]. Biomacromolecules, 2008, 9(9): 2309-2314.

[8] AVOCE D, LIU H Y, ZHU X X. N-alkylacrylamide copolymers with (meth)acrylamide derivatives of cholic acid: synthesis and thermosensitivity[J]. Polymer, 2003, 44: 1081-1087.

[9] SELLERGREN B, WIESCHEMEYER J, BOOS K S, et al. Imprinted polymers for selective adsorption of cholesterol from gastrointestinal fluids[J]. Chem Mater, 1998, 10(12): 4037-4046.

[10] HU X Z, ZHANG Z, ZHANG X, et al. Selective acylation of cholic acid derivatives with multiple methacrylate groups[J]. Steroids, 2005, 70: 531-537.

[11] HU X Z, LIU A J, WANG L X, et al. Acylating activity of hydroxyl groups in 2'-hydroxyethyl $3\alpha,7\alpha,12\alpha$-trihydroxy-$5\beta$-cholan-24-ate[J]. Chem J Int, 2007, 9(1): 1-4.

[12] HU X Z, ZHANG X, WANG Z, et al. Swelling and wettability of light-cured methacrylate-based dental resins prepared from cholic acid[J]. Chin J React Polym, 2005, 14(1-2): 35-43.

[13] NICHIFOR M, STANCIU M C, ZHU X X. Bile acids covalently bound to polysaccharides 2. Dextran with pendant cholic acid groups[J]. React Funct Polym, 2004, 59(2): 141-148.

[14] DIANCOURT F, BRAUD C, VERT M. Chemical modification of heparin Ⅱ. Hydrophobization of partially N-desulfated heparin[J] J Bioact. Biocompat Polym, 1996, 11(3): 203-218.

[15] NICHIFOR M, LOPES A, CARPOV A, et al. Aggregation in water of dextran hydrophobically modified with bile acids[J]. Macromolecules, 1999, 32: 7078-7085.

[16] VATON-CHANVRIER L, PEULON V, COMBRET Y, et al. Synthesis, characterization and enantioselectivity of cholic acid-bonded phases for high performance liquid chromatography[J]. Chromatographia, 1997, 46: 613-622.

[17] ZHANG L H, JANOUT V, RENNER J L, et al. Enhancing the "stickiness" of bile acids to cross-linked polymers: a bioconjugate approach to the design of bile acid sequestrants[J]. Bioconjugate Chem, 2000, 11: 397-400.

[18] KIM I S, KIM S H, CHO C S. Preparation of polymeric nanoparticles composed of cholic acid and poly(ethylene glycol) end-capped with a sugar moiety[J]. Macromol Rapid Commun, 2000, 21: 1272-1275.

[19] KIM I S, KIM S H. Evaluation of polymeric nanoparticles composed of cholic acid and me-

thoxy poly( ethylene glycol )[J]. Int J Pharm, 2001,226: 23-29.

[20] KIM I S, JEONG Y I, CHO C S, et al. Thermo-responsive self-assembled polymeric micelles for drug delivery in vitro[J]. Int J Pharm, 2000, 205: 165-172.

[21] BALASUBRAMANIAN R, RAO P, MAITRA U. First bile acid-derived chiral dendritic species with nanometric dimensions[J]. Chem Commun, 1999, 23: 2353-2354.

[22] BALASUBRAMANIAN R, MAITRA U. Design and synthesis of novel chiral dendritic species derived from bile acids[J]. J Org Chem, 2001, 66: 3035-3040.

[23] VIJAYALAKSHMI N, UDAY M. A simple construction of a bile acid based dendritic light harvesting system[J]. Organic Letters, 2005, 7( 13 ): 2727-2730.

[24] SANGEETHA N M, MAITRA U. Hydroxyl-terminated dendritic oligomers from bile acids: synthesis and properties[J]. J Org Chem, 2006, 71:768-774.

[25] LI Y P, XIAO K, LUO J T, et al. A novel size-tunable nanocarrier system for targeted anticancer drug delivery[J]. Journal of Controlled Release,2010, 144: 314-323.

[26] ZOU T, LI S L, CHENG S X, et al. Fabrication and in vitro drug release of drug-loaded star oligo/poly ( DL-lactide ) microspheres made by novel ultrasonic-dispersion method[J]. J Biomed Mater Res A, 2007, 83( 3 ):696-702.

[27] ZHANG H, TONG S Y, ZHANG X Z, et al. Novel solvent-free methods for fabrication of nano- and microsphere drug delivery systems from functional biodegradable polymers[J]. J Phys Chem C, 2007, 111( 34 ): 12681-12685.

[28] ZENG X W, TAO W, MEI L, et al. Cholic acid-functionalized nanoparticles of star-shaped PLGA-vitamin E TPGS copolymer for docetaxel delivery to cervical cancer[J]. Biomaterials, 2013, 34: 6058-6067.

[29] JANVIER F, ZHU X X, ARMSTRONG J, et al. Effects of amphiphilic star-shaped poly ( ethylene glycol ) polymers with a cholic acid core on human red blood cell aggregation[J]. Journal of the Mechanical Behavior of Biomedical Materials,2013, 18: 100-107.

[30] DÉVÉDEC F L, STRANDMAN S, BAILLE W E, et al. Functional star block copolymers with a cholane core: thermo-responsiveness and aggregation behavior[J]. Polymer, 2013, 54: 3898-3903.

[31] NONAPPA K B, MYLLYMÄKI T T T, YANG H J, et al. Hierarchical self-assembly from nanometric micelles to colloidal spherical superstructures[J]. Polymer,2017, 126: 177-187.

[32] LEE K Y, KIM J H, KWON I C, et al. Self-aggregates of deoxycholic acid-modified chitosan as a novel carrier of adriamycin[J]. Colloid Polym Sci, 2000,278 : 1216-1219.

[33] KIM K, KWON S, PARK J H, et al. Physicochemical characterizations of self-assembled nanoparticles of glycol chitosan-deoxycholic acid conjugates[J]. Biomacromolecules, 2005,6( 2 ):1154-1158.

[34] PARK J H, KWON S, NAM J O, et al. Self-assembled nanoparticles based on glycol chi-

tosan bearing 5β-cholanic acid for RGD peptide delivery[J]. J Controlled Release, 2004, 95:579-588.

[35] PARK K, KIM K, KWON I C, et al. Preparation and characterization of self-assembled nanoparticles of heparin-deoxycholic acid conjugates[J]. Langmuir, 2004, 20(26): 11726-11731.

[36] XU Q G, YUAN X B, CHANG J. Self-aggregates of cholic acid hydrazide-dextran conjugates as drug carriers[J]. J Appl Polym Sci, 2005, 95:487-493.

[37] SHAIKH V A E, MALDAR N N, LONIKAR S V, et al. Thermotropic behavior of lithocholic acid derivative linked hydroxyethyl cellulose[J]. J Appl Polym Sci, 2006, 100: 1995-2001.

[38] IKEGAWA S, YAMAMTO T, MIYASHITA T, et al. Production and characterization of a monoclonal antibody to capture proteins tagged with lithocholie acid[J]. Anal Sci, 2008, 24 (11):1475-1480.

[39] PARK J H, KWON S, LEE M, et al. Self-assembled nanoparticles based on glycol chitosan bearing hydrophobic moieties as carriers for doxorubicin: in vivo biodistribution and anti-tumor activity[J]. Biomaterials, 2006, 27: 119-126.

[40] KIM J H, KIM Y S, KIM S, et al. Hydrophobically modified glycol chitosan nanoparticles as carriers for paclitaxel[J]. J Controlled Release, 2006, 111: 228-234.

[41] MIN K H, PARK K, KIM Y S, et al. Hydrophobically modified glycol chitosan nanoparticles encapsulated camptothecin enhance the drug stability and tumor targeting in cancer therapy[J]. J Controlled Release, 2008, 127:208-218.

[42] ZHU X X, AVOCE D, LIU H Y, et al. Copolymers of N-alkylacrylamides as thermosensitive hydrogels[J]. Macromol Symp, 2004, 207: 187-191.

[43] AHLHEIM M, HALLENSLEBEN M L. Kondensation polymerisation von gallensäuren[J]. Chem Rapid Commun, 1988, 9: 299-302.

[44] ZULUAGA F, VALDERRUTEN N E, WAGENER K B. The ambient temperature synthesis and characterization of bile acid polymers[J]. Polym Bull, 1999, 42: 41-46.

[45] GOUIN S, ZHU X X, LEHNERT S. New polyanhydries made from a bile acid dimer and sebacic acid: synthesis characterization and degradation[J]. Macromolecules, 2000, 33: 5379-5383.

[46] GAUTROT J E, ZHU X X. Main-chain bile acid based degradable elastomers synthesized by entropy-driven ring-opening metathesis polymerization[J]. Angew Chem Int Ed, 2006, 45:6872-6874.

[47] ZHU X X, GAUTROT J E, ZHANG J. Novel polymers, uses and methods of manufacture thereof: US60/952.702[P]. 2008-07-30.

[48] VIRTANEN E, TAMMINEN J, HAAPALA M, et al. Multinuclear magnetic resonance,

electrospray ionization time-of-flight mass spectral and molecular modelling characterization of lithocholic acid amide esters with various nitrogen heterocycles[J]. Magn Reson Chem, 2003, 41: 567-576.

[49] ZHAO Y, ZHONG Z Q, RYU E H. Preferential solvation within hydrophilic nanocavities and its effect on the folding of cholate foldamers[J]. J Am Chem Soc, 2007, 129(1): 218-225.

[50] ZHAO Y, ZHONG Z Q. Detection of $Hg^{2+}$ in aqueous solutions with a foldamer-based fluorescent sensor modulated by surfactant micelles[J]. Org Lett, 2006, 8(21):4715-4717.

[51] ZHONG Z Q, ZHAO Y. Cholate-glutamic acid hybrid foldamer and its fluorescent detection of $Zn^{2+}$[J]. Org Lett, 2007, 9(15):2891-2894.

[52] HAO J Q, LI H, ZHU X X. Preparation of a comb-shaped cholic acid-containing polymer by atom transfer radical polymerization[J]. Biomacromolecules, 2006, 7: 995-998.

[53] SHAO Y, LAVIGUEUR C, ZHU X X. Multishape memory effect of norbornene-based copolymers with cholic acid pendant groups[J]. Macromolecules, 2012, 45: 1924-1930.

# 第6章 胆汁酸在分子识别领域的应用

分子识别是生物体系的基本特征,并在生命活动中起中心作用。生物酶高效、高选择性地催化生化反应,抗体与抗原的强结合,蛋白质分子与DNA序列之间的相互作用等都是生物体系中分子识别的实例。利用人工设计合成的受体与适当底物间的分子识别建立化学模型或化学仿生体系来研究生物体内的识别现象,已成为生物有机化学和超分子化学重要的研究课题。由于胆汁酸具有面式双亲性和穴状的空间构象,它们特别适合构建仿酶模型,作为主体分子用于分子或离子的识别。人工设计与合成各种类型含有胆汁酸分子的超分子体系是目前甾体化学中最活跃的研究领域之一[1]。本章对胆汁酸衍生物在分子识别领域的性质与潜在的应用进行综述。

## 6.1 可以识别中性分子的胆甾类分子钳

1996年,Maitra等[2]将芘通过酯键连接到胆酸的3α和12α位上,合成了分子钳601和602(图6.1)。计算机模拟显示,当它们处于最低能量构象时,形成了一个钳形裂穴,这个裂穴可以包络中性小分子。他们利用核磁滴定测定了钳形分子对部分芳香族化合物的识别性能。结果表明,只有缺电子的芳香化合物可与分子钳产生识别配合作用,分子钳对电中性和富电子的芳环未表现出识别作用。

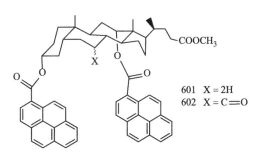

图6.1 胆酸形成的分子钳结构1

随后,他们又将蒽以酯键、芘以烷氧酰胺键缀合在去氧胆酸的3α,12α位形成钳形受体分子钳603~605(图6.2),利用核磁滴定测定了其在$CDCl_3$、$CHCl_3$、$CCl_4$、$C_6H_6$等溶剂中对苦味酸的识别性能,测定结果显示,其结合常数在10~1250 L·mol$^{-1}$之间[3]。

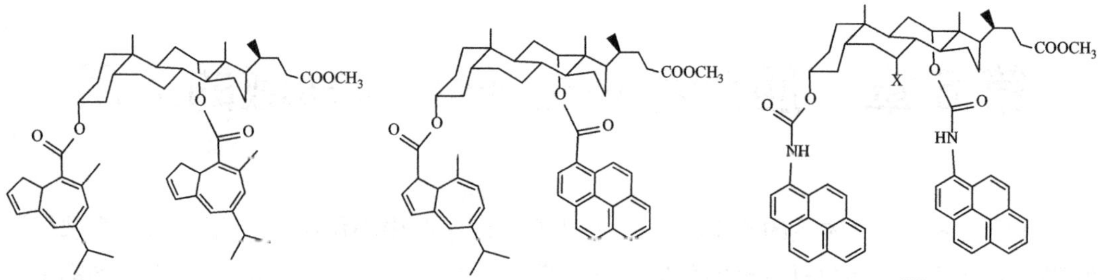

图 6.2　胆酸形成的分子钳结构 2

## 6.2　可以识别阴离子的胆甾类分子钳

F⁻ 在龋齿的治疗和骨质疏松症的临床治疗中扮演着很重要的角色,因此 F⁻ 传感器在医学和环境监测方面有着广阔的应用前景。Lee 等[4]将胆酸的三个羟基部分或全部转换为氨基,合成了钳形受体 606 和 607(图 6.3),受体中的三个酸性氮氢质子均指向裂穴内,可与球形阴离子形成多重氢键作用。实验表明,受体中的三个氮氢质子与进入其中心部位的阴离子之间匹配程度不同,导致受体 606、607 对卤素阴离子选择性的差异。受体 606 对 F⁻ 的识别能力最强,$K_a$=15 400 L·mol⁻¹,对 I⁻ 的识别能力最差,$K_a$=930 L·mol⁻¹,而对于 Cl⁻ 和 Br⁻ 则未表现出选择性。相反,受体 607 对 Cl⁻ 的选择性则远远大于对 Br⁻ 的选择性,其对 Cl⁻ 的 $K_a$ 值是对 Br⁻ 的 10 倍。

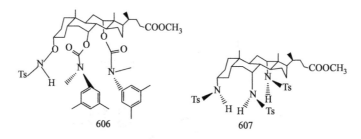

图 6.3　胆酸形成的分子钳结构 3

Ki 等[5]对猪去氧胆酸和鹅去氧胆酸进行修饰,在 3α、6α 和 7α 羟基上引入不对称取代脲基团,合成了分子钳受体 608、609,借助多重氢键作用来识别客体阴离子。在 DMSO-d₆ 溶液中进行核磁滴定显示,608 和 609 对 F⁻ 的选择性识别能力远远优于对 $HPO_4^{2-}$、Cl⁻、Br⁻、I⁻ 的识别能力(图 6.4)。

Liu 等[6]以廉价的氨基酸为手性源,合成了手性不对称脲分子钳 610 及不对称脲分子钳 611(图 6.5)。紫外光谱滴定表明,它们对卤素阴离子显示出良好的识别选择性。受体 610 对 F⁻ 的识别能力远远大于对其他卤素阴离子的识别能力,其结合常数可达 $2.3\times10^4$ L·mol⁻¹;而受体 611 则相反,其对 I⁻ 的识别能力远大于对 Br⁻、Cl⁻、F⁻ 的识别能力(图 6.5)。

*L*- 扁桃酸是重要的药物中间体，但在合成过程中往往生成 *S* 与 *R* 构型的混合物，因此开发具有手性识别能力的受体对 *S* 与 *R* 构型的扁桃酸进行拆分引起了科学家的浓厚兴趣 [7-8]。2006 年 Liu 等 [9] 将两个芘环分别引入胆甾的 7、12 位，在 3 位上桥连硫脲芳环，合成了具有较强荧光吸收的分子钳受体 612，通过荧光滴定和核磁研究发现，受体 612 对 *S*- 扁桃酸根离子有良好的选择性，其结合常数达 $3.43 \times 10^3\ L \cdot mol^{-1}$，对映选择性 $K_S/K_R$=5.0。随后 Liu 等 [10] 又将两个芘环分别引入胆甾的 7、12 位，而 3、24 位分别桥连硫脲芳环，合成了分子钳受体 613 和 614（图 6.6）。受体 613 和 614 能与长链二羧酸根离子，特别是碳原子数为 6 和 8 的二羧酸根离子，形成超分子配合物，而对短链二羧酸离子、$AcO^-$、$Cl^-$、$Br^-$ 和 $I^-$ 没有识别作用。

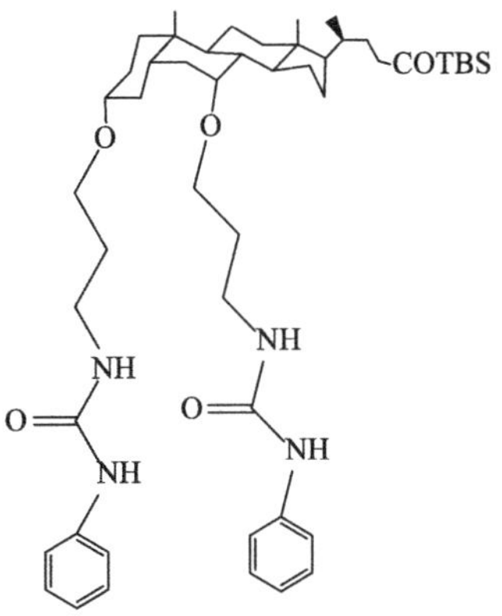

608

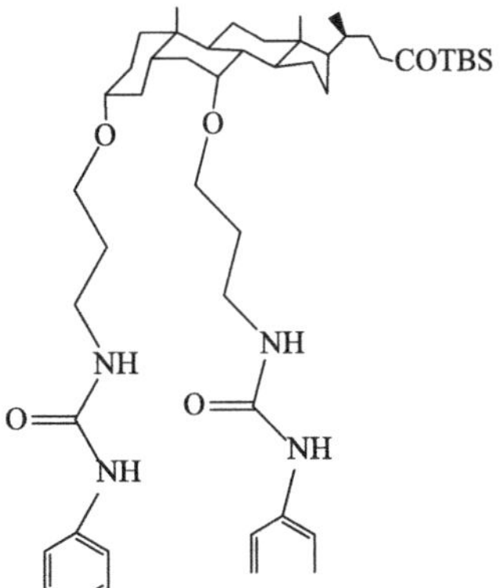

609

**图 6.4　胆酸形成的分子钳结构 4**

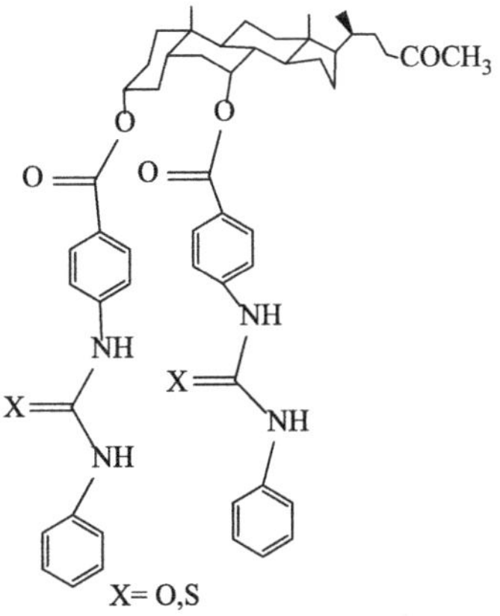

X= O,S

610

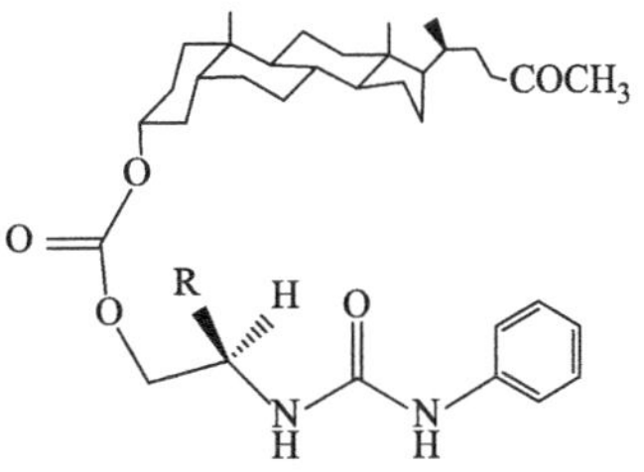

R=$CH_3$, $CH_2Ph$,$CH(CH_3)_2$, $CH_2C_6H_4OH(p)$

$CH_2CH_2SCH_3$, $CH_2CH(CH_3)_2$, $CH(CH_3)CH_2CH_3$

611

**图 6.5　胆酸形成的分子钳结构 5**

Lei 等 [11] 通过对胆甾的 7、12、24 位进行修饰合成了具有强荧光响应、高灵敏性、高选择性的分子钳受体 615~617。受体 615~617 均能通过氢键与羧酸根离子、磷酸根离子、溴离子形成 1∶1 型超分子配合物。它们与羧酸根离子的结合常数 $K_a$ 的大小顺序是丙酸根离子 >

乙酸根离子＞苯甲酸根离子＞乳酸根离子。含有酰氨基的硫脲受体 615、616 对阴离子的识别能力远强于常规的硫脲受体 617。受体 615 在乙腈溶剂中对 $Br^-$ 表现出很好的选择性识别性能(图 6.7)。

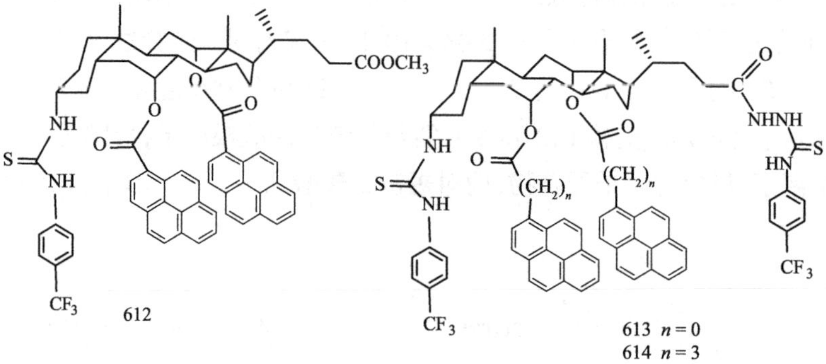

612

613 $n=0$
614 $n=3$

**图 6.6　胆酸形成的分子钳结构 6**

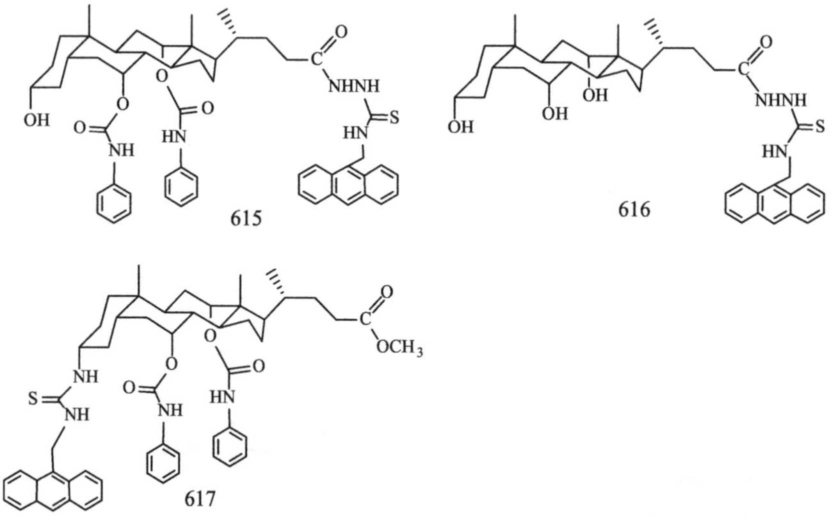

615

616

617

**图 6.7　胆酸形成的分子钳结构 7**

近来,察哈尔(Chahar)等[7]在基于胆甾酸的阴离子识别方面做了一系列的工作。他们将咪唑基团或苯并咪唑基团缀合在去氧胆酸的 3 位和 12 位羟基上,形成环状或钳式的胆甾受体 618~620(图 6.8)。利用 $^1H$ NMR 滴定、晶体 X 射线衍射和模拟计算的方法研究胆甾受体对卤素阴离子、乙酸根离子以及硫酸氢根离子的识别作用。实验结果表明,胆甾受体和客体阴离子之间发生相互作用的识别位点是连接臂上乙酰基的亚甲基的两个氢以及被芳香化的咪唑基团的 C2 位的氢。对于环状的胆甾受体,当用吡啶基团作为间隔臂桥连两个咪唑基团时,由于吡啶环上 N 原子的孤对电子对阴离子的排斥作用,识别阴离子时阴离子被挤出识别的环状空腔。

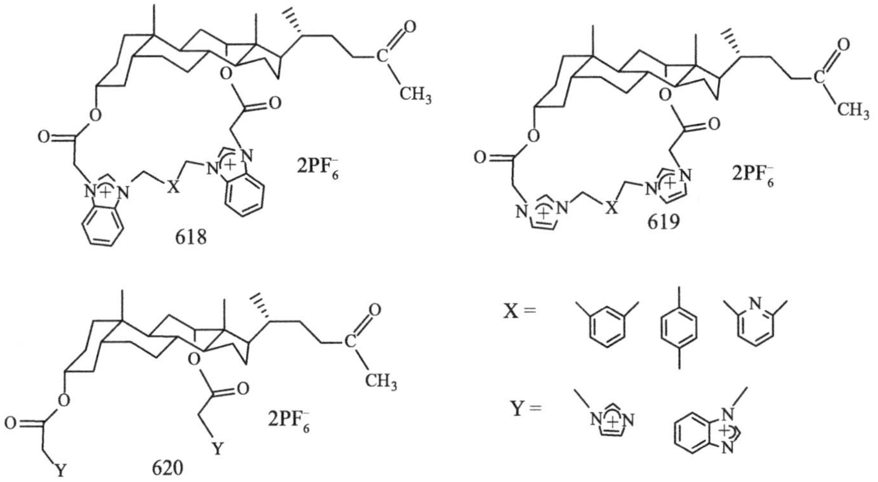

图 6.8 具有阴离子识别功能的胆甾酸-咪唑缀合物

## 6.3 可以识别阳离子的胆甾类分子钳

Jun 等[8]将二硫代氨基甲酸酯、羟基二酰胺、丙二酸二酰胺分别键接到胆甾上,设计合成了一系列分子钳中性载体 621~623（图 6.9）。含二硫代氨基甲酸酯的受体 621 对 $Ag^+$ 显示出很高的选择性,含羟基二酰胺离子载体的受体 622 对 $Ca^{2+}$ 有很高的选择性,含二级或三级丙二酸二酰胺离子载体的受体 623 则对 $Mg^{2+}$ 显示出高选择性。

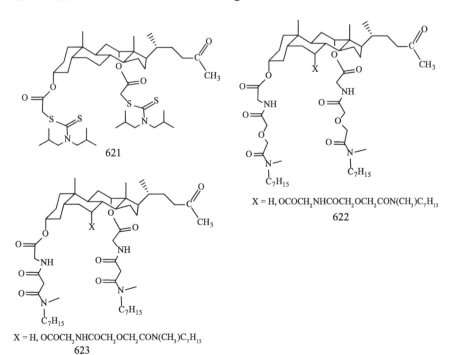

图 6.9 胆酸形成的分子钳形受体结构 1

Wang 等[12]设计合成了 7α、12α 位连接双硫代氨基甲酸酯作为活性部位,3 位连接蒽作为荧光发射部位的受体 624、625。在 366 nm 下荧光照射,受体 624 的可观察最低量子产率为 0.058,受体 625 为 0.092,表明受体 625 更易引起光电子诱导迁移。用受体 624、625 在 $V$(水)$:V$(乙腈)$= 1:1$ 的溶剂中对 $Hg^{2+}$ 进行滴定,结果表明,当主体与客体物质的量之比达到 $1:1$ 时,信号强度分别增大了 6.62 倍和 4.00 倍,结合常数分别为 $5.2\times10^6\ L\cdot mol^{-1}$ 和 $1.54\times10^6\ L\cdot mol^{-1}$。受体 624 对 $Hg^{2+}$ 的最低检测度可达 $5.0\times10^{-8}\ mol\cdot L^{-1}$。与之前文献报道的金属离子受体的结合能力易受 pH 影响不同的是,受体 624 与 $Hg^{2+}$ 的结合可在 pH=3~13 的较大范围内不受影响。在相同条件下受体 624 对 $Li^+$、$Na^+$、$Ca^{2+}$、$Mg^{2+}$、$Ag^+$、$Zn^{2+}$、$Cd^{2+}$ 和 $Pb^{2+}$ 几乎没有结合能力,表现出受体 624 的高度专一识别性能。另外,$Hg^{2+}$ 在自然条件下能被某些细菌转化为 $MeHg^+$,而受体 624 对 $MeHg^+$ 同样具有很好的识别性能,可以识别出乙腈溶液中 $10^{-7}\ mol\cdot L^{-1}$ 的 $MeHg^+$。正是由于受体 624 形成的富电子、适中的空间裂隙以及结合时形成的空间三维结构 626,才使它有如此特殊的性质(图 6.10)。

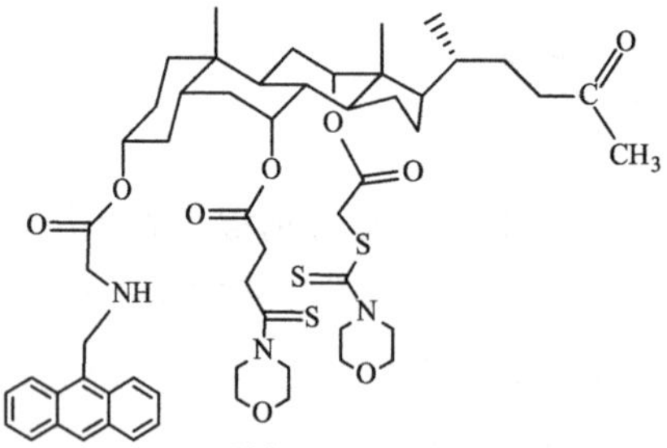

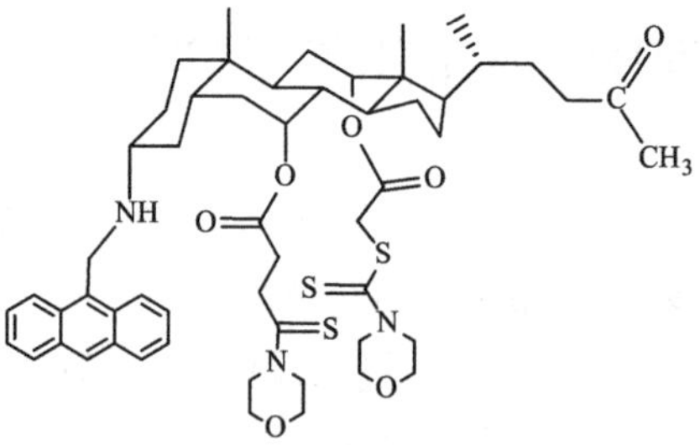

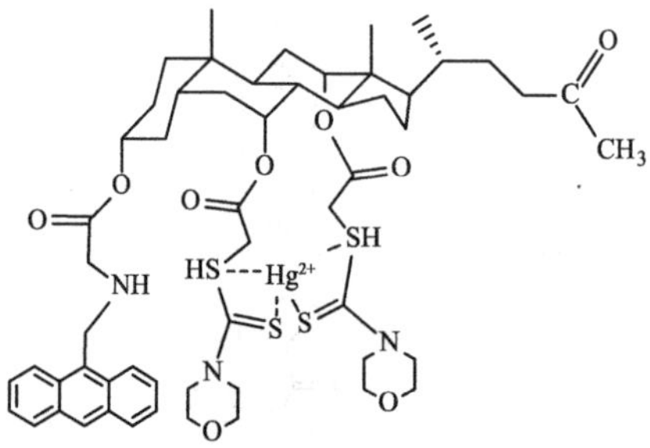

图 6.10 胆酸形成的分子钳形受体结构 2

## 6.4 可以识别手性分子的胆甾类分子钳

近年来,人工受体的分子识别已从对阴离子、阳离子和中性分子的识别向对手性分子的识别方向发展。手性分子与生命密切相关,生物分子如蛋白质、核酸等,都是手性分子。因此,手性识别在生命过程中极其重要。对映选择性受体的设计合成与手性识别研究正逐渐成为超分子化学中一个具有挑战性的领域。而胆甾固有的手性使之成为合成手性受体的理想结构单元。

Davis 等[13]合成了胆甾胍盐受体 627、628（图 6.11），并研究了这些钳形受体对外消旋体 N-乙酰基氨基酸的手性拆分能力，其中受体 628 对 N-乙酰基-D/L-丙氨酸的对映选择性 $K_L/K_D$ 高达 10。

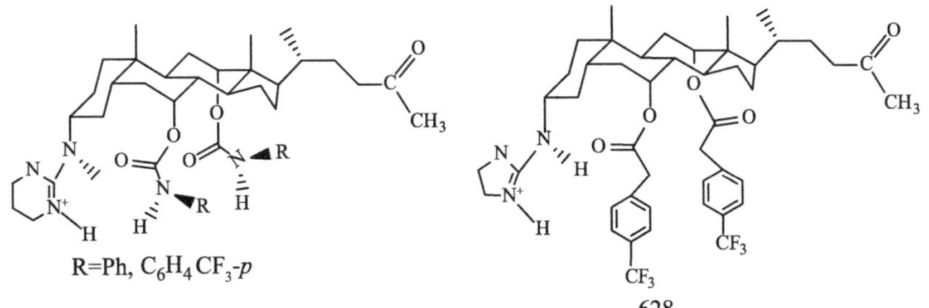

图 6.11　胆酸形成的分子钳形受体结构

由于合成胍基阳离子比较困难，锡拉库扎（Siracusa）等[14]做了改进，以较易合成的脲基作为胍基阳离子的电中性类似物，合成了钳形受体 629（图 6.12），629 对 N-乙酰苯丙氨基酸四乙基铵（630、631）的对映选择性 $K_L/K_D = 5:1$。

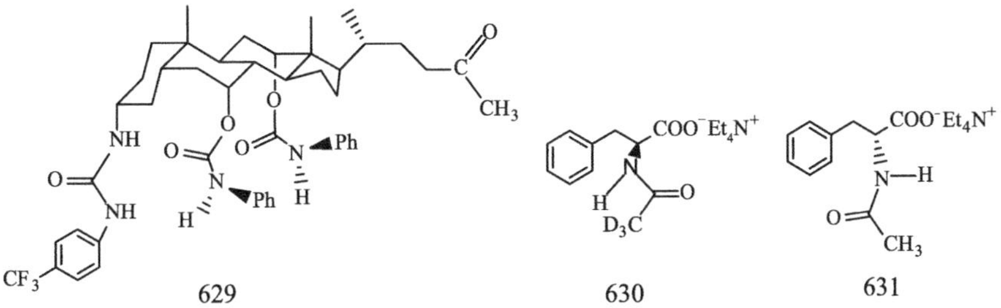

图 6.12　胆甾胍盐分子钳形受体结构

2005 年 Liu 等[15]通过在胆甾的 3、24 位上分别连接硫脲和氨基硫脲合成了受体 632~634（图 6.13），受体 632 在 $CH_3OH/H_2O$（体积比为 1:1）中对 L-谷氨酸有良好的手性识别性能，结合常数达到 $(5.57 \pm 0.88) \times 10^6 L \cdot mol^{-1}$，而受体 633、634 则对 L-谷氨酸没有识别性能。

赵志刚等以鹅去氧胆酸、猪去氧胆酸和去氧胆酸为结构单元，合成了钳形人工受体 635~639（图 6.14）[16-17]。计算机模拟和单晶结构表明其最低能量构象均为钳形，能够包络中性小分子和手性分子。实验结果表明，这类受体不但对所考察的一系列氨基酸甲酯具有选择性识别能力，而且对 D/L-氨基酸甲酯具有良好的对映选择性识别能力。钳形受体 635、637 和 638 对 D-氨基酸甲酯有良好的对映选择性识别能力，对映选择性 $K_D/K_L$ 最高可达 7.9；而钳形受体 636 和 639 则相反，它们对 L-氨基酸甲酯有良好的对映选择性识别能力，对映选择性 $K_L/K_D$ 最高可达 12.7。这种对映选择性的戏剧性的变化，可望在手性拆分中得到实际应用。

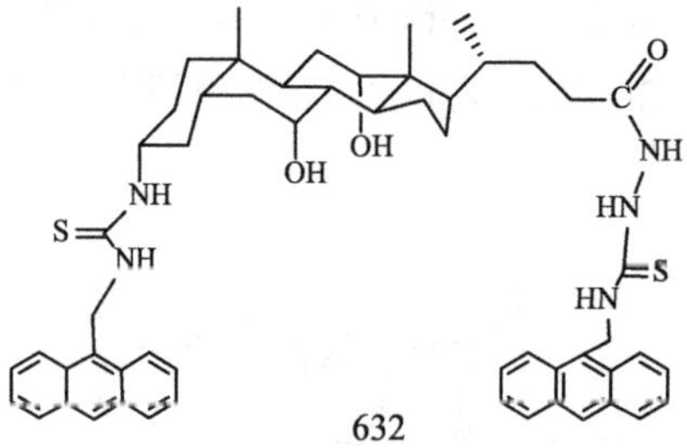


632

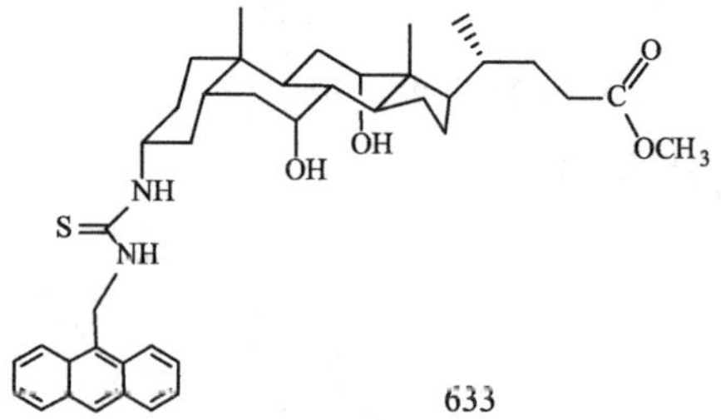


633

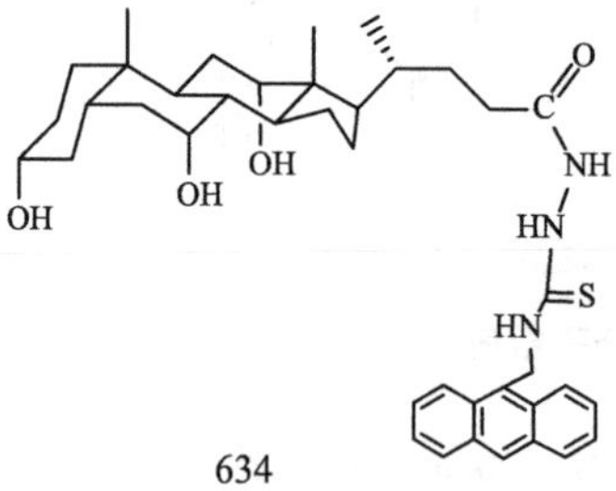


634

**图 6.13 胆酸与硫脲和氨基硫脲形成的分子钳形受体结构**

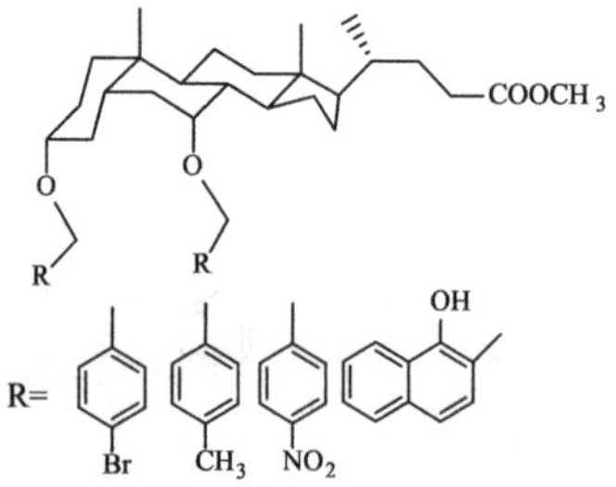


635

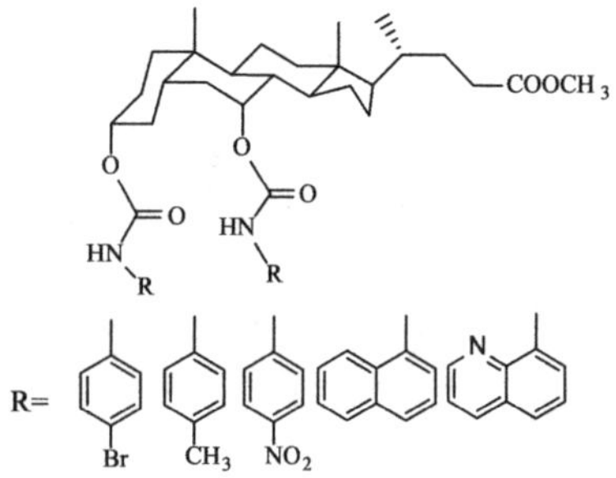


636

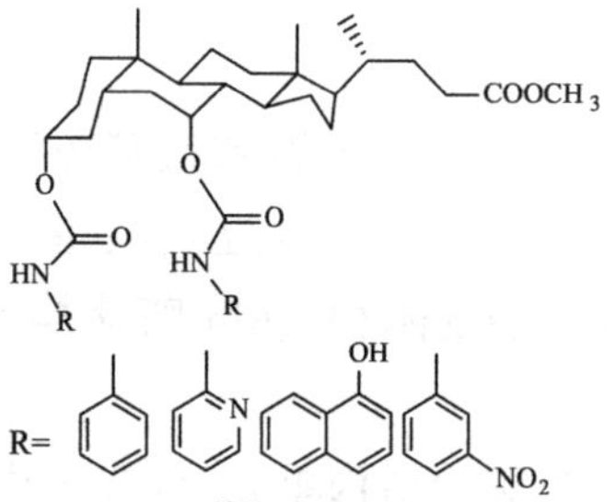


637

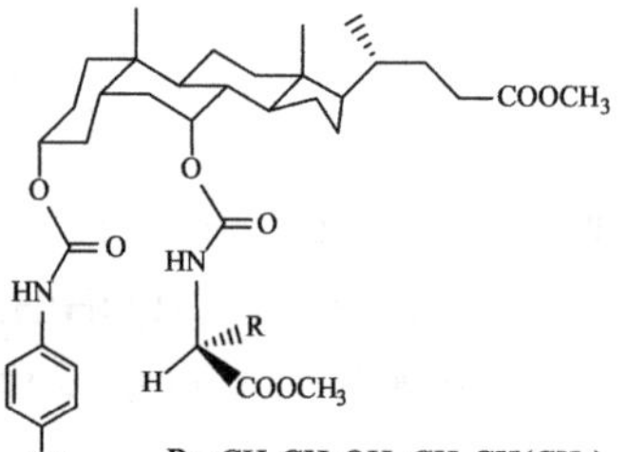


R= $CH_2CH_2OH$, $CH_2CH(CH_3)_2$,
$CH(CH_3)CH_2CH_2CH_2Ph$,
$PhCH(CH_3)_2$

638

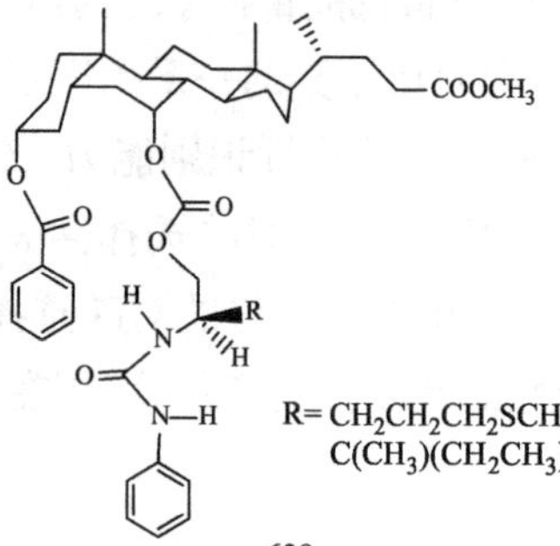


R= $CH_2CH_2CH_2SCH_2CH_2CH(CH_3)_2$,
$C(CH_3)(CH_2CH_3)CH_2PhCH(CH_3)_2$

639

**图 6.14 胆酸、鹅去氧胆酸等与硫脲和氨基硫脲形成的分子钳形受体结构**

## 6.5 双胆汁酸分子受体

胆酸甾体骨架的刚性和分子结构的双亲特性使其在分子识别方面有广泛的应用。伴随着甾体基分子受体的合成，Davis 等首先合成了双胆酸分子受体 640 和 641（图 6.15），该分子受体可以使芘（在水中的溶解度小于 $2 \times 10^{-9} \text{mol} \cdot \text{L}^{-1}$）在水中溶解而不形成胶束[18]。

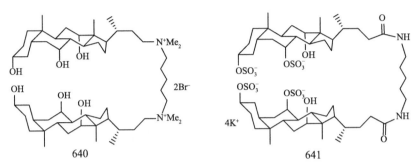

图 6.15 双胆酸分子受体

布罗斯（Burrows）及其合作者对受体的构象与键合特性做了详细的研究[19]。NMR 结果显示其构象不随体系的温度与溶剂改变而变化。布罗斯设想了两种构象，一种是假大环形构象 642（图 6.16），通过分子内氢键而稳定；另一种是可以自由旋转的开环构象 643。这两种构象之间的旋转能垒约为 $58.5 \text{kJ} \cdot \text{mol}^{-1}$。受体 642 在 $CDCl_3$ 溶液中于 56 ℃ 下能够同（L）- 正戊基吡喃葡萄糖苷缔合[19]。对图 6.16 所示的化合物应用大环模型进行计算研究，用肌醇做单糖模型，结果表明客体分子与假大环穴中汇聚的极性官能团通过氢键相互作用而被定位。

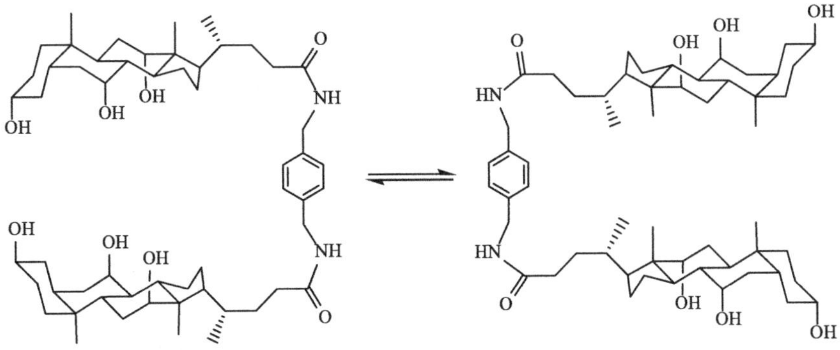

图 6.16 双胆酸分子受体

胆酸的双亲结构保证了高度极性的 α 面上的三个羟基容易被修饰，转化成其他功能基。Davis 及其合作者应用胆酸刚性、L 型的甾核结构合成了用于分子识别的一系列名叫环番（cholaphane）的大环受体 644（图 6.17）。胆酸刚性、L 型的甾核可以作为环番的分子骨架，环番可以被设计成在极性溶剂中与极性底物通过氢键形成络合物的结构[20-22]。这种分子的设计基于一个设想——它们在极性溶剂中能够通过形成氢键与底物相缔合。

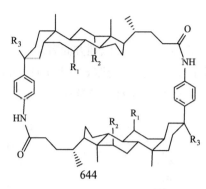

图6.17 大环受体

在分子644a中，β面在分子的外部，可以促进分子在非极性溶剂中的溶解。而拥有两个羟基的α面在穴内能够通过氢键和受体分子相结合，成为受体结合的位点。在与644a具有相似结构的环番644b~644f中，644b和644c分子穴内的一个羟基被非极性基团保护起来，而644d~644f分子穴内的羟基则全部被保护起来[37]。644g将穴内的羟基保护起来，而在环外键合上强极性的基团，能够使整个分子的极性发生反转。与644b~644f相比，644g的刚性更强，其穴内能够键合两分子THF而形成晶体络合物[23]。

未保护羟基的环番644a是烷基葡萄糖苷的有效的受体。它的—OH能够和客体分子的—OH和—NH形成氢键，而使底物键合在穴内[24]。当分子中的—OH被保护后，其键合能力下降。例如苄化环番644b比644a形成更弱的络合物。

博纳-劳（Bonar-Law）和桑德斯（Sanders）制备了一系列有趣的大环受体。这种大环受体既具有甾体的化学性质，又具有金属卟啉的性质[25-27]。他们设计的分子645（图6.18）通过金属离子与含氮有机碱分子中的N原子形成氢键而产生络合作用。在分子645中，两个胆酸分子通过两个酯桥连成一个大环而形成分子的帽。在CDCl$_3$中，同简单的金属卟啉相比，含氮的有机碱（如4-羟基吡啶）能够通过金属离子与氮原子之间的氢键相互作用与645形成更稳定的络合物。而没有附加极性基团的吡啶衍生物具有反向的键合行为。在CDCl$_3$溶液中，293 K时，645与嘌呤显示出最强的缔合行为（$K_a=2.1\times10^6$ L·mol$^{-1}$）。当溶液中有十二烷基磺酸钠形成胶束时，645可以在其中溶解，同时底物胺在溶液中不析出。在CHCl$_3$溶液中，645能够作为催化剂催化酰基转移反应。在645的CHCl$_3$溶液中，加入2,4-N,N-二甲氨基吡啶（DMAP）和3-羧基吡啶与2,6-二氯苯甲酸形成的混酸酐，645的一个—OH迅速发生酰化反应。当645分子中的Zn$^{2+}$被去掉后，催化作用消失，说明吡啶、Zn$^{2+}$的缔合作用能够选择—OH发生反应，因此降低酰基转移过程的活化能。更大的分子646能够通过两个Zn$^{2+}$和底物产生更强的缔合作用。在CH$_2$Cl$_2$溶液中，646和4,4'-联吡啶（$K_a=2.5\times10^6$ L·mol$^{-1}$，$T=295$ K）以及1,4-二氮杂二环[2,2,2]-辛烷（$K_a=8.0\times10^7$ L·mol$^{-1}$，$T=295$ K）形成稳定的络合物。

甾帽卟啉647以及金属取代Zn（Ⅱ）648可用于多元醇和糖的识别（图6.19）[25]。647和Zn（Ⅱ）648的亲和力显示出底物对路易斯酸金属离子中心的配位作用几乎不影响缔合过程。大多数络合力来自氢键合到甾帽的羟基上形成氢键,以及在穴中束缚位点的分散作用。如果穴比吡喃糖底物大太多,羟基和金属中心不能很好地接触,当加入化学计量的水或甲醇时,水或甲醇能够堆积在穴中,使穴在几何尺寸上满足糖的要求,从而使底物与糖的络合作用加强。

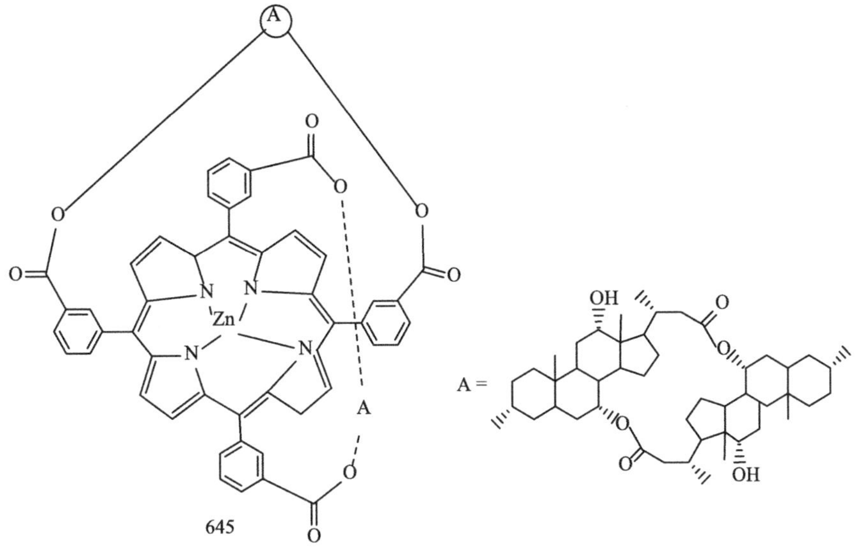

图6.18 金属卟啉大环受体

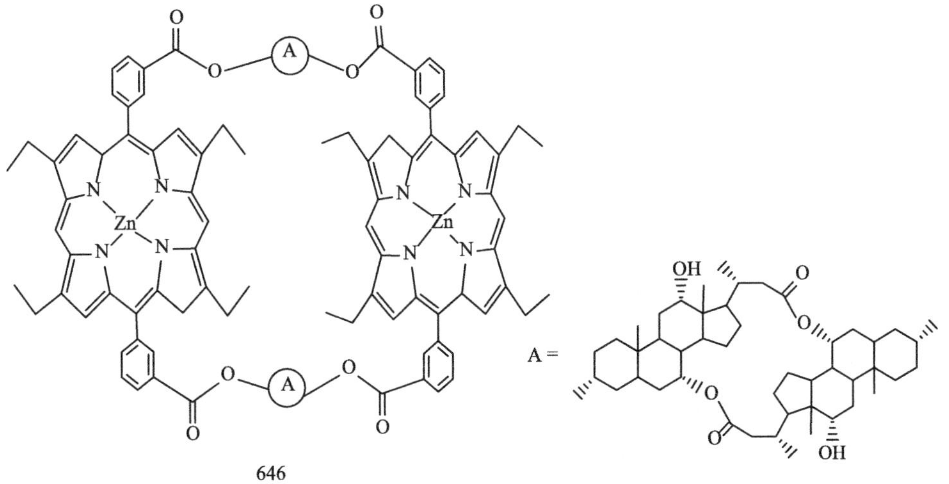

在 $CH_2Cl_2$ 溶液中,卟啉和环状胆酸酯形成的分子碗 649(图 6.20)适合吗啡及其衍生物的识别[28]。金属-配体和氢键的相互作用促使主客体发生缔合。其中氢键对缔合自由能的贡献更大。649 与吗啡的络合常数是 230 000 L·mol$^{-1}$,与吗啡单甲酯的络合常数是 13 000 L·mol$^{-1}$,与吗啡二甲酯的络合常数是 240 L·mol$^{-1}$[26]。649 对吗啡具有高度的手性识别作用,它与天然左旋吗啡的络合自由能比与右旋吗啡的低 9.2 kJ·mol$^{-1}$。

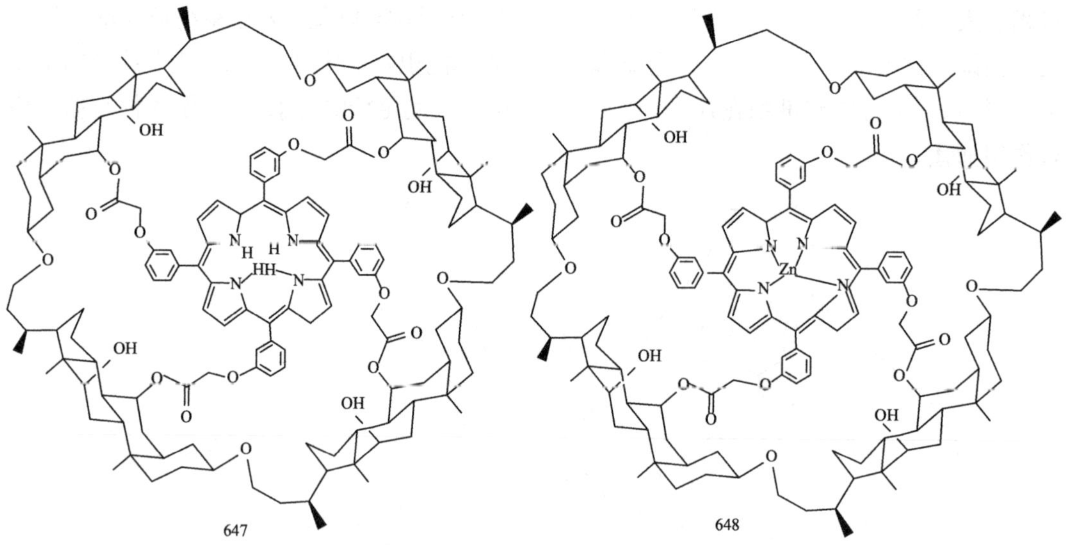

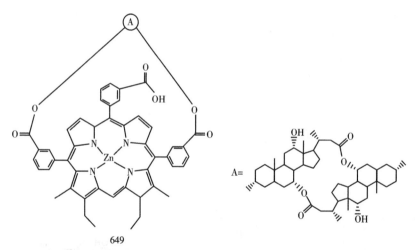

647 648

图 6.19 甾帽卟啉的结构

649

图 6.20 识别天然吗啡的碗形分子受体结构

为了提高环状二聚胆甾类受体的刚性以及调节环空腔的大小，Davis 等[29]将胆酸的碳原子侧链缩短，通过环内酰胺键形成环状二聚胆酸 650（图 6.21）。受体 650 具有较大的刚性和较小的空腔，环内—OH 有着较高的汇聚度，形成了一个可以模拟水溶液中球形阴离子溶剂化的微环境。他们利用核磁滴定法考察了该类受体对卤素阴离子的识别性能。结果表明，主客体形成 1∶1 型配合物，其结合能力按照 $F^-$、$Cl^-$、$Br^-$ 的顺序逐渐减弱。

最近，高希（Ghosh）等[30]以胆酸为起始原料两步合成了化合物 651（图 6.22）。这种二聚体充分利用了胆甾化合物的面式双亲性，形成了一种与环糊精相反的内亲水外疏水的环状结构。到目前为止，大多数合成的阴离子受体至少使用一些—NH—给体。然而通过在氯仿溶剂中的核磁滴定检测发现，这种分子内部仅仅含有羟基的环状二聚体，却能够与两个 $F^-$ 结合。实验结果和理论计算都可以证明，一种特殊的 C—H···F 相互作用存在于 $F^-$ 识别过程中。

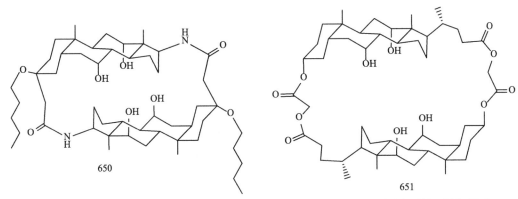

图 6.21　碳链缩短的闭环二聚胆甾酸　　　　图 6.22　能识别阴离子的二聚胆甾酸

Pore 研究小组以胆甾酸为原料,通过"点击"反应设计合成了以氮杂三唑为桥连基团的胆甾酸二聚体 652(图 6.23)[31],并研究了胆甾酸二聚体在非极性溶剂中对甲酚红钠盐的助溶作用。他们推测助溶效果来源于二聚胆甾酸在非极性溶剂中通过分子内氢键形成的顺式构象。几乎在同一时间,Zhang 等也做了相近的工作,得到了类似的研究结果。

乔亚希米克(Joachimiak)等[32]通过对苯二酰氯与胆酸甲酯的一步反应,以 35% 的产率合成了 C3 和 C3′ 连接的二聚胆甾化合物 653(图 6.24)。通过 ESI-MS 检测发现,这种二聚胆甾对 $K^+$ 的结合能力优于对其他碱金属离子。如果以石胆酸代替胆酸或者将 7 和 12 位羟基用乙酰基保护,就不再具有这种识别能力。这暗示化合物通过—OH 之间的氢键作用形成 V 形的构象并与阳离子结合,这种结合对阳离子的体积较为敏感。

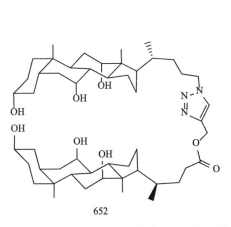

图 6.23　用氮杂三唑做隔离基的开环二聚胆甾酸　　　　图 6.24　尾端相连的开环二聚胆甾酸

## 6.6 胆酸缩聚物

当胆酸分子中的 7 位羟基和 12 位羟基被一些基团修饰后,在一定条件下容易形成首尾相接的环状聚合物。这些聚合物根据成环的胆酸分子数目以及环上各个胆酸分子中 7 位羟基和 12 位羟基上所修饰基团的差别,用于对不同分子的识别。Gao 等以 7,12- 二乙酰基 -24- 降胆酸酯为原料通过一步反应合成了内部具有亲水性的环四聚物。布雷迪(Brady)等[33]用甲醇钾–冠醚做催化剂,通过转酯化反应,以 7,12- 二取代胆酸甲酯衍生物为原料,合成环状聚合物 654a~654g(图 6.25)。此反应分两步进行:第一步,胆酸甲酯衍生物分子间通过酯交换反应生成线形低聚物;第二步,线形低聚物经过环化反应生成产物。根据胆酸甲酯衍生物分子中 C7 和 C12 连接的基团不同,主产物中胆酸分子的数目也有变化。

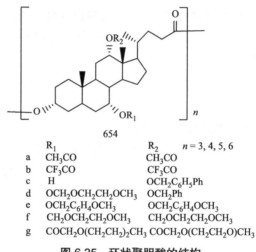

|   | $R_1$ | $R_2$ | $n = 3, 4, 5, 6$ |
|---|---|---|---|
| a | $CH_3CO$ | $CH_3CO$ | |
| b | $CF_3CO$ | $CF_3CO$ | |
| c | H | $OCH_2C_6H_5Ph$ | |
| d | $OCH_2OCH_2CH_2OCH_3$ | $OCH_2Ph$ | |
| e | $OCH_2C_6H_4OCH_3$ | $OCH_2C_6H_4OCH_3$ | |
| f | $CH_2OCH_2CH_2OCH_3$ | $CH_2OCH_2CH_2OCH_3$ | |
| g | $COCH_2O(CH_2CH_2)_2CH_3$ | $COCH_2O(CH_2CH_2O)CH_3$ | |

图 6.25 环状聚胆酸的结构

## 6.7 胆甾与其他分子挂接形成的人工受体

从 20 世纪 70 年代以来,胆甾与其他分子键连的人工受体层出不穷,但是其在分子识别方面的研究却始于 90 年代。1991 年,菊池(Kikuchi)等[34]将胆酸挂接在阳离子环番上,合成了水溶性的甾体环番 655(图 6.26),并测定了其在水相和人造双分子层膜中对阴离子的识别能力。结果表明,在 pH = 8.0 的缓冲溶液中,甾体环番 655 与客体 8- 苯氨基 -1- 萘磺酸盐形成 1B1 型包络配合物,其结合常数($K_a$)为 $3.3 \times 10^5 dm^3 \cdot mol^{-1}$,远远大于相应的未接甾体的环番与相应的客体的结合常数。甾体环番受体不仅可以在水相中而且可以在人造双分子层膜中识别阴离子。将受体 655 嵌入人造双分子层膜中,客体 8- 苯氨基 -1- 萘磺酸盐被选择性地包络在阳离子环番的洞穴(cavity)中,甾体环番通过和双分子层膜形成超分子聚集体为分子识别提供疏水微环境。随后,他们又合成了类似的水溶性的甾体环番,并分别测定了其在水相和人造双分子层膜中对 8- 苯氨基 -1- 萘磺酸盐的识别配合能力。

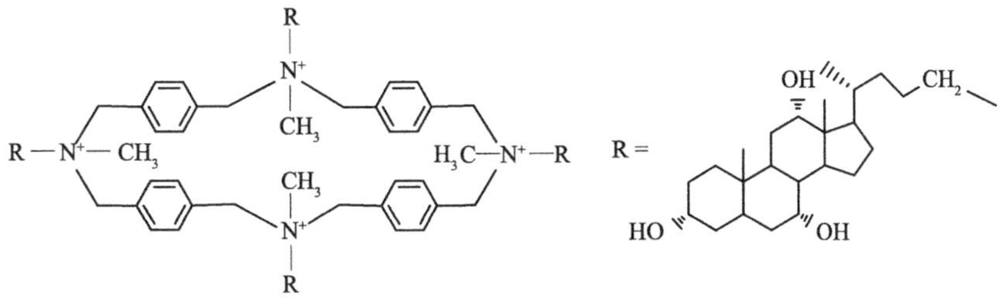

图 6.26 甾体环番的结构

1998年,吉尔(Geall)等[35]报道了由石胆酸和胆酸与多胺形成的胆酰胺受体,并利用荧光法测定了其与牛胸腺 DNA 的识别配合性能。研究表明,由石胆酸形成的胆酰胺与牛胸腺 DNA 的配合性能强于由胆酸形成的胆酰胺与牛胸腺 DNA 的配合性能。疏水作用在识别过程中起着重要的作用。

## 6.8 开环二聚胆甾类受体

1977年,麦肯纳(Mckenna)等[36]设计合成了季铵盐型和带磺酸基的水溶性二聚胆甾,并研究了它们与非水溶性底物二萘嵌苯(perylene)和水溶性底物碘化频拿氰醇(pinacyanol iodide)的识别配合作用。这类受体具有 V 形构象,可以像酶一样,将底物包络在其 V 形裂穴(cleft)内,是优良的仿酶模型,656 是其典型代表(图 6.27)。

随后,布罗斯(Burrows)和金尼尔里(Kinneary)以刚性的二亚甲基苯为隔离基(spacer),将两分子胆酸键连合成了二聚胆甾 657[37]。在与客体的分子识别研究中发现,其与糖类化合物可形成包络配合物。核磁滴定及计算机模拟都表明,客体进入了胆甾受体的 V 形裂穴内,并通过与裂穴内的极性基团—OH 形成氢键而产生配合作用。

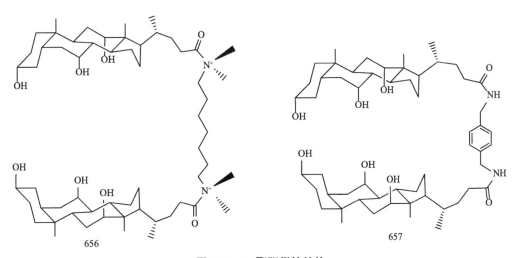

图 6.27 二聚胆甾的结构

塞古拉(Segura)等[38]利用双环胍盐作为隔离基,桥连两分子去氧胆酸形成了阳离子型甾体二聚体 658 和 659,并采用核磁滴定法测定了其与四叔丁基铵(TBA)D-葡糖醛酸盐和四乙基铵(TEA)D-半乳糖醛酸盐的识别配合能力。同时将其与只连一个胆甾的受体 660、661 做了对照,实验结果表明,受体 658~661(图 6.28)与所测定的客体均形成 1B1 型配合物,结合常数为 3 200~7 000 L·mol$^{-1}$。具有较短柔性链的受体 658 和 660 的结合常数大于相应的多一个亚甲基的受体 659 和 661,这主要是由于受体柔性的增强使主客体在形成配合物时体系的熵增大,不利于配合物的形成。

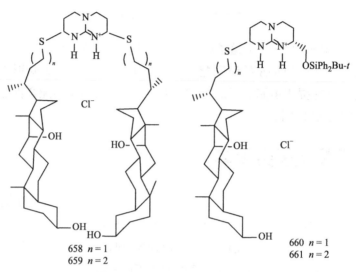

图 6.28　甾体二聚体受体的结构

## 6.9　离子通道

利用胆甾酸骨架成功合成了角鲨胺的类似物后,雷根(Regen)等在进一步研究中发现,胆甾酸因具有独特的双亲性结构是构建离子通道的理想单元。Bandyopadhyay 等[39]尝试将多个胆甾酸相连,合成了一类新颖的胆酸-精胺缀合物 662a~662d(图 6.29)。该类缀合物每个分子均由四个胆酸分子和一个精胺分子通过酰胺键构成,由于整个分子呈伞形,故称之为"分子伞"。利用 $^{23}$Na NMR 研究了这类分子的离子通道特性[40],实验结果表明,这类分子可以极大地改变细胞膜对钠离子的通透性。究其原因,是因为这类分子在靠近细胞的磷脂双分子层时,会随着周边环境极性的改变由构象 A 转变为构象 B(图 6.30)。在构象 B 中,四个胆酸分子单元的亲水面朝向中心,形成了一个钠离子的通道,从而破坏了磷脂双分子层的紧密性,使细胞对钠离子的通透性发生了显著变化。

2004 年,Pore 研究小组[41]报道了通过多胺连接的二聚胆甾酸缀合物,并发现其中一些化合物具有良好的生物活性。其中,化合物 663b(图 6.31)对耶氏解脂酵母(Y. lipolytica)的最小抑菌浓度(MIC)达 11.32 nmol·L$^{-1}$,而结构与其相似的二聚胆甾酸衍生物 663a 可以显著抑制癌细胞 MCF-7 和 Hep-2 的生长,却不具备抗菌活性。根据胆酸分子具有的面式双亲性特点,Pore 等推测这类化合物由两个外侧的憎水面和中间的亲水层组成,并提出这种"三明治夹心"结构的分子模型在其生物活性中发挥着重要作用(图 6.31),但他们并没有对"三明治夹心"式的分子构象加以确证。Pore 等在随后的研究中认为这类二聚体的生物活性机理与角鲨胺类似物相近,也是通过离子通道的模式实现的。

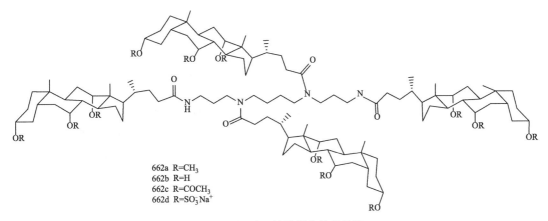

662a R=CH₃
662b R=H
662c R=COCH₃
662d R=SO₃⁻Na⁺

图 6.29 胆酸-精胺缀合物的结构

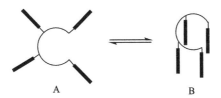

图 6.30 分子伞在磷脂膜表面发生的形态变化

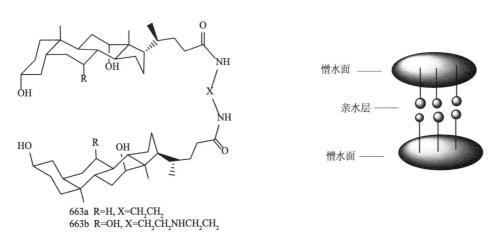

663a R=H, X=CH₂CH₂
663b R=OH, X=CH₂CH₂NHCH₂CH₂

图 6.31 二聚胆甾酸-多胺缀合物与"三明治夹心"结构的分子模型

构成细胞的磷脂双分子层脂膜具有一个重要特点,即膜的两个表面均带有丰富的负电荷(亲水端),而内部是由碳氢长链(疏水端)形成的疏水环境。小泓(Kobuke)等[42]根据磷脂双分子层脂膜的这一特点,在胆甾酸的尾部利用二异氰酸酯作为桥连基团,设计合成了一系列双胆甾酸-亚二甲苯基二异氰酸酯缀合物 664a~664e(图 6.32)。

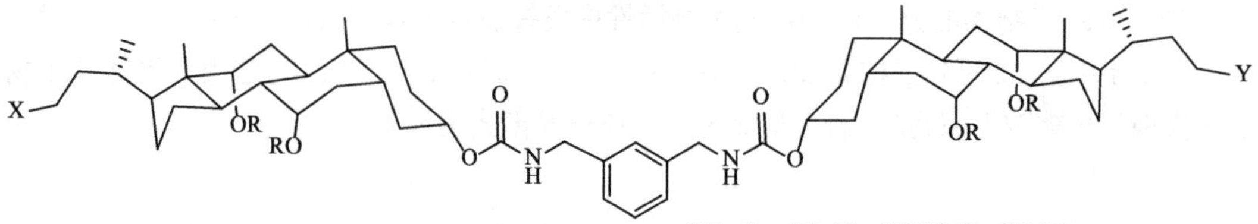

664a R = CH$_3$, X = H$_2$PO$_4$, Y = COOH
664b R = CH$_3$, X = Y = H$_2$COCOCH$_2$N$^+$(CH$_3$)$_3$Cl$^-$
664c R = CH$_3$, X = COOH, Y = CH$_2$OH
664d R = H, X = Y = COOH
664e R = CH$_3$, X = Y = COOH

**图6.32 模拟磷脂双分子层的离子通道型双胆甾酸缀合物**

这一类胆甾酸缀合物的两端基本上都带有电荷,而甾环提供了分子的疏水部分。这两个因素使得胆甾酸缀合物可以与磷脂双分子层脂膜中的磷脂分子平行存在。另一方面,甾环上的羟基或甲氧基与水分子间的氢键作用可能使得几个缀合物分子平行靠近。由此推测,三个或四个缀合物分子可能协同作用,形成图6.33所示的一个以甾环为疏水外部的基于氢键作用的亲水孔道中心[43]。

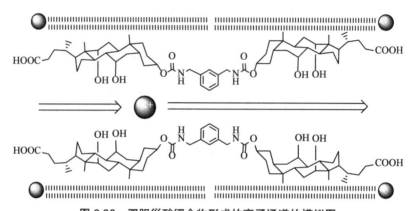

**图6.33 双胆甾酸缀合物形成的离子通道的模拟图**

仔细地对比Regen、Pore和Kobuke小组的研究工作可以发现,他们构建离子通道的基本思路是相似的:三者都试图利用胆甾酸缀合物独特的双亲性结构。缀合物分子中的双亲性结构(胆甾酸部分)增多,可以促使单个双亲性结构之间结合得更为紧密并促进协同作用,从而有利于离子通道的形成。

## 6.10 胆甾与其他分子缀合形成的受体

充分利用胆甾酸的立体结构特点,将胆甾酸与已知的功能体系缀合也是一种常见的构筑超分子体系的策略。杯环芳烃类衍生物由于具有刚性的环状孔道和多修饰位点而成为一种常见的选择。Zhao研究小组利用胆甾酸的面式双亲性和凹形结构,设计合成了一系列新颖的多聚胆甾酸缀合物[44]。将四个胆酸通过酰胺键缀合到四氨基杯芳烃上,可以得到具有双亲性分子篮结构的化合物665a与665b(图6.34)。它们的结合活性可通过溶剂的极性加以调节。在非极性溶剂中,这些分子通过胆甾的极性面结合葡萄糖衍生物等极性分子。在极性溶剂中,这些分子又可以改变构象,亲水面朝向溶剂,利用胆甾的非极性面构成疏水微环境,结合非极性分子。水溶性的分子篮化合物可以结合包括蒽、芘和苝等在内的稠环芳烃类化合物,结合自由能的变化在 21~23 kJ·mol$^{-1}$ 的范围内。

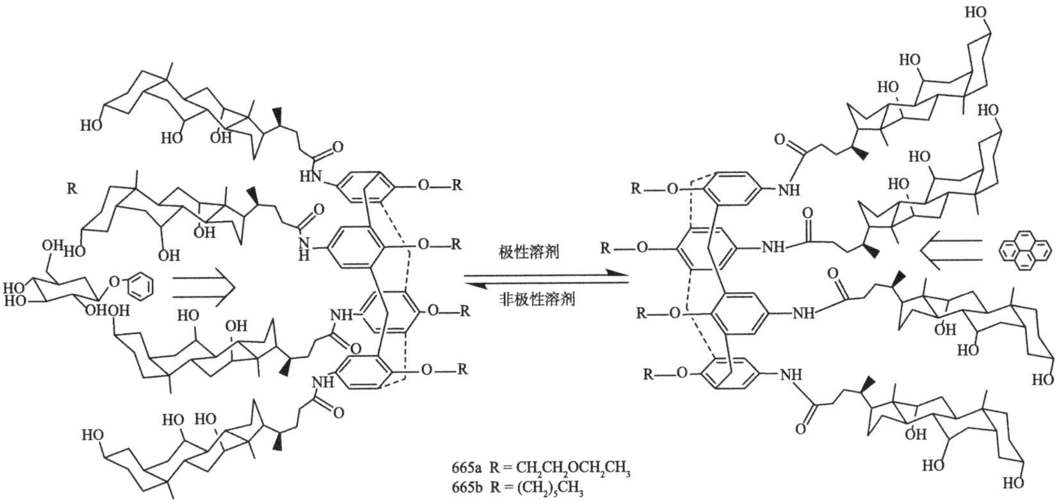

665a R = CH$_2$CH$_2$OCH$_2$CH$_3$
665b R = (CH$_2$)$_5$CH$_3$

**图 6.34　胆甾酸 – 杯环芳烃缀合物**

Zhao 等还尝试将八个胆甾酸分子同时接在卟啉分子上,得到化合物 666(图 6.35)。与 Fe$^{3+}$ 络合后,卟啉分子具有催化烯烃环氧化的功能。在不同的极性溶剂中,受周围胆甾酸分子的影响,只有特定分子可以接触卟啉,发生化学反应。这实际上得到了一种具有选择性的纳米反应器[45]。

## 6.11　伞形分子

1996 年 Regen 等提出了分子伞的概念,即模仿雨伞的结构和功能而设计合成的一类分子。分子伞的伞面由双亲性分子组成,当其处于极性环境中时,伞面的亲水基团指向外侧,从而形成一个疏水的空腔;而处于非极性环境中时,伞面的疏水基团指向外侧,形成一个亲水的空腔。由于伞内空腔的性质可以随着外界环境极性的改变而改变,因而可以用分子伞包裹与外部环境不相容的药物分子,从而达到传输药物的目的。胆酸作为一种天然的且具有刚性结构的双亲性分子,非常适合充当分子伞的伞面。

Regen 等利用胆酸和亚精胺分别作为分子伞的伞面和中心支撑架,合成了双臂和四臂的分子伞(667 和 668,图 6.36)。实验表明,这些分子伞可以运输亲水性多肽、巯基化的 AMP 和 ATP、寡核苷酸等通过磷脂双分子膜。通过磷脂双分子膜时,分子伞呈屏蔽构象,使亲水性试剂处于亲水空腔内,从而顺利运输亲水性试剂通过磷脂双分子膜(图 6.37)[46-47]。另外,他们通过研究发现,分子伞的运输速度与其尺寸有关,通常分子伞的尺寸越大,运输速度越大。更有意思的是,他们还发现亲油性较差的分子伞更容易通过磷脂双分子层。适当增强分子伞的亲油性可使其具有离子载体的功能,这提升了人们对分子伞的认识,开拓了分子伞的应用领域。

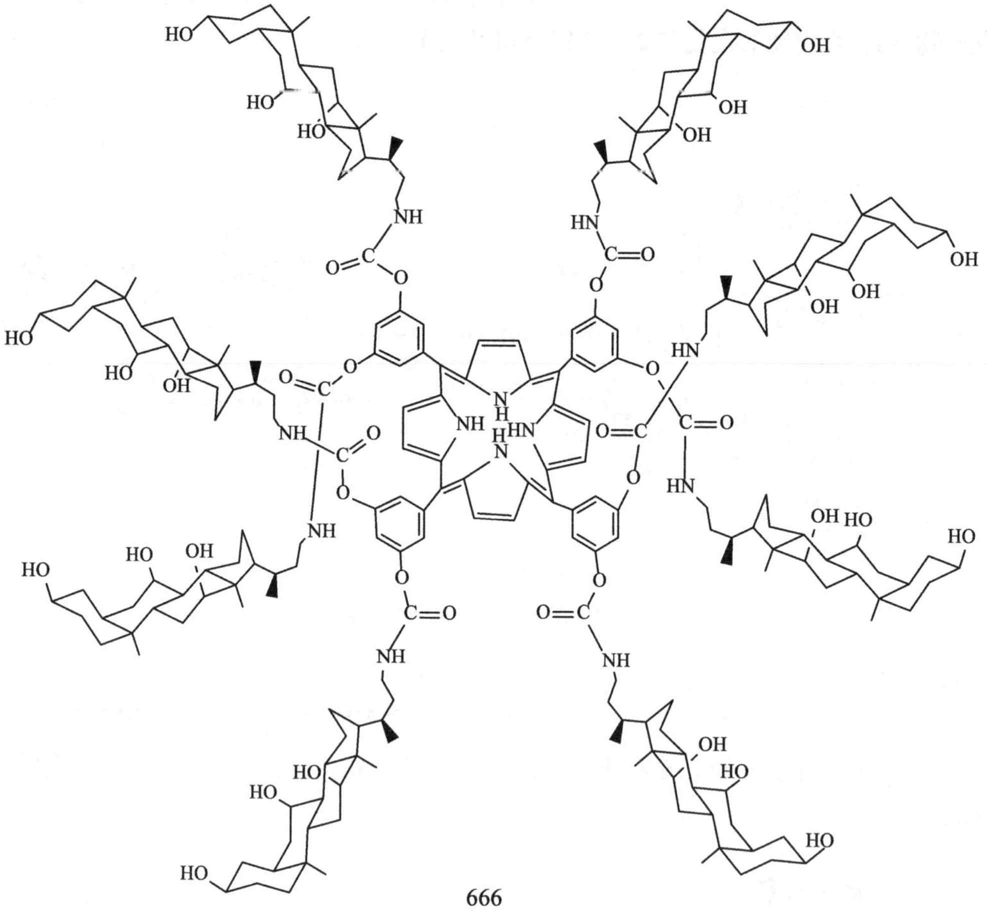

666

图 6.35　胆甾酸 – 卟啉缀合物

Ryu 等以胆酸为分子伞的伞面,合成了很多具有不同中心支撑架、不同臂数及不同臂长的分子伞 669(图 6.38)。在不同极性的溶剂中,这些分子伞的构象可以发生变化,构象稳定程度与臂数及臂长有直接的联系[48]。如果在伞面上修饰对光敏感的基团,则可以得到对溶剂的极性和光双重敏感的分子伞[49],这为设计合成新型的具有多重敏感性的分子伞提供了一个很好的思路。

吉井(Yoshii)等合成了图 6.38 所示的分子伞 670 作为人造离子通道,$K^+$ 等可以借助这种通道通过磷脂双分子膜[43]。

穆霍帕迪亚(Mukhopadhyay)等[50]报道了图 6.39 所示的三臂分子伞 671。这种分子伞具有很强的凝胶化能力,一个伞形分子可以使周围的 $10^5$ 个水分子形成凝胶,而且形成的凝胶可以作为制造金属氧化物纳米管的模板。

667

668

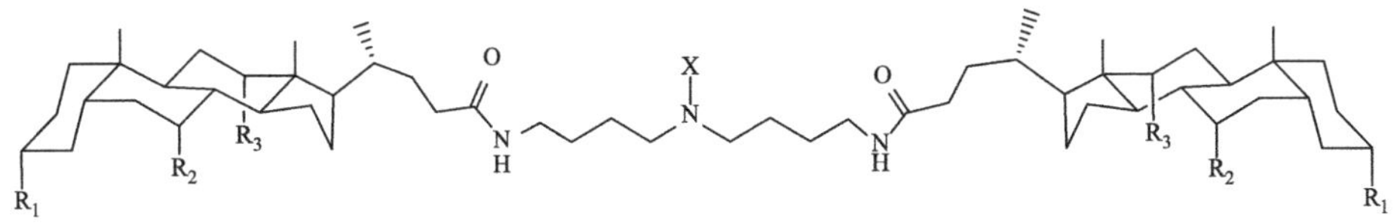

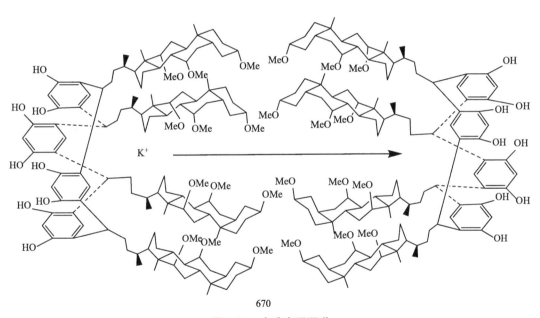

图 6.36 双臂分子伞和四臂分子伞

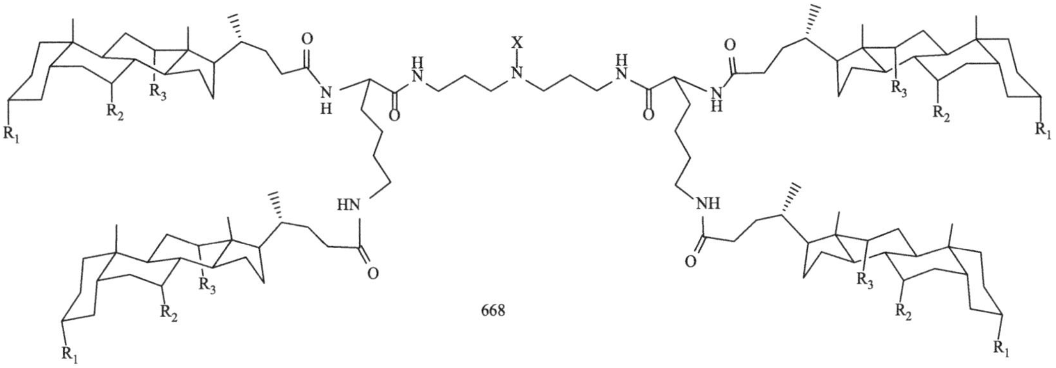

（X 指可与所运输基团相连接的伞柄，R = OH，$OCH_3$，$OCONH_2$ 或 $OSO_3Na$）

670

图 6.37 人造离子通道

Zhu 课题组合成了图 6.40 所示的一系列双臂、三臂和四臂分子伞。这些分子伞在水中，胆酸的羧基向外，伞内的疏水空腔可以容纳芘（pyrene）等疏水性试剂；而在有机溶剂 THF 中，胆酸的羟基向内，形成的亲水空腔可以容纳亲水性试剂荧光黄（HPTS）。在水和 THF 的混合溶剂中，当水的比例达到 80% 时，伞内为疏水空腔；当水的比例下降到 20% 以下时，分子伞翻转，形成亲水空腔。这些既可以容纳亲水性试剂又可以容纳疏水性试剂的分子伞在药物传输上有潜在的应用价值[51]。

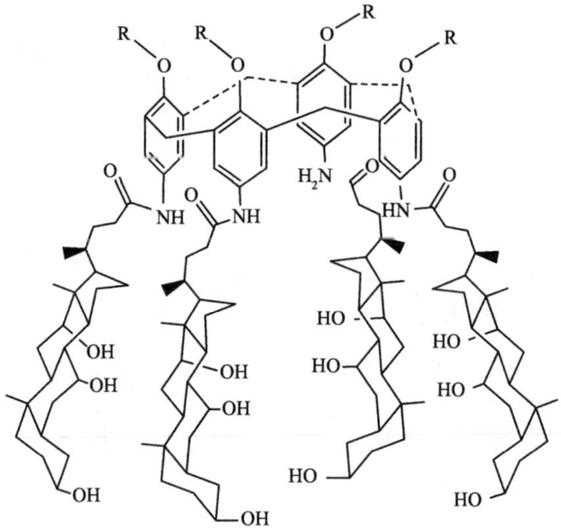

669

图 6.38 胆酸作为伞面的四臂分子伞

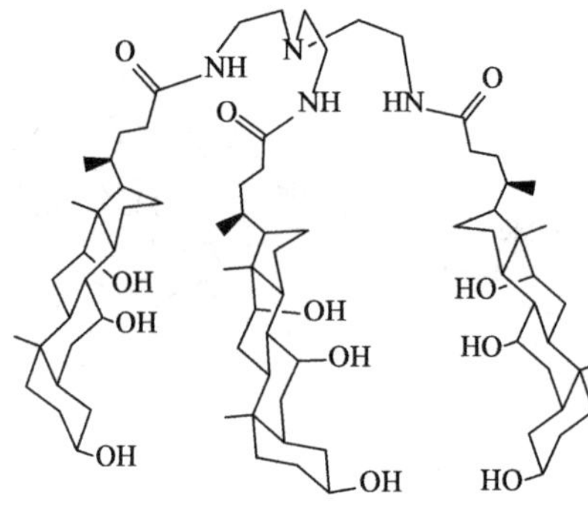

671

图 6.39 可以作为凝胶化试剂的三臂分子伞

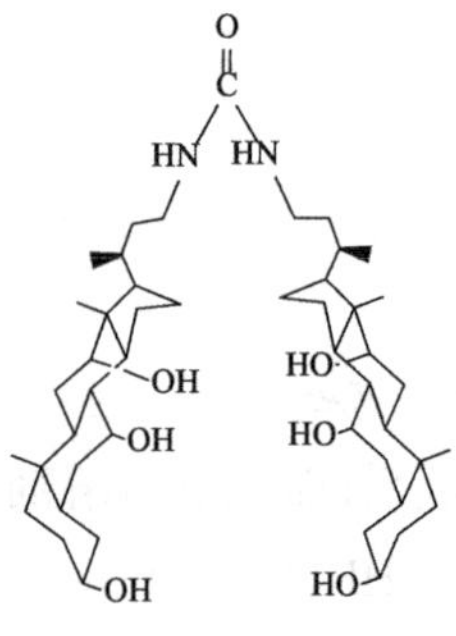

672 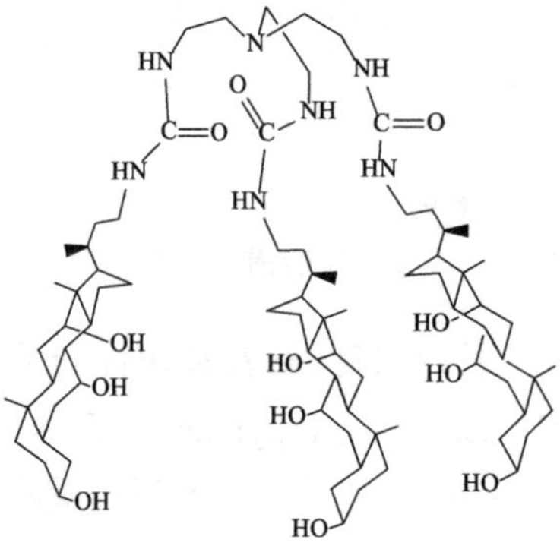　　673 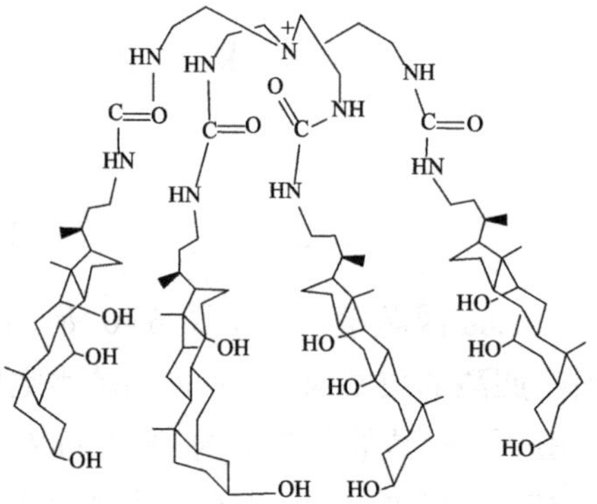　　674

图 6.40 双臂、三臂和四臂分子伞

## 参考文献

[1] 薛翠花, 牟其明, 陈淑华. 胆甾类人工受体的分子识别研究进展 [J]. 有机化学, 2002, 22:853-861.

[2] MAITRA U, D'SOUZA L J. Bile acid based semi-rigid molecular tweezers[J]. J Chem Soc, Chem Commun, 1994,24:2793-2795.

[3] POTLURI V K, MAITRA U. Bile acid-derived molecular tweezers: study of solvent effects in binding, and determination of thermodynamic parameters by an extraction-based protocol[J]. The Journal of Organic Chemistry, 2000, 65(23): 7764-7769.

[4] LEE S K, HAN Y, CHOI Y, et al. A new dihydrogen phosphate selective anion receptor utilizing carbazole and indole[J]. Journal of Inclusion Phenomena, 2012, 74(1-4): 177-182.

[5] KI S K, HONG S K. A hyodeoxycholic acid-based molecular tweezer: a highly selective fluoride anion receptor[J]. Tetrahedron, 2005, 61(52):12366-12370.

[6] LIU X L, ZHAO Z G, CHEN S H. Design and synthesis of novel tweezer anion receptors based on deoxycholic acid[J]. Chemistry Letters, 2007, 18(3): 287-290.

[7] CHAHAR M, UPRETI S, PANDEY P S. Anion recognition by bisimidazolium and bisbenzimidazolium cholapods. Tetrahedron[J], 2007, 63:171-176.

[8] JUN H S, JEONG I S, LEE M H. Ion-selective electrodes based on molecular tweezer-type neutral carriers[J]. Talanta, 2004, 63(1): 61-71.

[9] LIU S Y, LAW K Y, HE Y B, et al. Fluorescent enantioselective receptor for S-mandelate anion based on cholic acid[J]. Tetrahedron Letters, 2006, 47(45): 7857-7860.

[10] LIU S Y, HE Y B, CHAN W H, et al. Cholic acid-based high sensitivity fluorescent sensor for $\alpha, \omega$-dicarboxylate: an intramolecular excimer emission quenched by complexation[J].Tetrahedron, 2006, 62(50): 11687-11696.

[11] LEI F, CHAN W H, HE Y B, et al. Fluorescent anion sensor derived from cholic acid: the use of flexible side chain[J]. The Journal of Organic Chemistry, 2005, 70(19): 7640-7646.

[12] WANG H, CHAN W H. Cholic acid-based fluorescent sensor for mercuric and methyl mercuric ion in aqueous solutions[J]. Tetrahedron, 2007, 63(36):8825-8830.

[13] BROTHERHOOD P R, DAVIS A P. Steroid-based anion receptors and transporters[J]. Chemical Society Reviews, 2010, 39(39): 3633-3647.

[14] SIRACUSA L, HURLEY F M, DRESEN S, et al. Steroidal ureas as enantioselective receptors for an N-acetyl alpha-amino carboxylate[J]. Organic Letters, 2002, 4(26): 4639-4642.

[15] LIU S Y, HE Y B, CHAN W H, et al. Cholic-acid-based fluorescent sensor for dicarboxylates and acidic amino acids in aqueous solutions[J]. Organic Letters, 2005, 7(26): 5825-5828.

[16] 薛翠花,牟其明,陈淑华. 氨基甲酸酯型脱氧胆酸分子钳对氨基酸甲酯的手性识别研究[J]. 化学学报,2002,60(2):355-359.

[17] ZENG B T, ZHAO Z G, LIU X L, et al. Microwave assisted one-pot synthesis of novel molecular clefts with only one chiral arm based on deoxycholic acid[J]. Chinese Chemical Letters, 2008, 19(1): 33-36.

[18] DIEDERICH F, DICK K. A new water-soluble macrocyclic host of the cyclophane type: host-guest complexation with aromatic guests in aqueous solution and acceleration of the transport of arenes through an aqueous phase[J]. Journal of the American Chemical Society, 2002, 106(26): 8024-8036.

[19] EVANS S M, BURROWS C J, VENANZI C A. Design of cholic acid macrocycles as hosts for molecular recognition of monosaccharides[J]. J Mol Struct. 1995, 334: 193-205.

[20] BONAR-LAW R P, DAVIS A P. Cholic acid as an architectural component in biomimetic / molecular recognition chemistry: synthesis of the first "cholaphanes"[J]. Tetrahedron 1993, 49, 9829-9844.

[21] BONAR-LAW R P, DAVIS A P. Synthesis of steroidal cyclodimers from cholic acid: a molecular framework with potential for recognition and catalysis[J]. J Chem Soc, Chem Commun, 1989,15: 1050-1052.

[22] BONAR-LAW R P, DAVIS A P, SANDERS J K M. New procedures for selectively protected cholic acid derivatives. Regioselective protection of the $12\alpha$-OH group, and $t$-butyl esterification of the carboxyl group[J]. J Chem Soc, Perkin Trans 1, 1990, 1: 2245-2250.

[23] DAVIS A P, ORCHARD M G, SLAWIN A M Z, et al. Synthesis and X-ray crystal structure of a new 'cholaphane' with externally directed functionality[J]. Journal of the Chemical Society, Chemical Communications, 1991,9: 612-614.

[24] BHATTARAI K M, BONAR-LAW R P, DAVIS A P, et al. Diastereo- and enantio-selective binding of octyl glucosides by an artificial receptor[J]. Journal of the Chemical Society, Chemical Communications, 1992, 10(10): 752-754.

[25] BONAR-LAW R P, SANDERS J K M. Polyol recognition by a steroid-capped porphyrin—enhancement and modulation of misfit guest binding by added water or methanol[J]. Journal of the Chemical Society,1995, 117(1): 259-271.

[26] BONAR-LAW R P, MACKAY L G, SANDERS J K M. Morphine recognition by a porphyrin-cyclocholate molecular bowl[J]. Journal of the Chemical Society, Chemical Communications, 1993, 5(5): 456-458.

[27] MACKEY L G, BONAR-LAW R P, SANDERS J K M. Concise synthesis of a porphyrin-

cyclocholate molecular bowl[J]. Journal of the Chemical Society, Perkin Transactions 1, 1993,1( 13 ): 1377-1378.

[28] BONAR-LAW R P, SANDERS J K M. Synthesis of cyclocholate-capped porphyrins[J]. J Chem Soc, Perkin Trans 1,1995,1( 24 ):3085-3096.

[29] DAVIS A P, GILMER J F, PERRY J J. A steroid-based cryptand for halide anions[J]. Angew Chem Int Ed, 1996, 35:1312-1315.

[30] GHOSH S, CHOUDHURY A R, GURU ROW T N, et al. Selective and unusual fluoride ion complexation by a steroidal receptor using OH...F⁻ and CH...F⁻ interactions: a new motif for anion coordination? [J]. Org Lett, 2005, 7:1441-1444.

[31] AHERA N G, PORE V S, PATIL S P. Design, synthesis, and micellar properties of bile acid dimmers and oligomers linked with a 1, 2, 3-triazole ring[J]. Tetrahedron, 2007, 24: 12927-12934.

[32] JOACHIMIAK R, PARYZEK Z. Synthesis and alkaline metal ion binding ability of new steroid dimers derived from cholic and lithocholic acids[J]. J Inclusion Phenom, 2004, 49: 4600-4606.

[33] BRADY P A, BONAR-LAW R P, ROWAN S J, et al. 'Living' macrolactonisation: thermodynamically-controlled cyclisation and interconversion of oligocholates[J]. J Chem Soc, Chem Commun, 1996,3( 3 ): 319-320.

[34] KIKUCHI J, MATSUSHIMA C, TANAKA Y, et al. Molecular recognition by macrocyclic receptors having multiple hydrophobic branches in a synthetic bilayer membrane[J]. Journal of Physical Organic Chemistry,1992, 5( 10 ): 633-643.

[35] GEALL A J, AL-HADITHI D, BLAGBROUGH I S. Spermine and thermine conjugates of cholic acid condense DNA, but lithocholic acid polyamine conjugates do so more efficiently[J]. Chemical Communications, 1998, 18( 18 ): 2035-2036.

[36] MCKENNA J, MCKENNA J M, THORNTHWAITE D W. Bis-steroids as potential enzyme models: perylene solubilization and dye spectral changes with aqueous solutions of some derivatives of conessine and cholic acid[J]. J Chem Soc, Chem Commun, 1977( 22 ): 809-811.

[37] BORROWS C J, SAUTE R A. Synthesis and conformational studies of a new host system based on cholic acid[J]. J Inclusion Phenom, 1987, 5:117-121.

[38] SEGURA M, ALCAZAR V, PRADOS P, et al. Synthetic receptors for uronic acid salts based on bicyclic guanidinium and deoxycholic acid subunits[J]. Tetrahedron, 1997, 53: 13119-13128.

[39] BANDYOPADHYAY P, JANOUT V, ZHANG L H, et al. Ion conductors derived from cholic acid and spermine: importance of facial hydrophilicity on Na⁺ transport and membrane selectivity[J]. J Am Chem Soc, 2001, 123:7691-7696.

[40] ZHANG J B, JING B W, REGEN S L. Kinetic evidence for the existence and mechanism of formation of a barrel stave structure from pore-forming dendrimers[J]. J Am Chem Soc, 2003, 125:13984-13987.

[41] SALUNKE D B, HAZRA B G, PORE V S, et al. New steroidal dimers with antifungal and antiproliferative activity. J Med Chem, 2004, 47:1591-1594.

[42] KOBUKE Y, NAGATANI T. Transmembrane ion channels constructed of cholic acid derivatives[J]. J Org Chem, 2001, 66:5094-5101.

[43] YOSHII M, YAMAMURA M, SATAKE A, et al. Supramolecular ion channels from a transmembrane bischolic acid derivative showing two discrete conductances[J]. Org Biomol Chem, 2004, 2:2619-2623.

[44] ZHAO Y, ZHONG Z. Oligomeric cholates: amphiphilic foldamers with nanometer-sized hydrophilic cavities[J]. J Am Chem Soc, 2005, 127:17894-17901.

[45] ZHOU Y, RYU E, ZHAO Y, et al. Solvent-responsive metalloporphyrins: binding and catalysis[J]. Organometallics, 2007, 26:358-364.

[46] JANOUT V, REGEN S L. A needle-and-thread approach to bilayer transport: permeation of a molecular umbrella-oligonucleotide conjugate across a phospholipid membrane[J].J Am Chem Soc, 2005,127:22-23.

[47] JANOUT V, REGEN S L. Bioconjugate-based molecular umbrellas[J]. Bioconjugate Chem 2009,20( 2 ): 183-192.

[48] RYU E H, YAN J, ZHONG Z Q, et al. Solvent-induced amphiphilic molecular baskets: unimolecular reversed micelles with different size, shape, and flexibility[J]. J Org Chem, 2006, 71( 19 ):7205-7213.

[49] RYU E H, ZHAO Y. Anamphiphilie molecular basket sensitive to both solvent changes and UV radiation[J]. J Org Chem, 2006, 71( 25 ): 9491-9494.

[50] MUKHOPADHYAY S, MAITRA U, Ira I. et al. Structure and dynamics of a molecular hydrogel derived from a tripodal cholamide[J]. J Am Chem Soc, 2004, 126 ( 48 ): 15905-15914.

[51] CHEN Y L, LUO J T, ZHU X X. Fluorescence study of inclusion complexes between star-shaped cholic acid derivatives and poly cyclic aromatic fluorescent probes and the size effects of host and guest molecules[J]. J Phys Chem B, 2008, 112 :3402-3409.

# 附表　人和动物体内的胆汁酸

| 人和动物名称 | 所含胆汁酸种类 | 结构式 |
|---|---|---|
| 人 | 胆酸 | 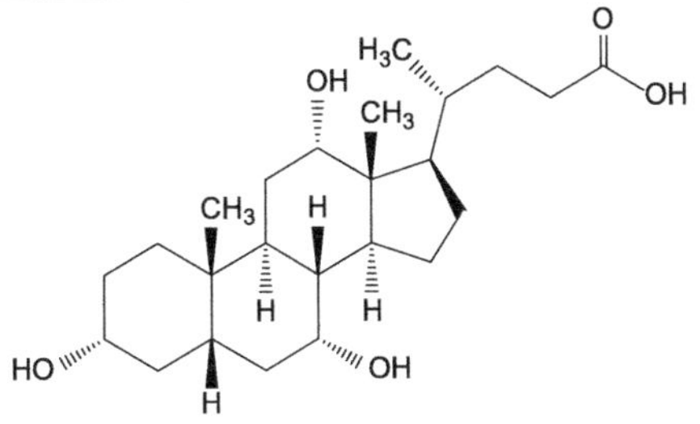 |
| | 石胆酸 | 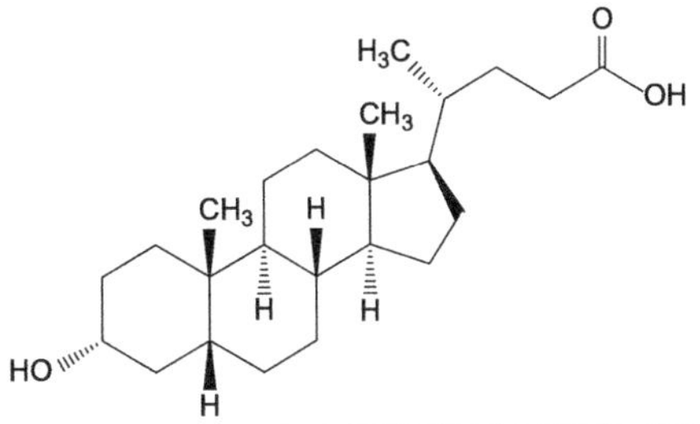 |
| | 鹅去氧胆酸 | 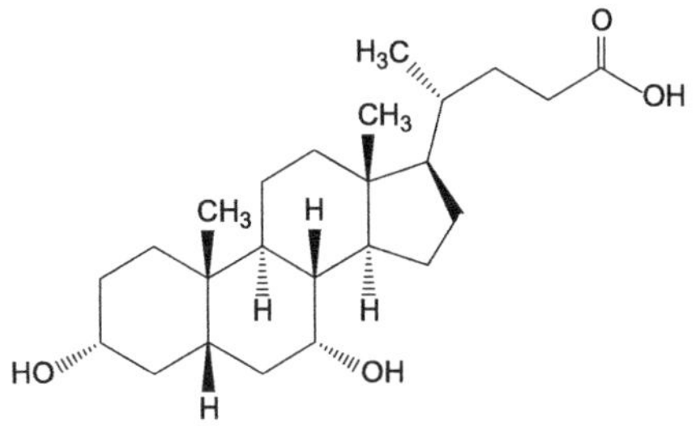 |
| | 熊去氧胆酸 | 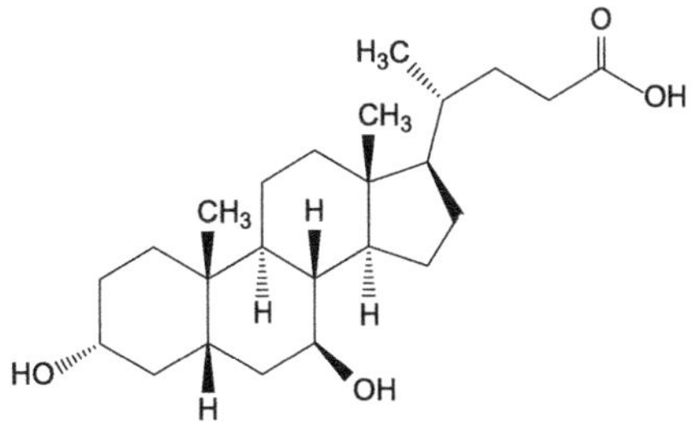 |
| | 去氧胆酸 | 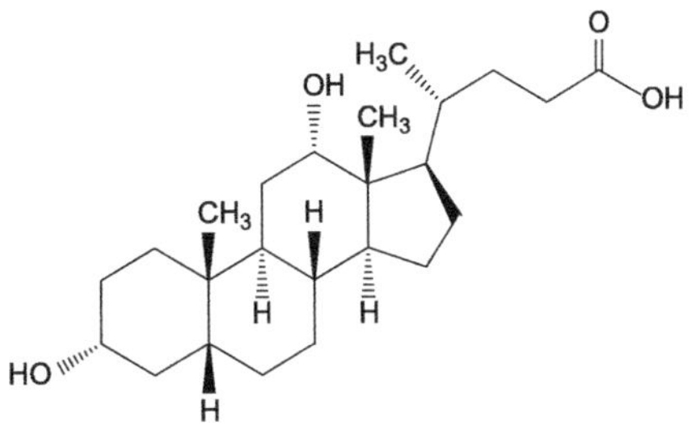 |

续表

| 人和动物名称 | 所含胆汁酸种类 | 结构式 |
|---|---|---|
| 人 | 别去氧胆酸 | 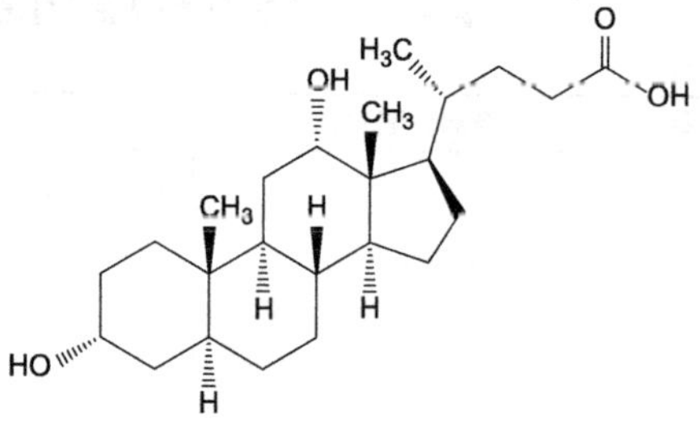 |
| | $3\alpha,7\alpha,12\alpha$-三羟基-25-$D$-粪甾烷酸 | 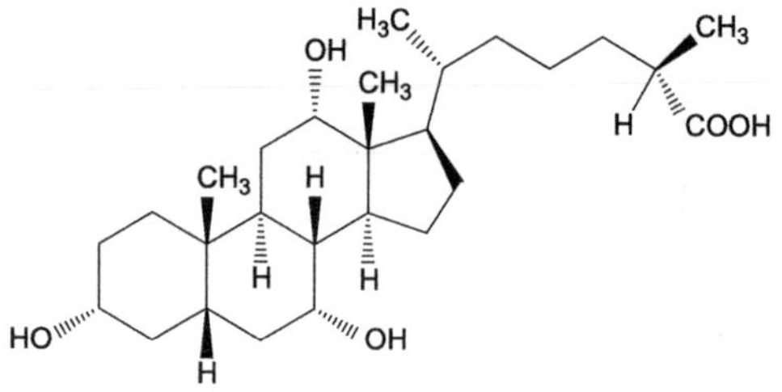 |
| | $3\alpha,7\alpha,12\alpha$-三羟基-25-$L$-粪甾烷酸 | 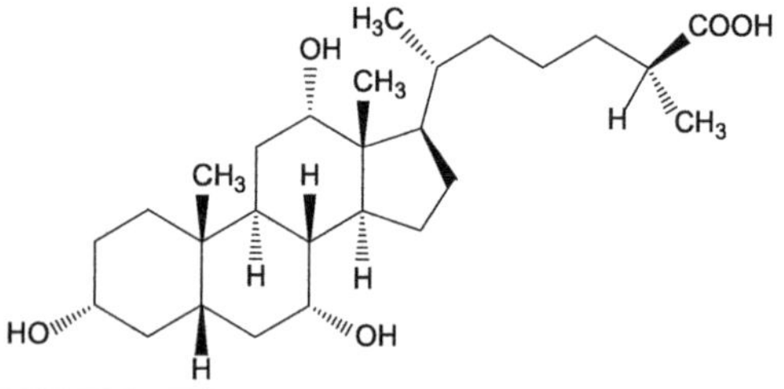 |
| 牛 | 胆酸 | 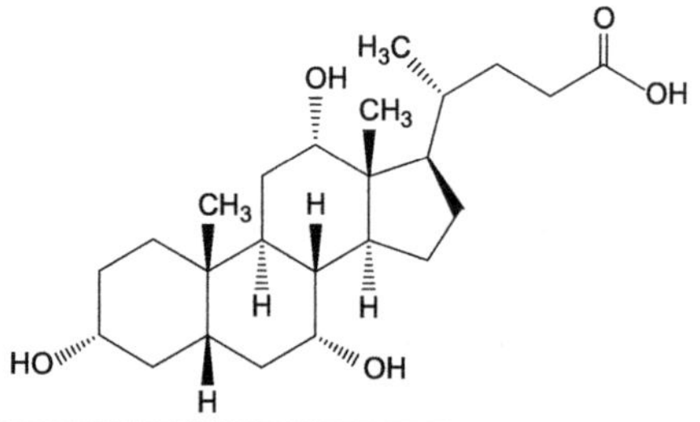 |
| | 熊去氧胆酸 | 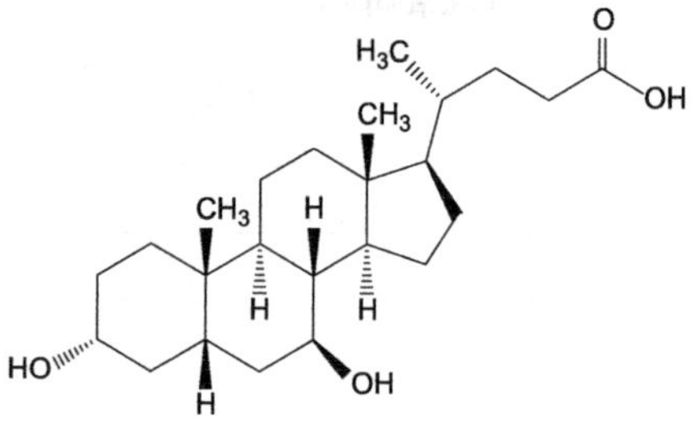 |

附表 人和动物体内的胆汁酸

续表

| 人和动物名称 | 所含胆汁酸种类 | 结构式 |
|---|---|---|
| 牛 | 鹅去氧胆酸 | 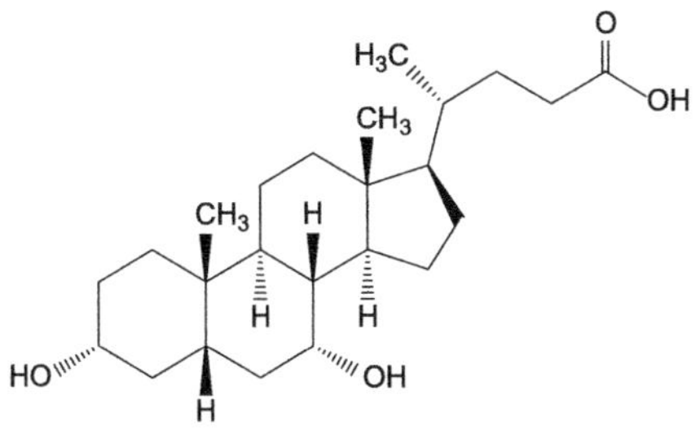 |
| | 去氧胆酸 | 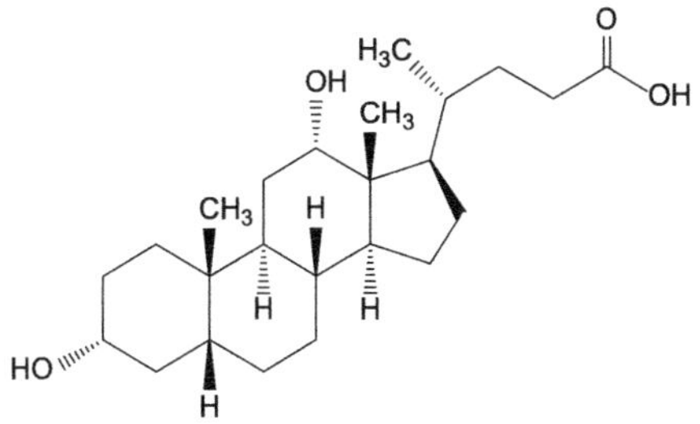 |
| | 别去氧胆酸 | 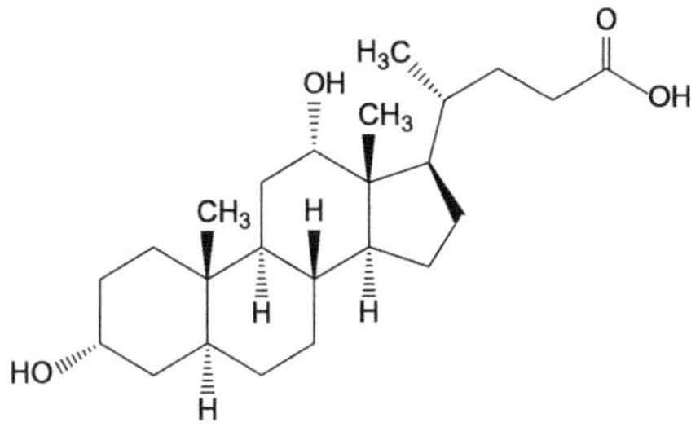 |
| | 石胆酸 | 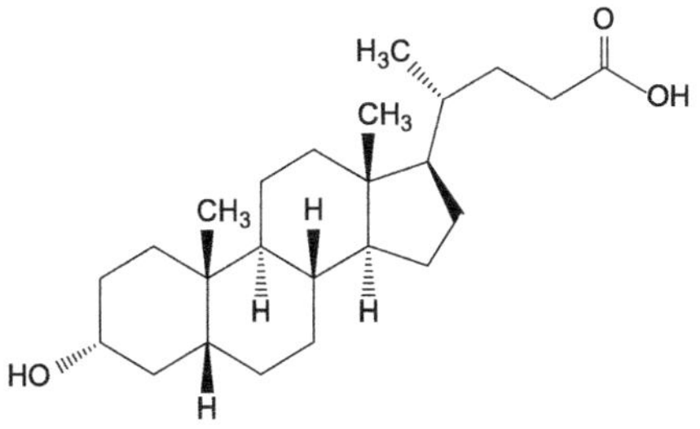 |
| | 3α-羟基-12-酮胆烷酸 | 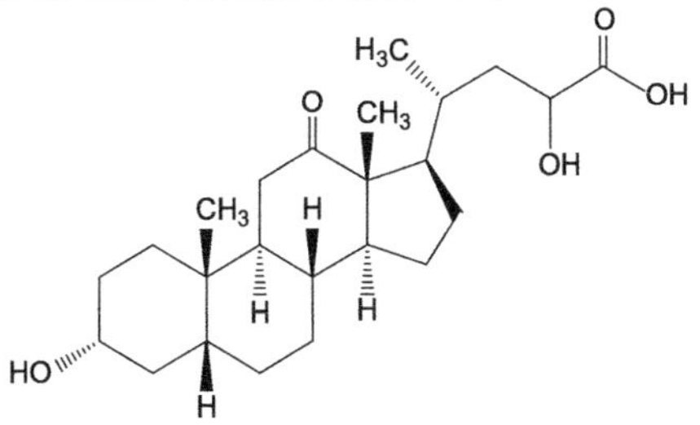 |

| 人和动物名称 | 所含胆汁酸种类 | 结构式 |
|---|---|---|
| 牛 | $3\alpha,12\alpha$-二羟基-7-酮胆烷酸 | 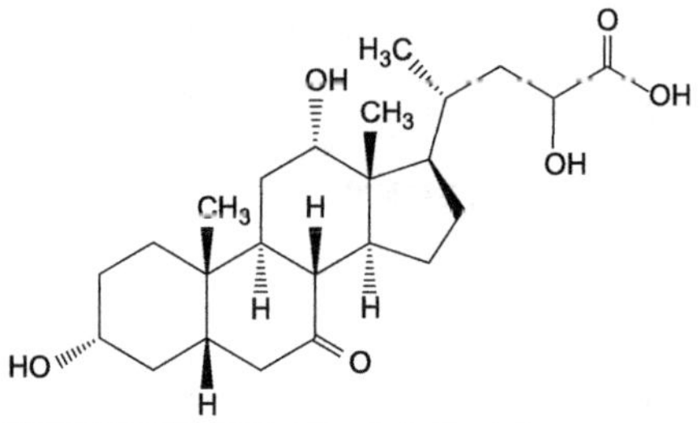 |
| | $7\alpha,12\alpha$-二羟基-3-酮胆烷酸 | 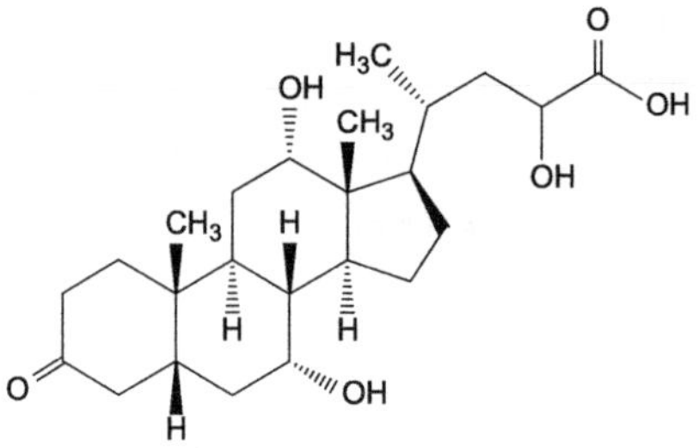 |
| | $3\alpha$-羟基-7,12-二酮胆烷酸 | 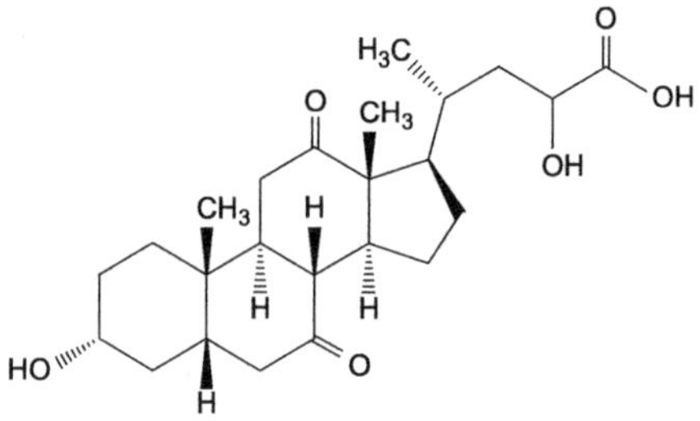 |
| 猪 | $\alpha$-猪去氧胆酸 | 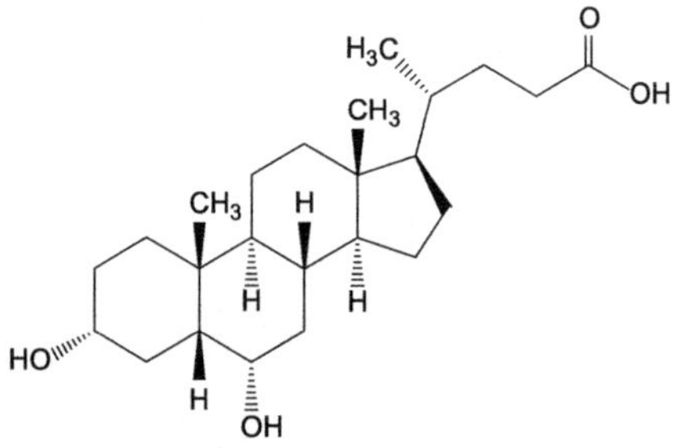 |
| | $3\alpha,6\beta$-猪去氧胆酸 | 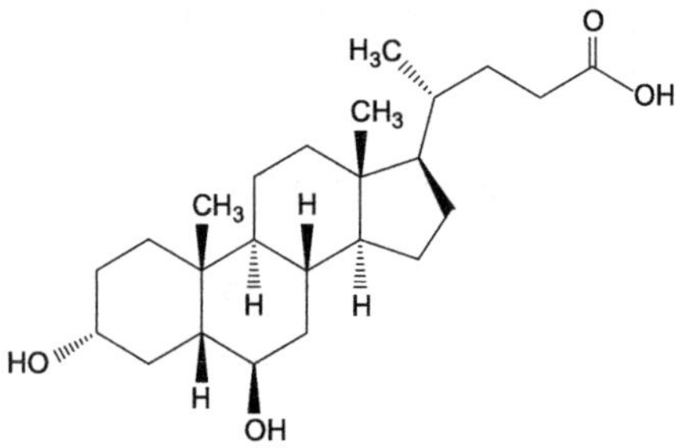 |

## 附表 人和动物体内的胆汁酸

续表

| 人和动物名称 | 所含胆汁酸种类 | 结构式 |
|---|---|---|
| 猪 | 3β,6α-猪去氧胆酸 | 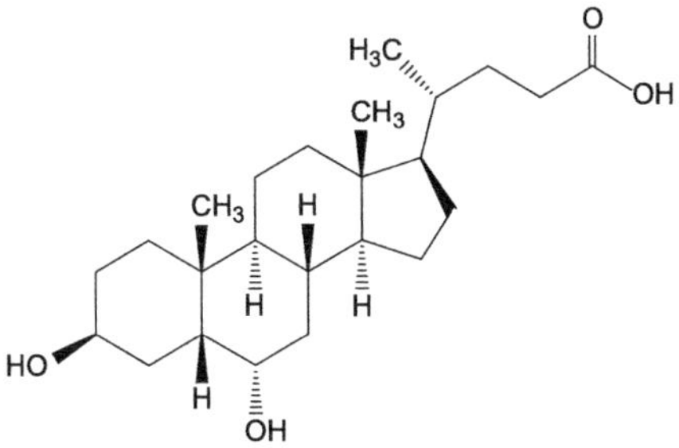 |
| | 猪胆酸 | 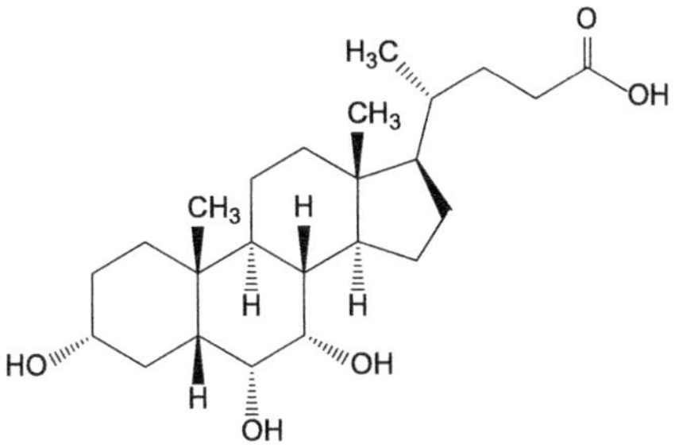 |
| | 石胆酸 | 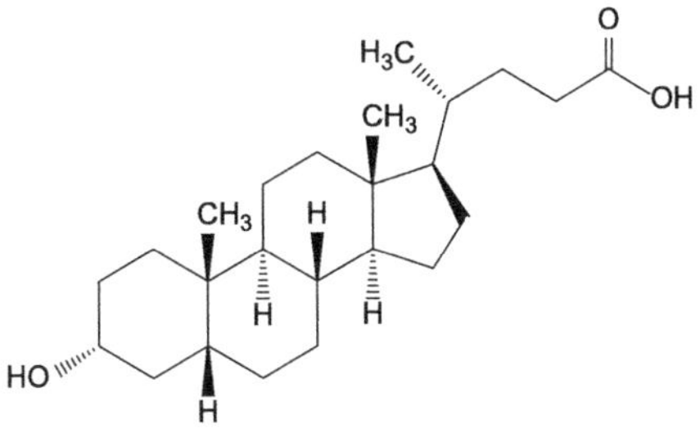 |
| | 鹅去氧胆酸 | 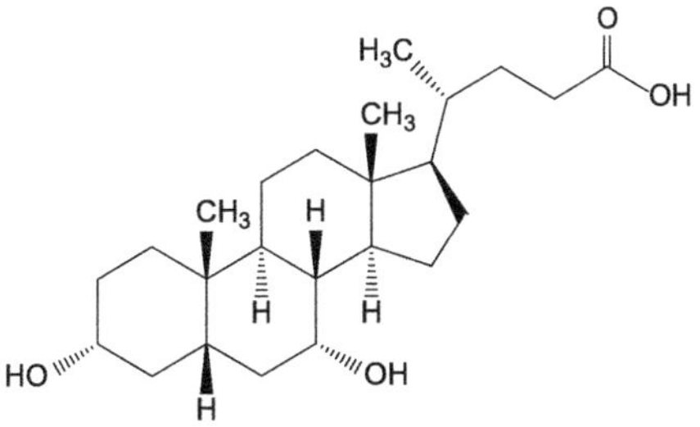 |
| | 3α-羟基-6-酮胆烷酸 | 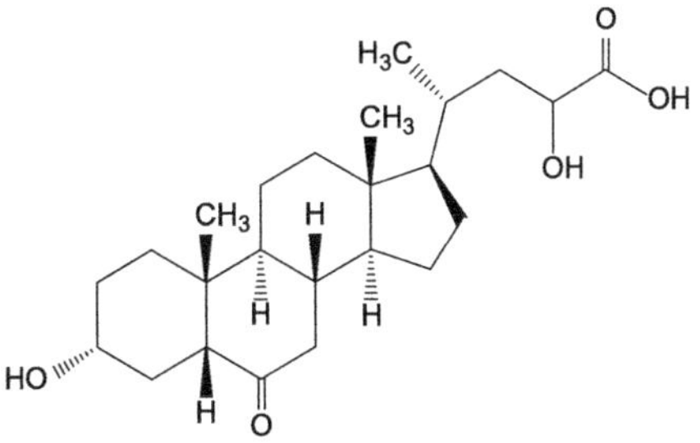 |

续表

| 人和动物名称 | 所含胆汁酸种类 | 结构式 |
|---|---|---|
| 猪 | 3α-羟基-6-酮别胆烷酸 | 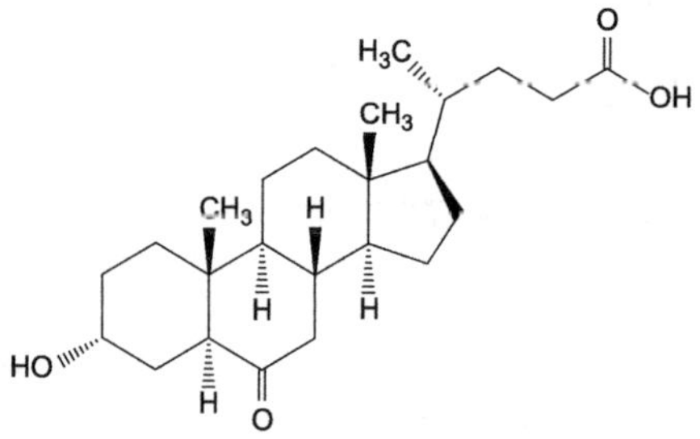 |
| 羊 | 去氧胆酸 | 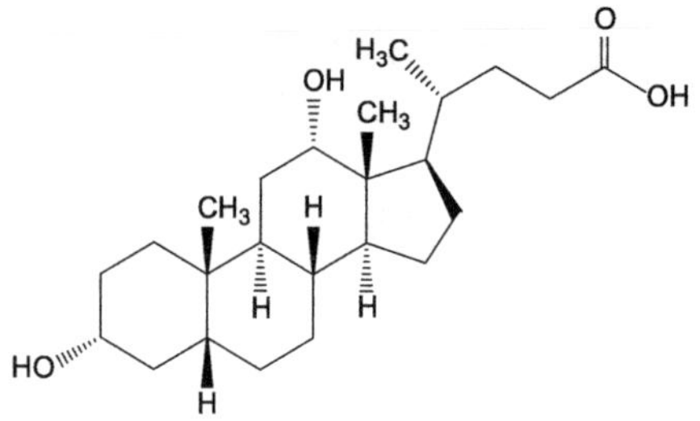 |
| 羊 | 别去氧胆酸 | 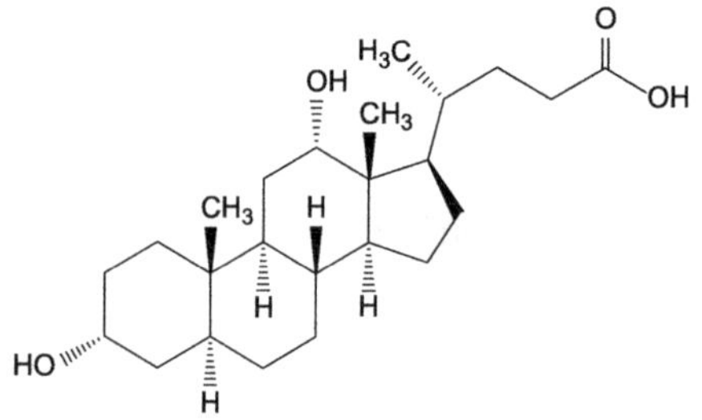 |
| 羊 | 胆酸 | 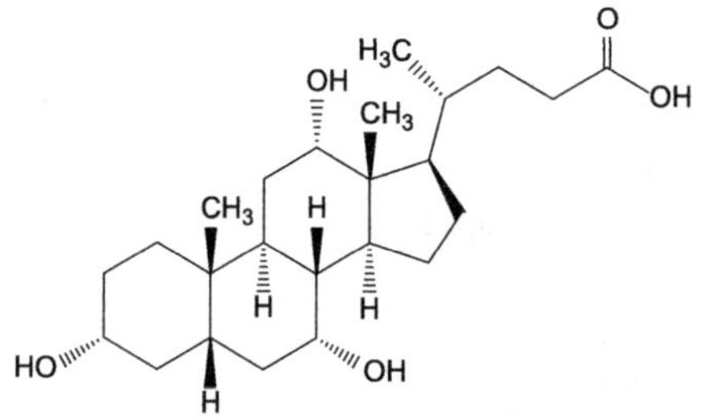 |
| 兔 | 石胆酸 | 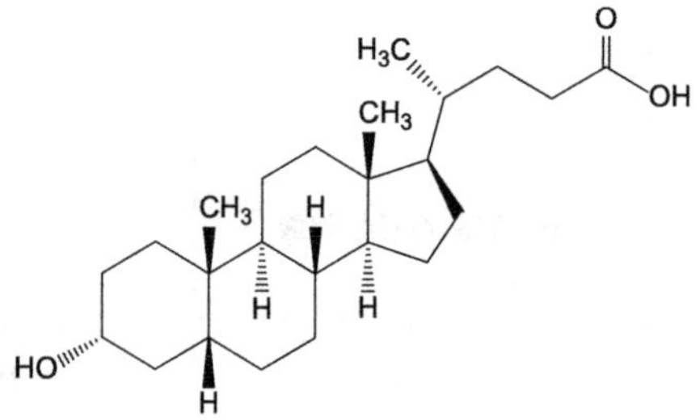 |

附表  人和动物体内的胆汁酸

续表

| 人和动物名称 | 所含胆汁酸种类 | 结构式 |
| --- | --- | --- |
| 兔 | 去氧胆酸 | 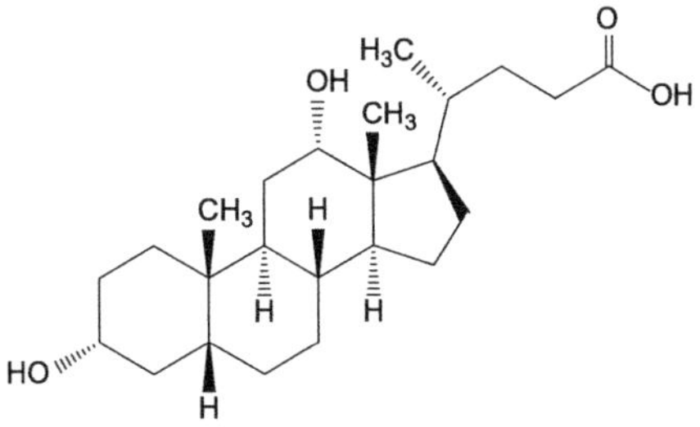 |
| | 别去氧胆酸 | 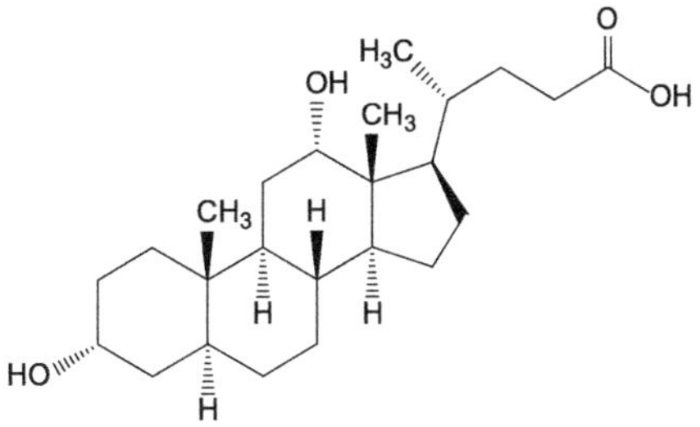 |
| 熊 | 熊去氧胆酸 | 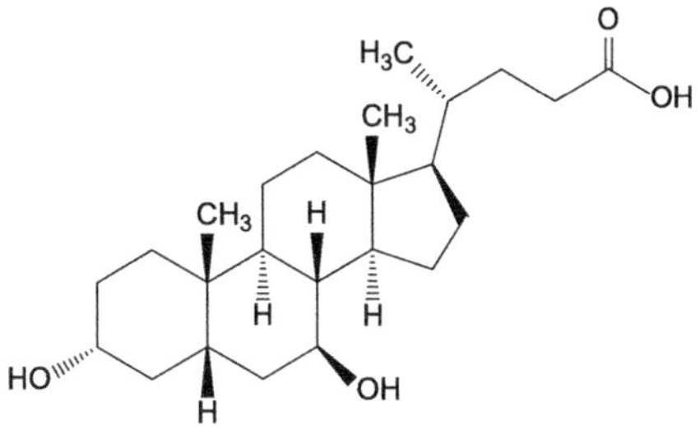 |
| | 鹅去氧胆酸 | 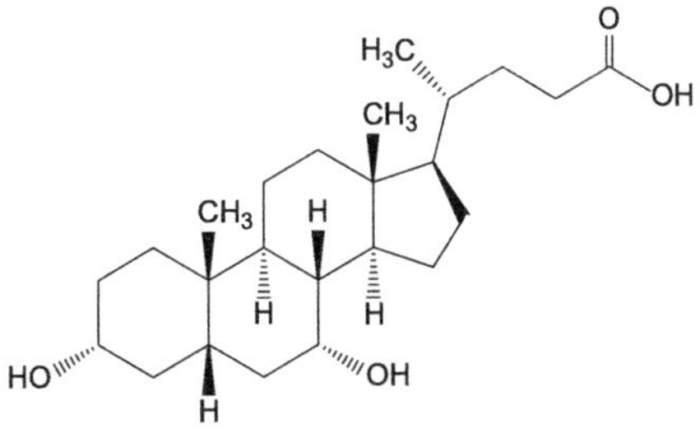 |
| | 胆酸 | 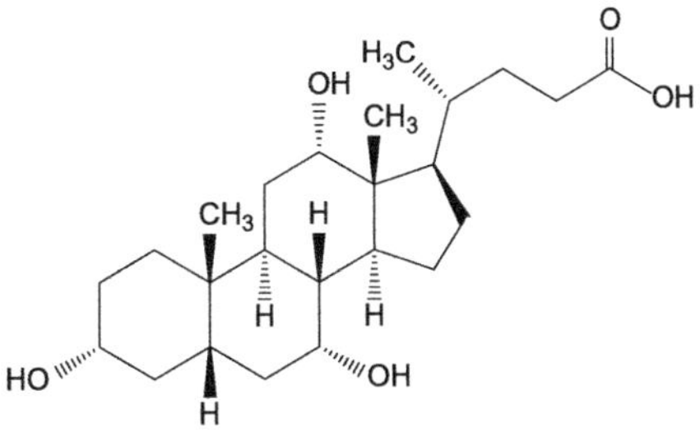 |

续表

| 人和动物名称 | 所含胆汁酸种类 | 结构式 |
|---|---|---|
| 鼠 | 鹅去氧胆酸 | 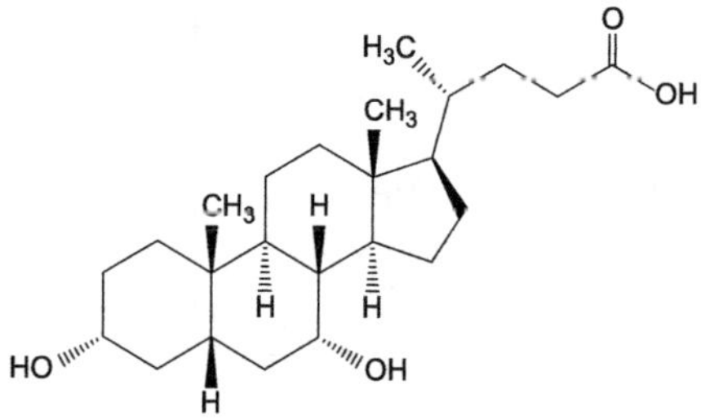 |
| | 胆酸 | 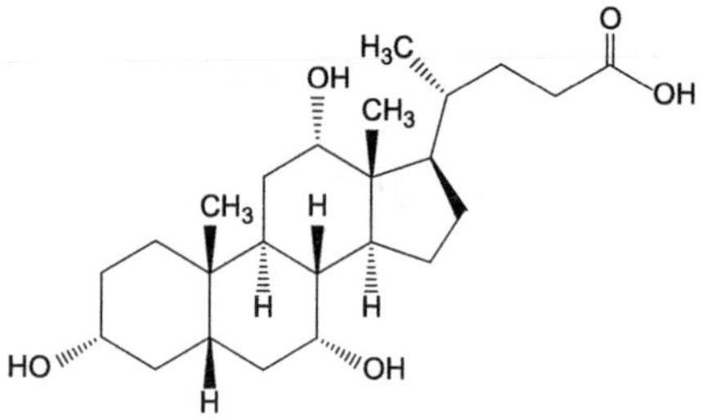 |
| | α-鼠胆酸 | 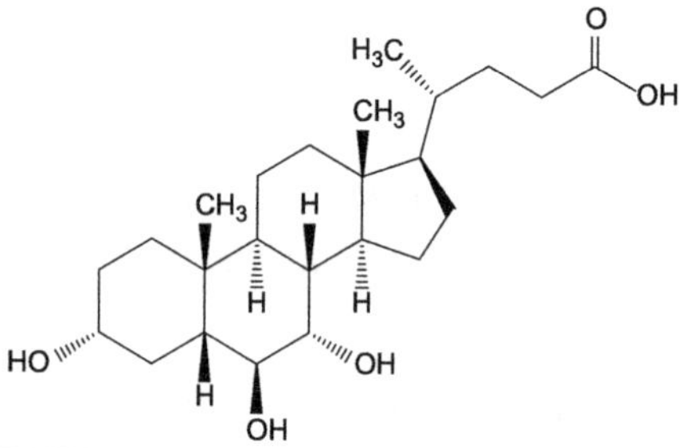 |
| | β-鼠胆酸 | 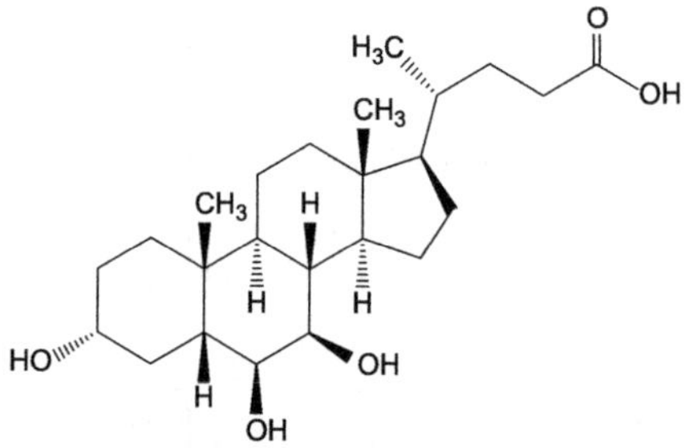 |
| 鸡 | 鹅去氧胆酸 | 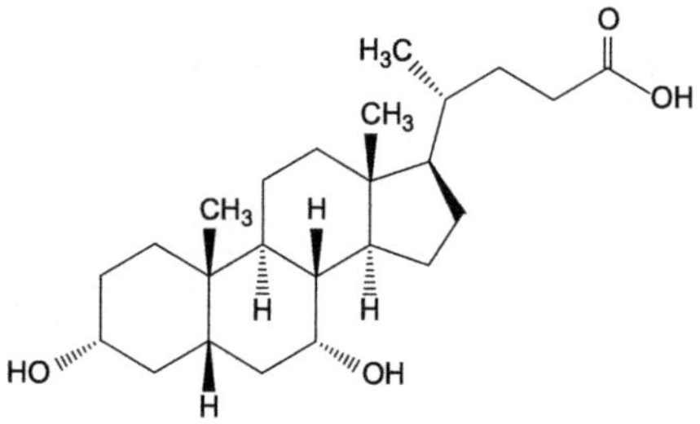 |

附表　人和动物体内的胆汁酸

续表

| 人和动物名称 | 所含胆汁酸种类 | 结构式 |
|---|---|---|
| 鸡 | 胆酸 | 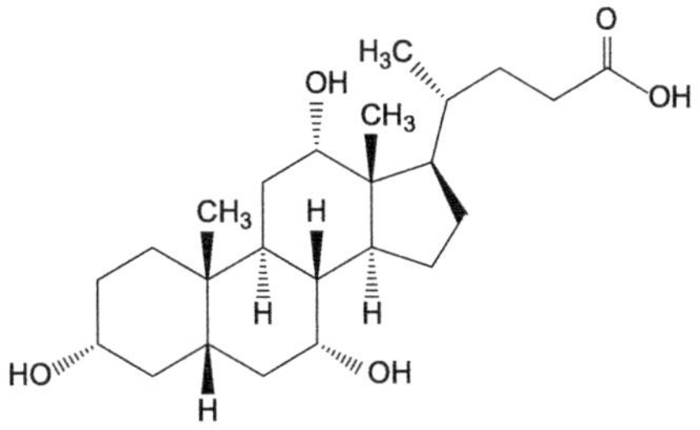 |
| | 3-酮基-4,6-二烯胆烯酸 | 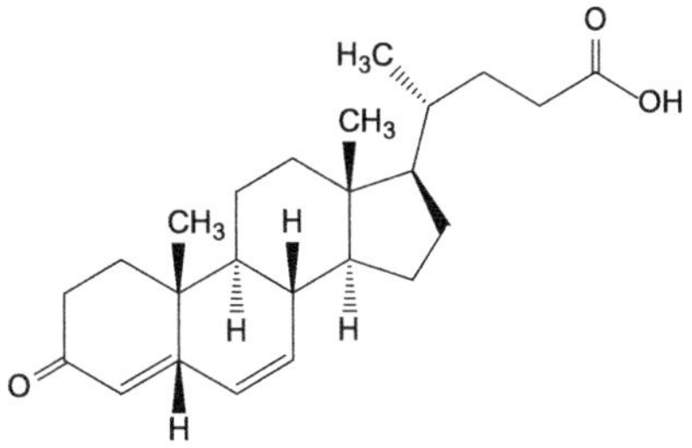 |
| 鸭 | 鹅去氧胆酸 | 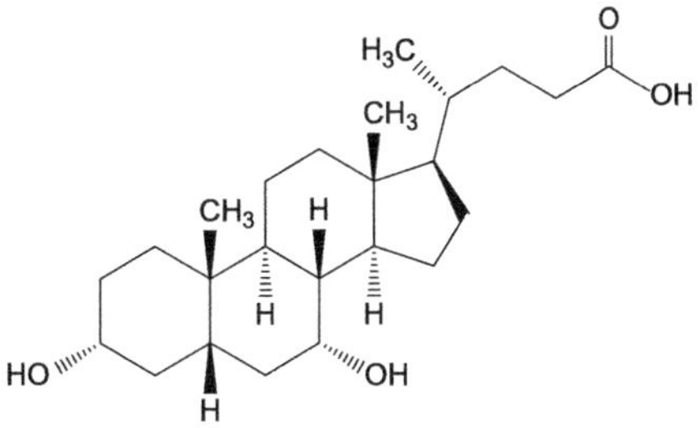 |
| | 别胆酸 | 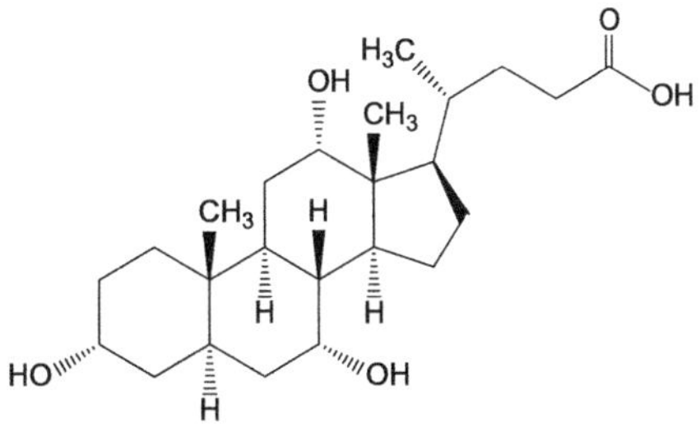 |
| 狗 | 胆酸 | 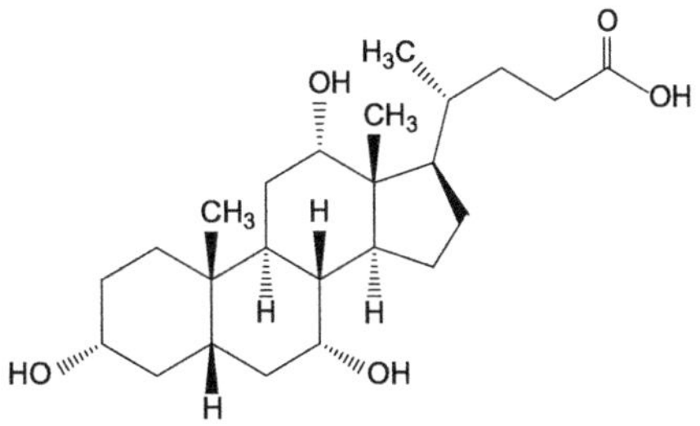 |

续表

| 人和动物名称 | 所含胆汁酸种类 | 结构式 |
|---|---|---|
| 狗 | 去氧胆酸 | 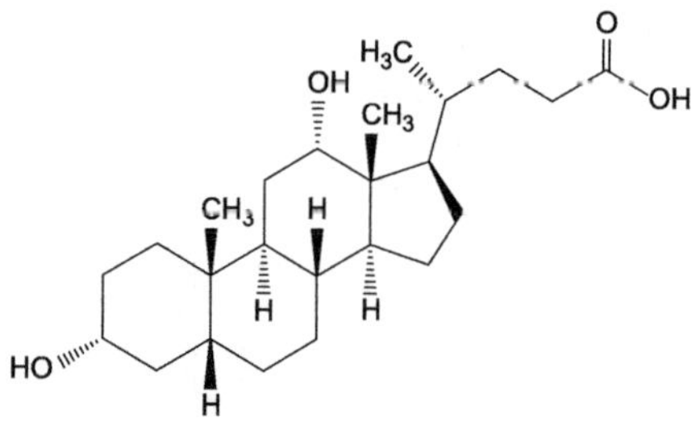 |
| | 别去氧胆酸 | 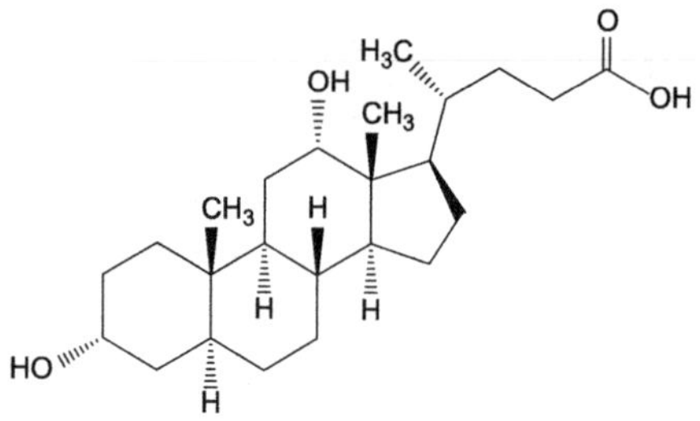 |
| 鹿 | 别去氧胆酸 | 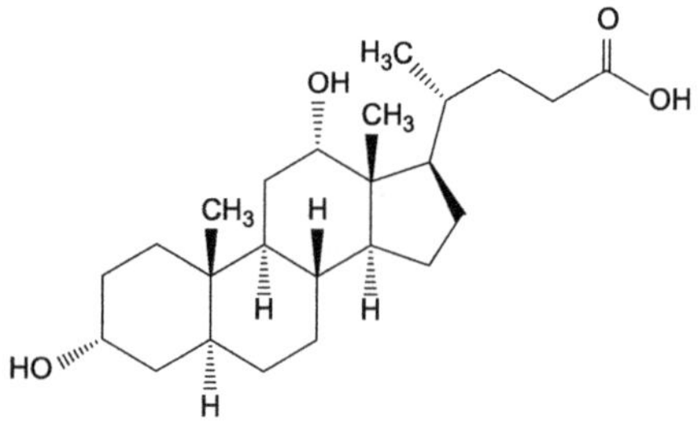 |
| 蛇 | 胆酸 | 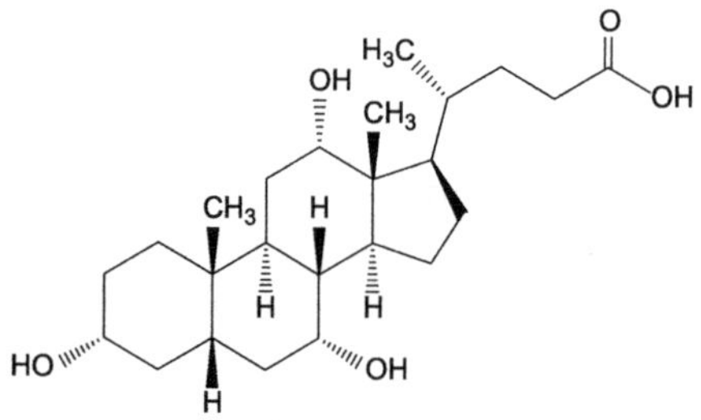 |
| | 蟒胆酸 | 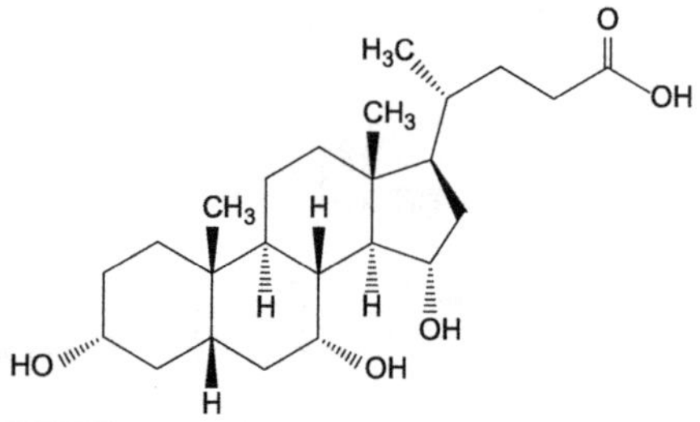 |

附表　人和动物体内的胆汁酸

续表

| 人和动物名称 | 所含胆汁酸种类 | 结构式 |
|---|---|---|
| 蛇 | 蝰蛇胆酸 | 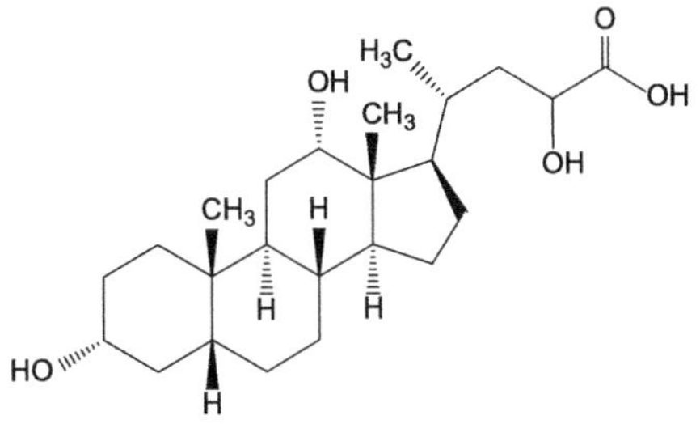 |
| | 四羟基海豹胆酸 | 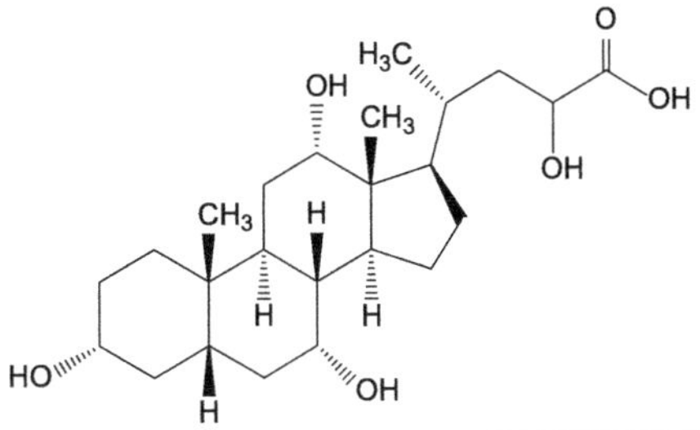 |
| | $3\alpha,12\alpha$-二羟基-7-酮胆烷酸 | 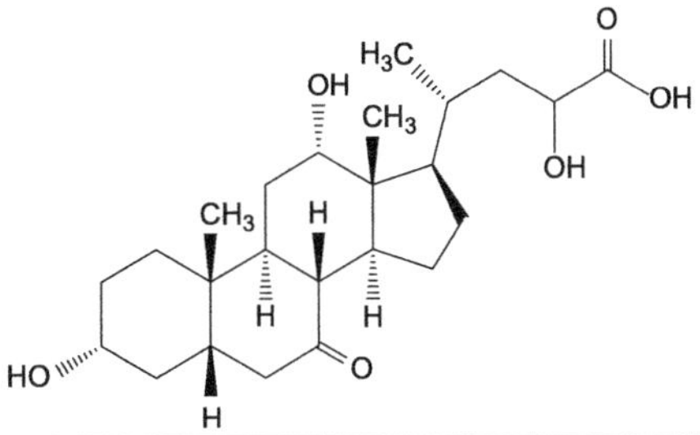 |
| 海豹 | $\alpha$-海豹胆酸 | 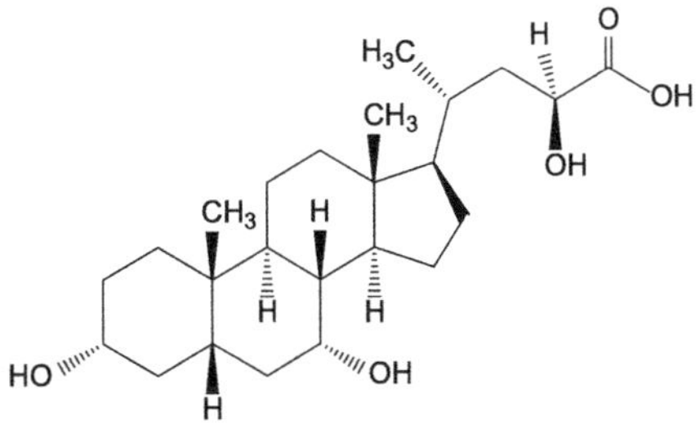 |
| | $\beta$-海豹胆酸 | 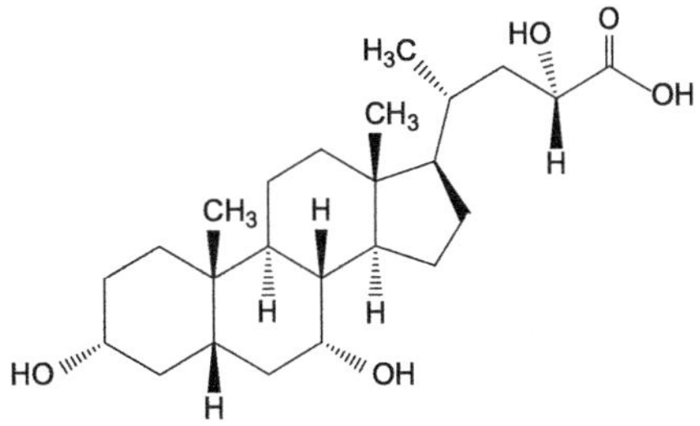 |

续表

| 人和动物名称 | 所含胆汁酸种类 | 结构式 |
|---|---|---|
| 海豹 | 四羟基海豹胆酸 | 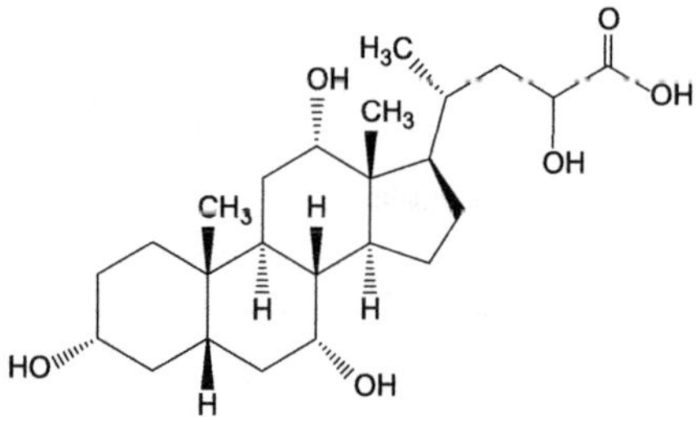 |
| 海象 | α-海豹胆酸 | 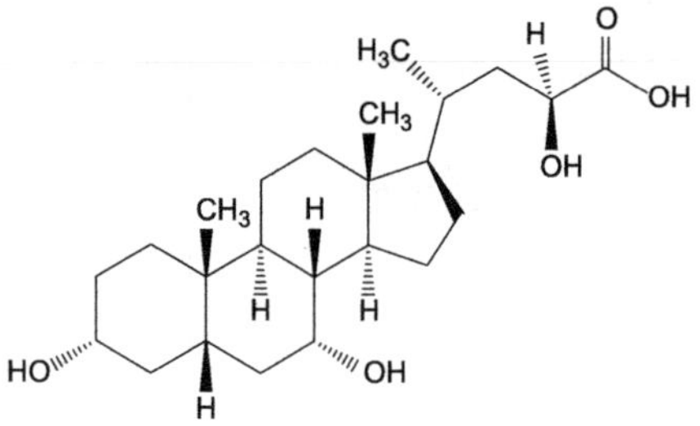 |
| 海象 | β-海豹胆酸 | 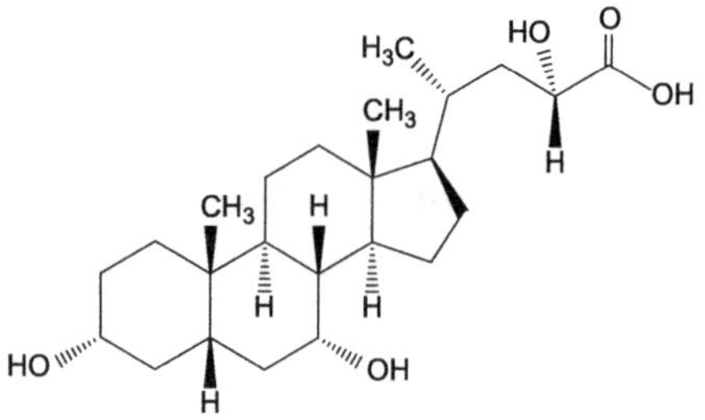 |
| 海象 | 胆酸 | 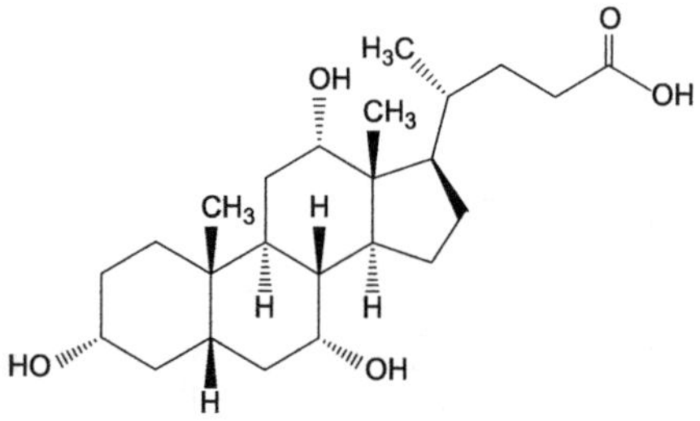 |
| 海象 | 四羟基海豹胆酸 | 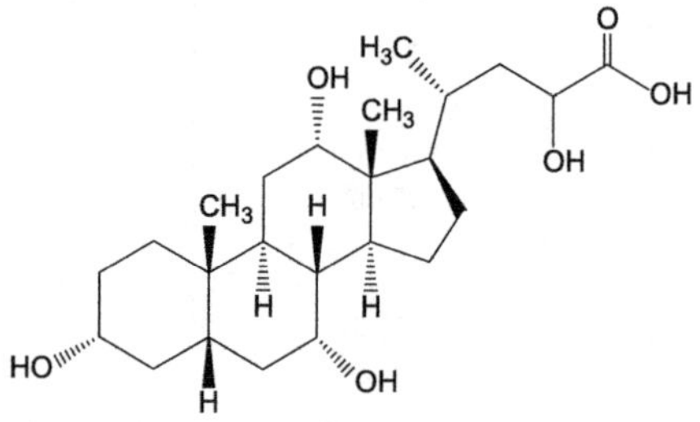 |

附表　人和动物体内的胆汁酸

续表

| 人和动物名称 | 所含胆汁酸种类 | 结构式 |
|---|---|---|
| 海狮 | 胆酸 | 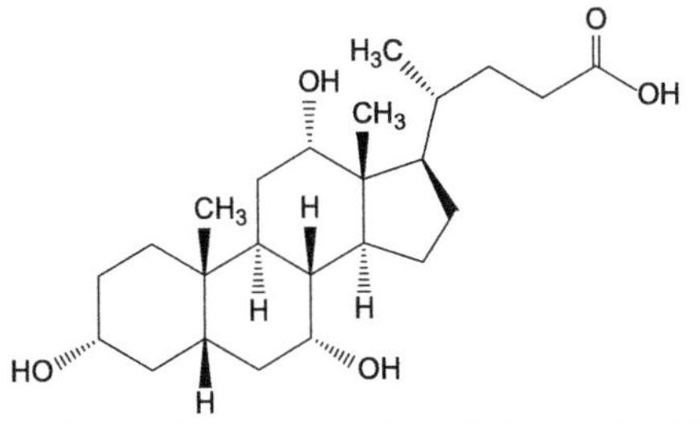 |
| | $\beta$-海豹胆酸 | 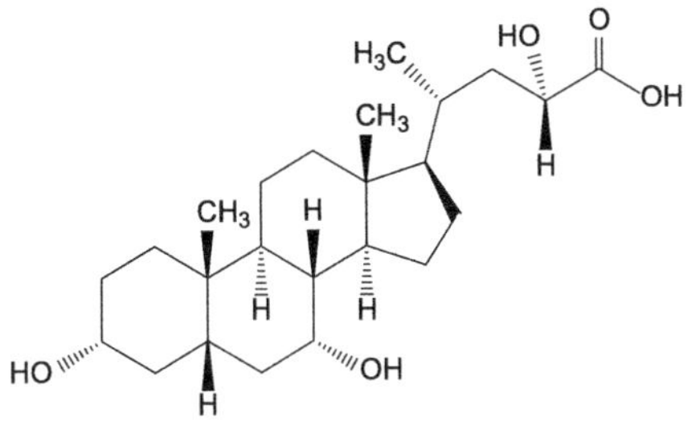 |
| 猴子 | $3\alpha,12\alpha$-二羟基-7-酮胆烷酸 | 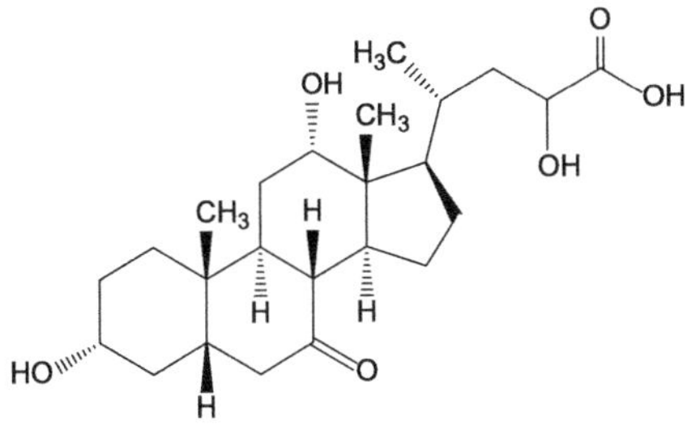 |
| 狒狒 | $3\alpha,7\alpha,12\alpha$-三羟基-25-$D$-粪甾烷酸 | 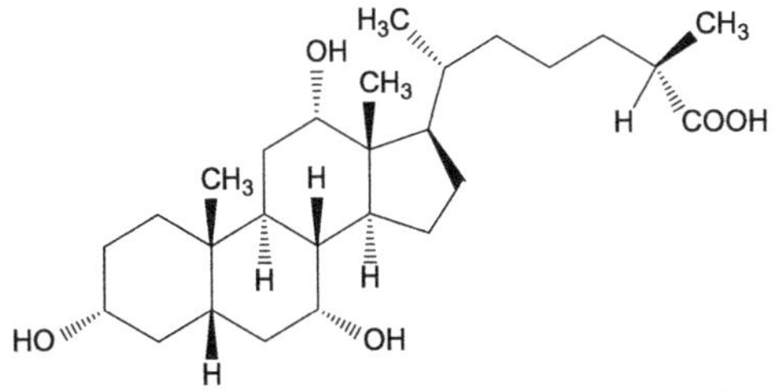 |
| 蛙 | $3\alpha,7\alpha,12\alpha$-三羟基-25-$D$-粪甾烷酸 | 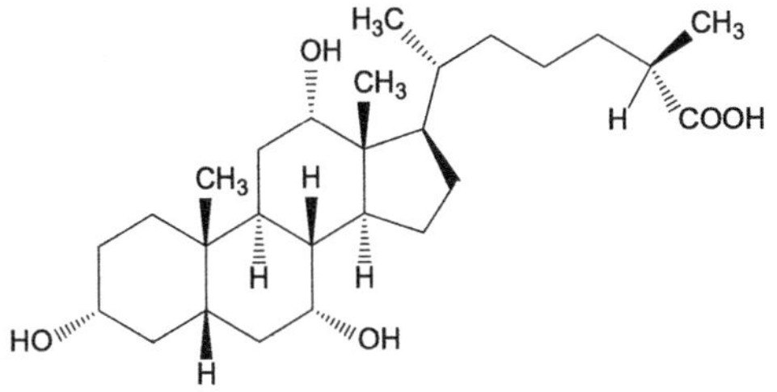 |

续表

| 人和动物名称 | 所含胆汁酸种类 | 结构式 |
|---|---|---|
| 蛙 | $3\alpha,7\alpha,12\alpha$-三羟基-25-$L$-粪甾烷酸 | 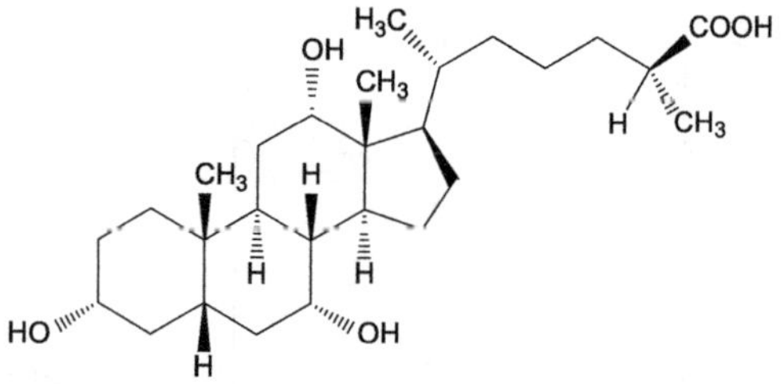 |
| 蟾蜍 | $3\alpha,7\alpha,12\alpha$-三羟基-25$\alpha$-粪甾-23-烯酸 | 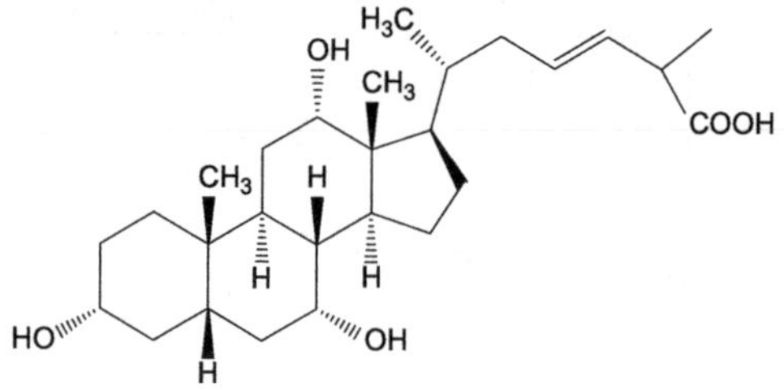 |
| 蟾蜍 | 三羟基蟾蜍胆甾烯酸（$3\alpha,7\alpha,12\alpha$-三羟基-粪甾-22-乙烯基-24-羧基酸） | 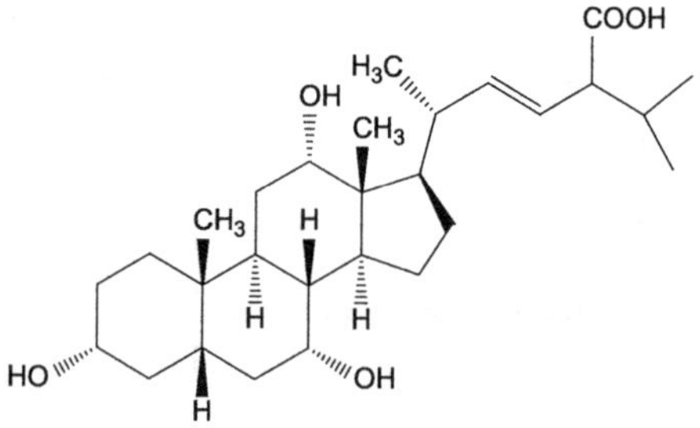 |
| 蜥蜴 | $3\alpha,7\alpha,12\alpha,24$-四羟基-粪甾烷酸 | 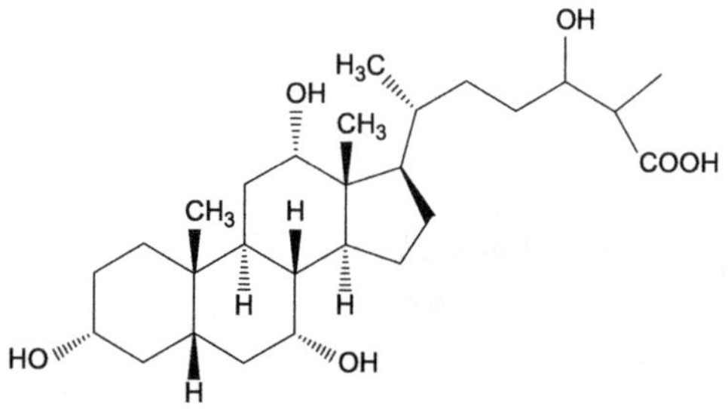 |
| 海龟 | 龟胆酸（$3\alpha,7\alpha,12\alpha,22$-四羟基-粪甾烷酸） | 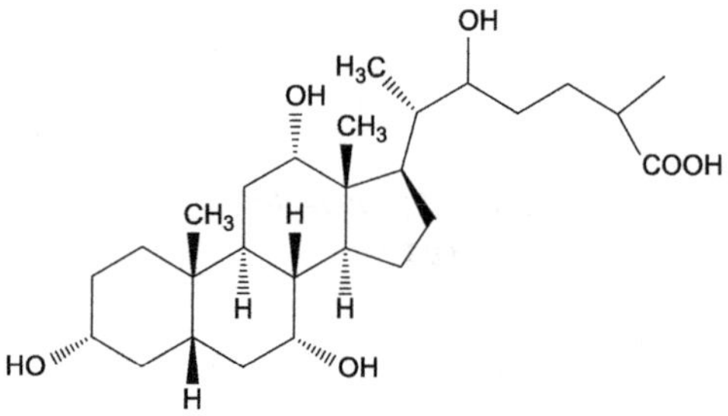 |

续表

| 人和动物名称 | 所含胆汁酸种类 | 结构式 |
|---|---|---|
| 鳄鱼 | $3\alpha,7\alpha$-二羟基-粪甾烷酸 | 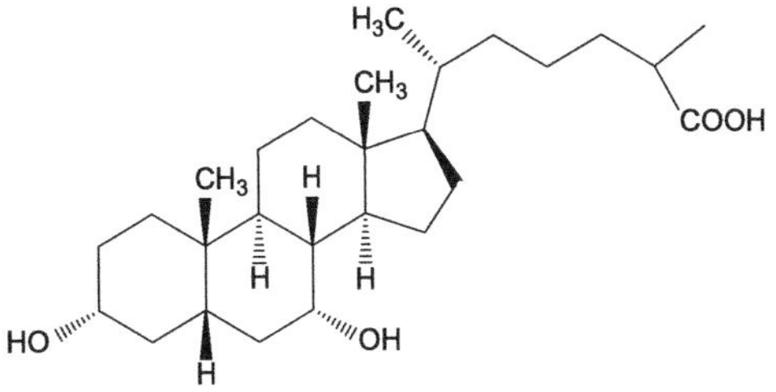 |
| | $3\alpha,7\alpha,12\alpha$-三羟基-25-$D$-粪甾烷酸 | 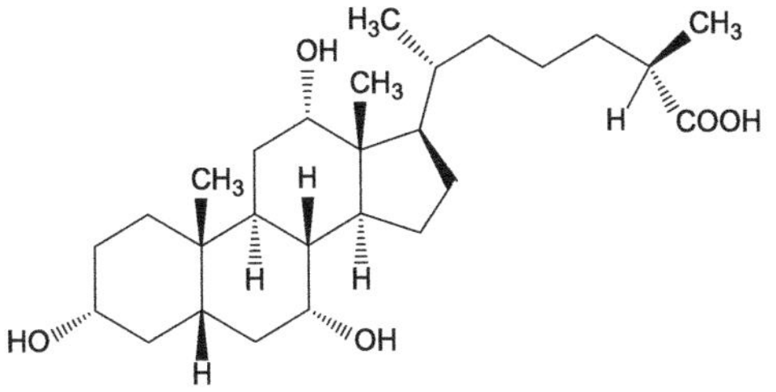 |
| | $3\alpha,7\alpha,12\alpha$-三羟基-25-$L$-粪甾烷酸 | 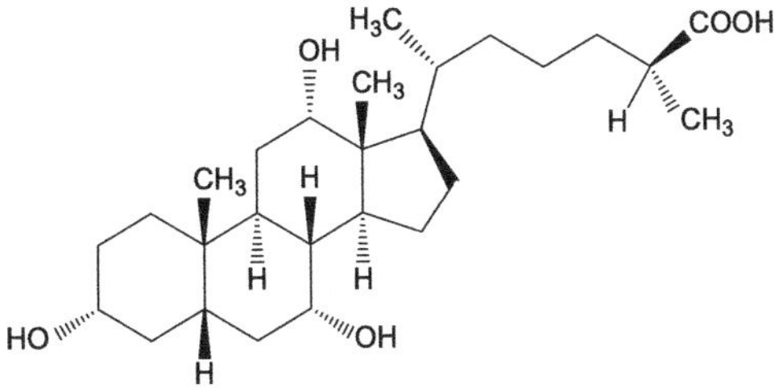 |
| 鲤鱼 | 别胆酸 | 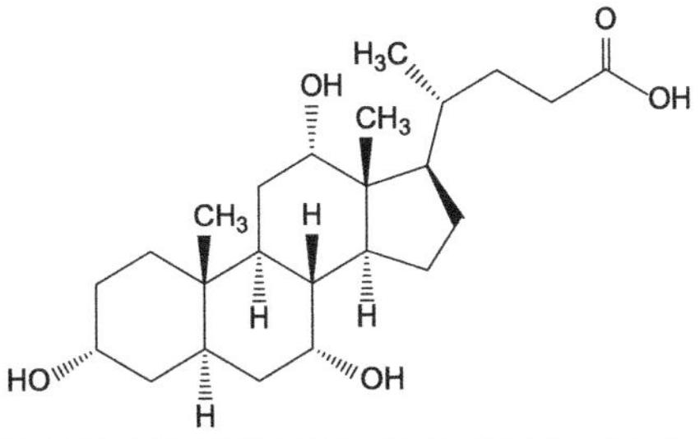 |
| | 去氧胆酸 | 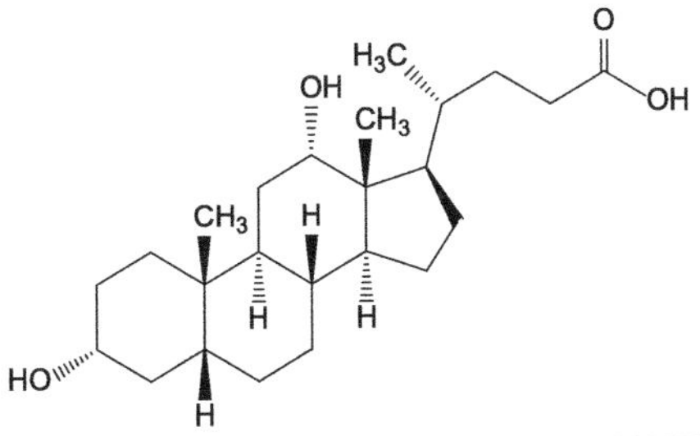 |

续表

| 人和动物名称 | 所含胆汁酸种类 | 结构式 |
|---|---|---|
| 鲶鱼 | 胆酸 | 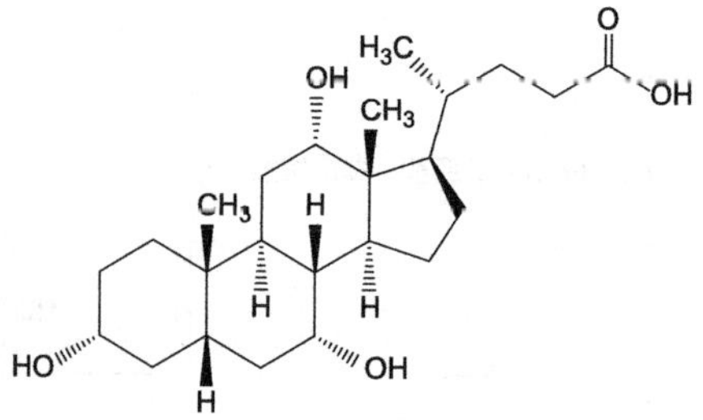 |
| 鲶鱼 | 鹅去氧胆酸 | 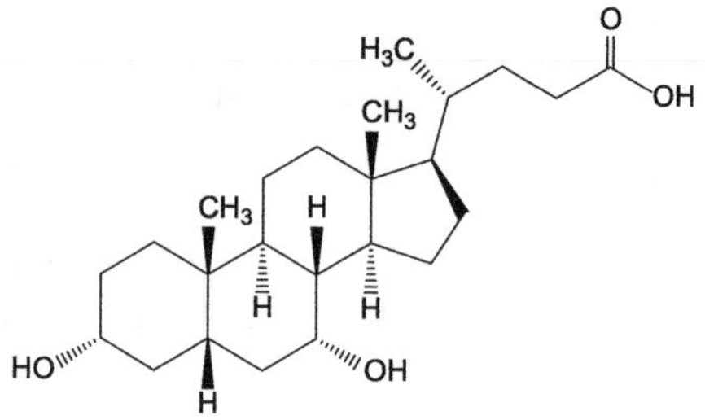 |
| 鳗鱼 | 胆酸 | 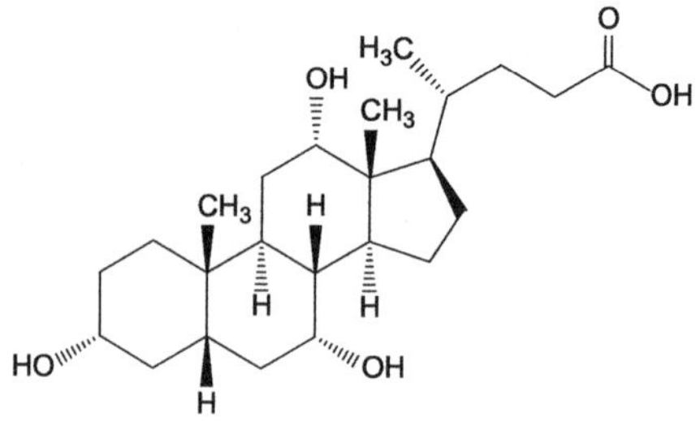 |
| 金枪鱼 | 胆酸 | 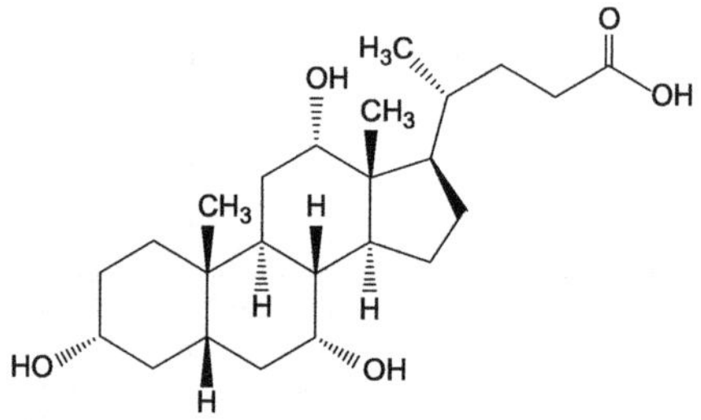 |
| 河豚 | 胆酸 | 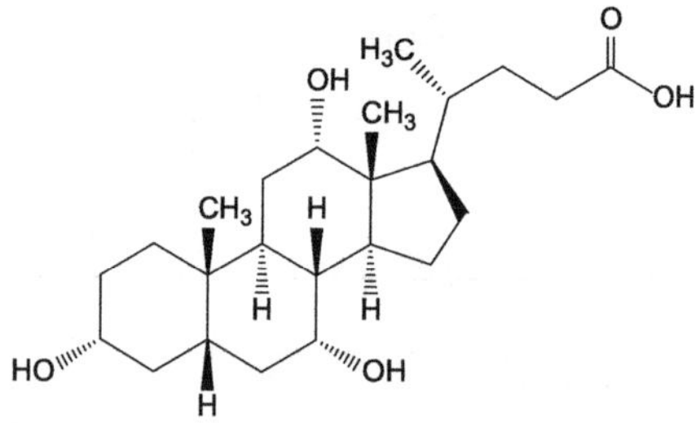 |

附表　人和动物体内的胆汁酸

续表

| 人和动物名称 | 所含胆汁酸种类 | 结构式 |
|---|---|---|
| 鲨鱼 | 胆酸 | 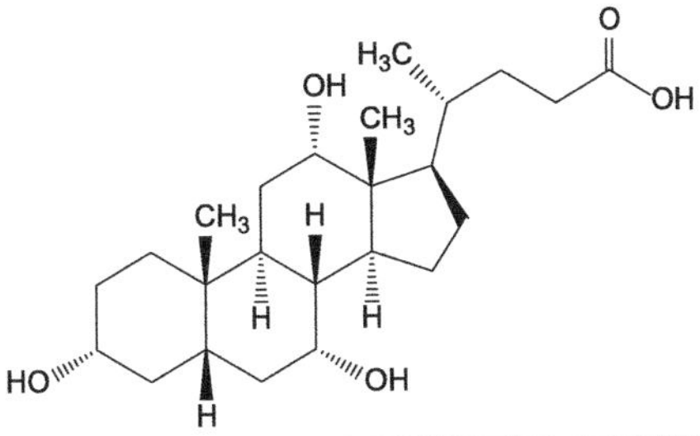 |
| | 胆酸 | 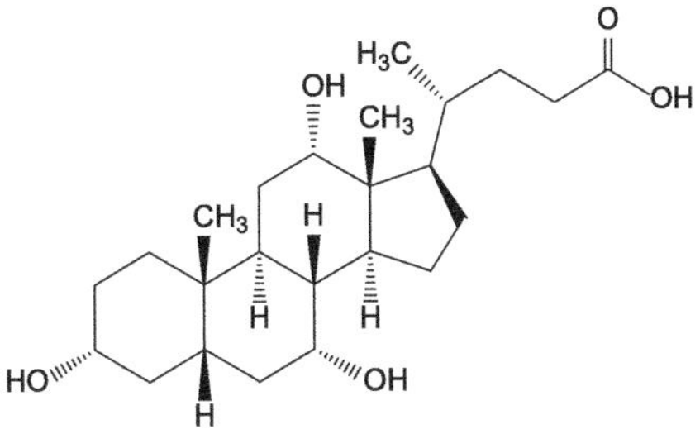 |
| 袋鼠 | 鹅去氧胆酸 | 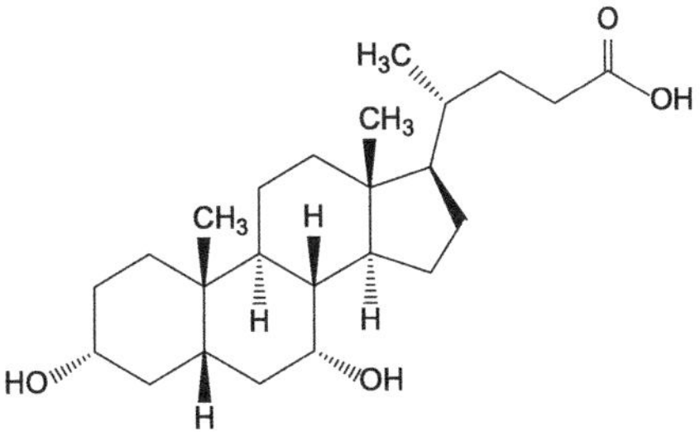 |
| | 去氧胆酸 | 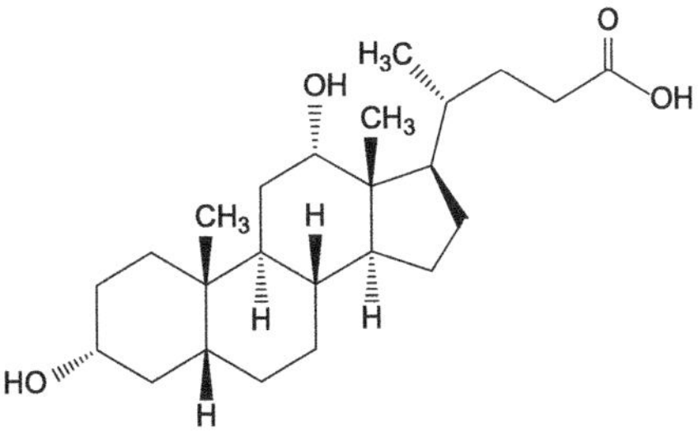 |
| 刺猬 | 胆酸 | 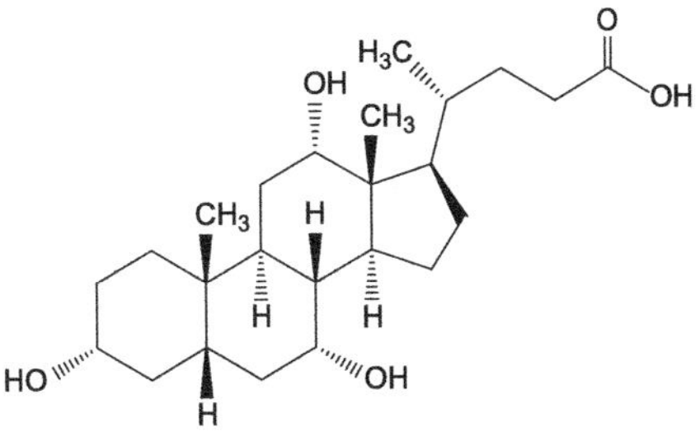 |

续表

| 人和动物名称 | 所含胆汁酸种类 | 结构式 |
|---|---|---|
| 鲸鱼 | 胆酸 | 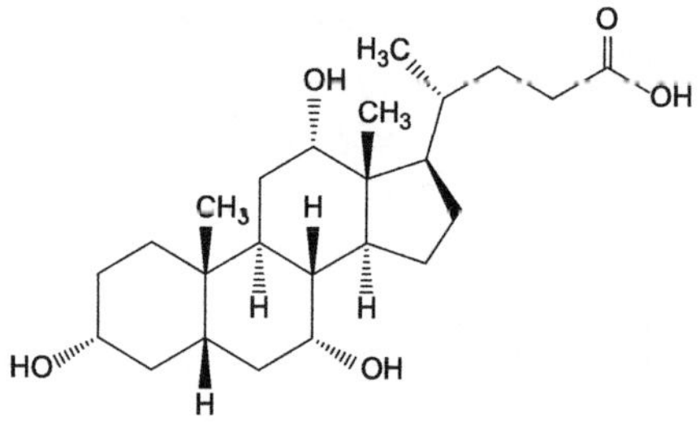 |
| | 去氧胆酸 | 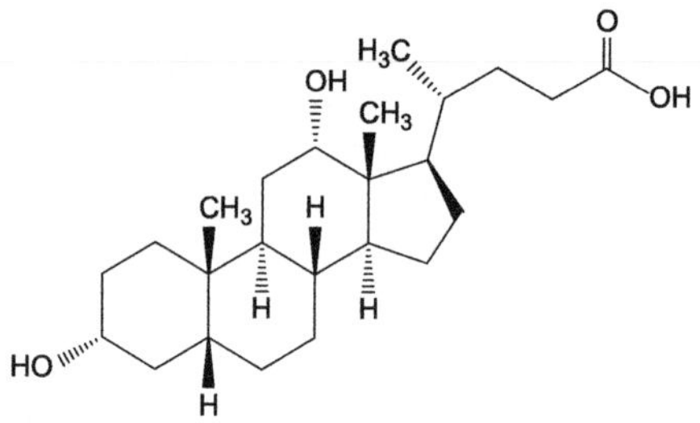 |
| 狐狸 | 胆酸 | 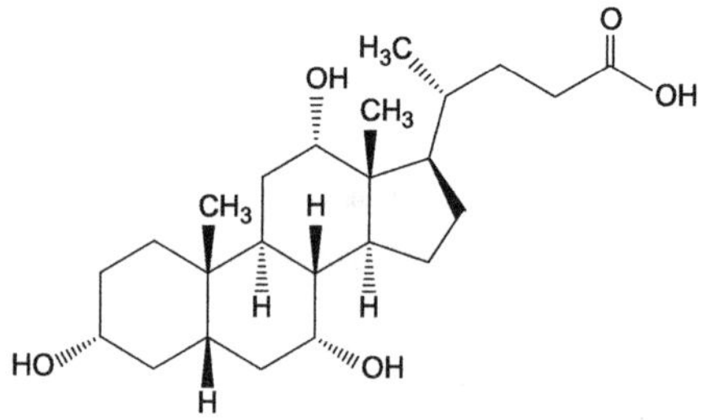 |
| | 去氧胆酸 | 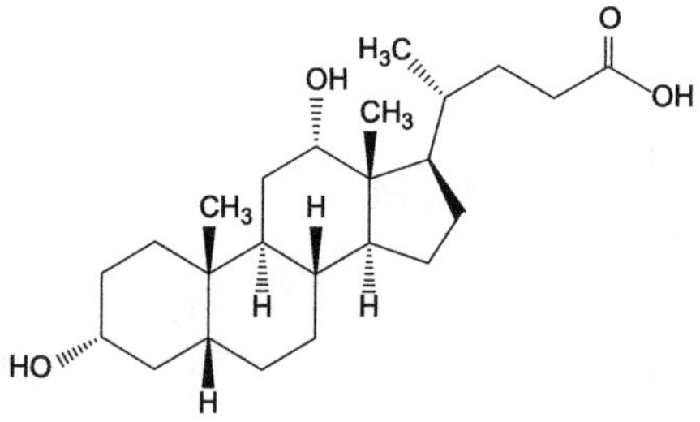 |
| 黄鼠狼 | 胆酸 | 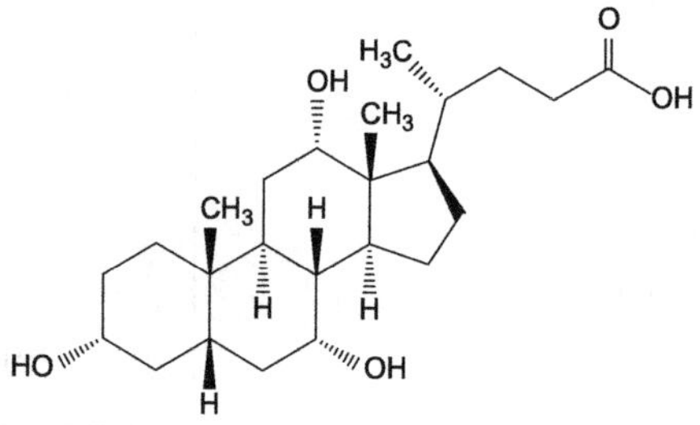 |

附表　人和动物体内的胆汁酸

续表

| 人和动物名称 | 所含胆汁酸种类 | 结构式 |
|---|---|---|
| 貂 | 胆酸 | 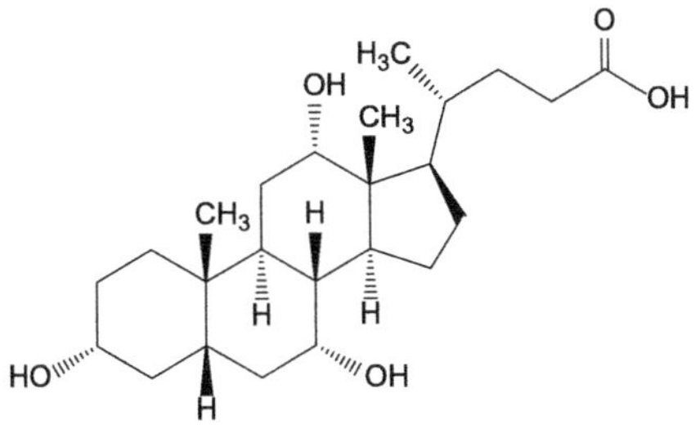 |
| 貂 | 去氧胆酸 | 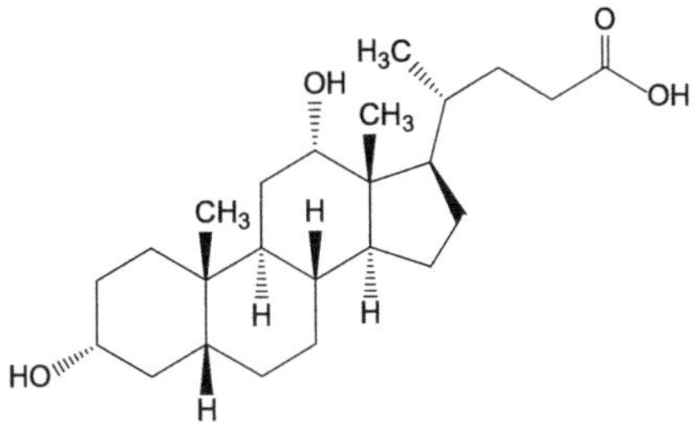 |
| 水獭 | 胆酸 | 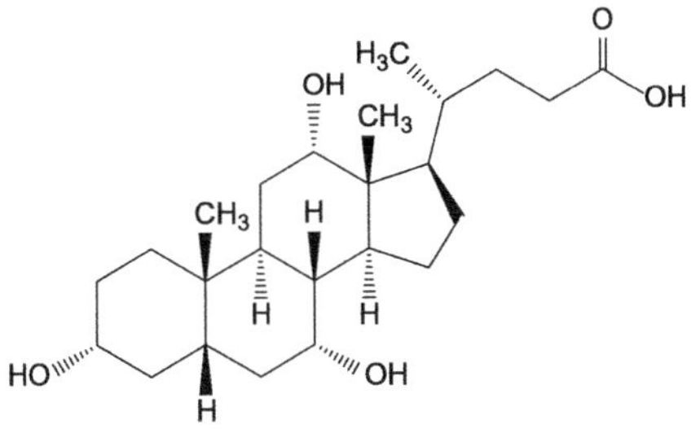 |
| 水獭 | 去氧胆酸 | 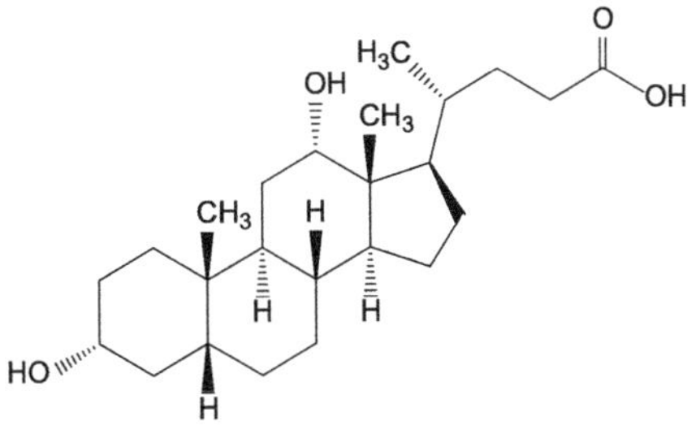 |
| 猫 | 胆酸 | 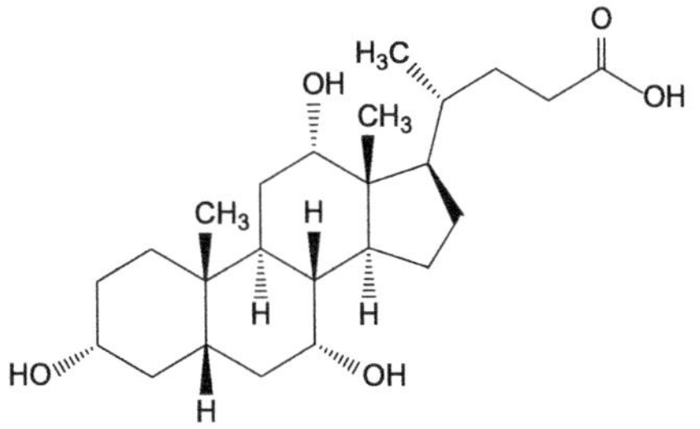 |

续表

| 人和动物名称 | 所含胆汁酸种类 | 结构式 |
|---|---|---|
| 狮子 | 胆酸 | 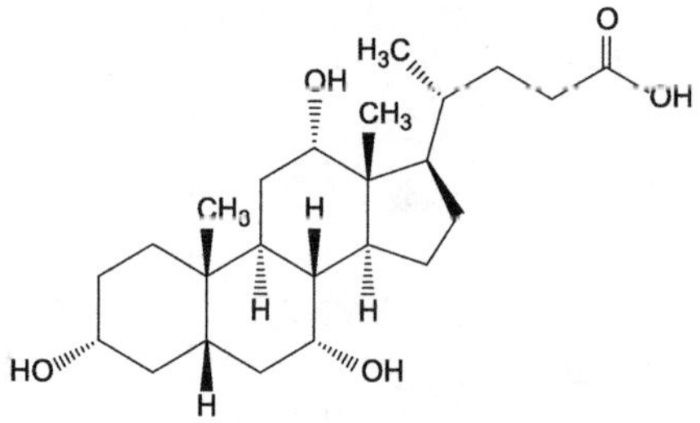 |
| 豹子 | 胆酸 | 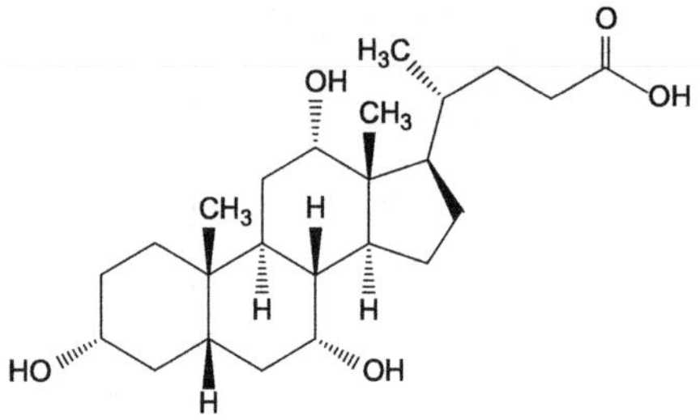 |
| 马 | 胆酸 | 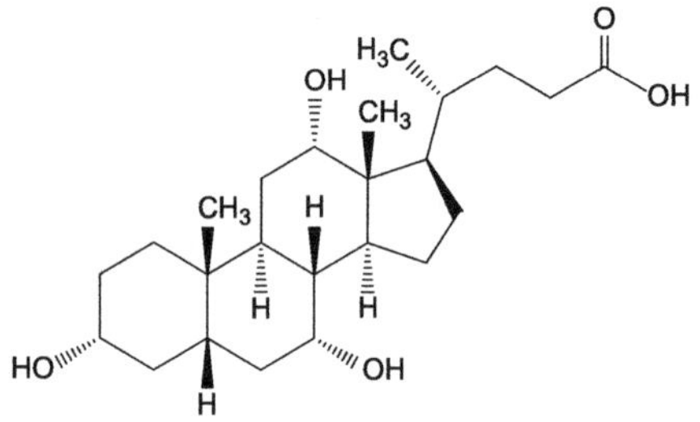 |
| 河马 | 胆酸 | 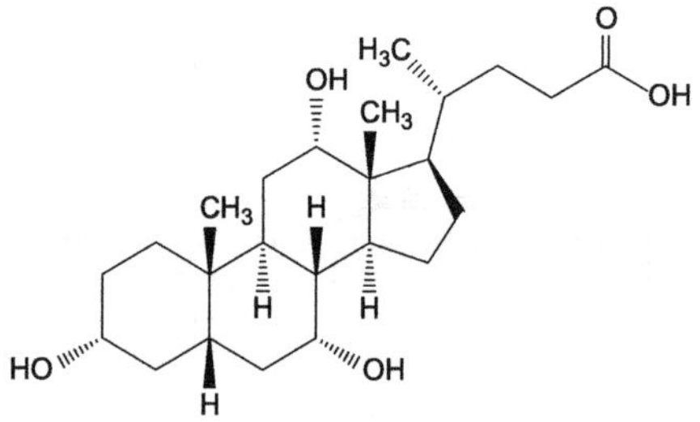 |
| 绵羊 | 胆酸 | 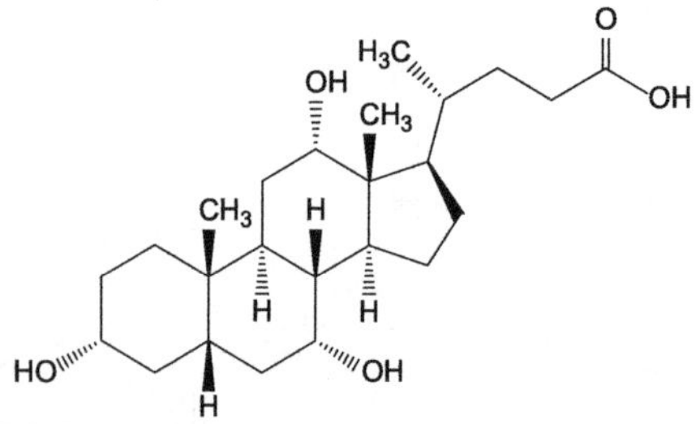 |

附表　人和动物体内的胆汁酸

续表

| 人和动物名称 | 所含胆汁酸种类 | 结构式 |
|---|---|---|
| 绵羊 | 去氧胆酸 | 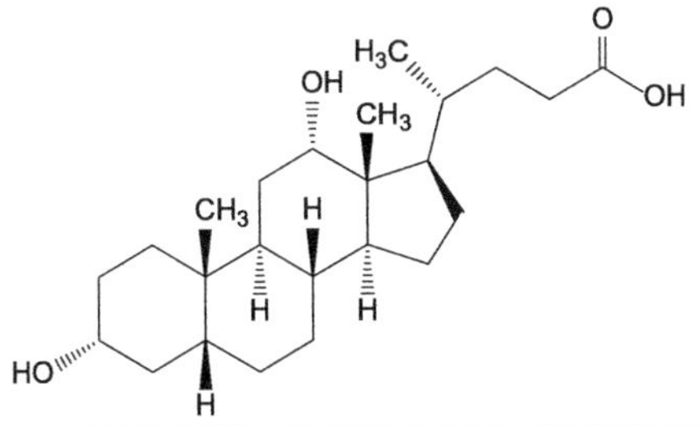 |
| 山羊 | 胆酸 | 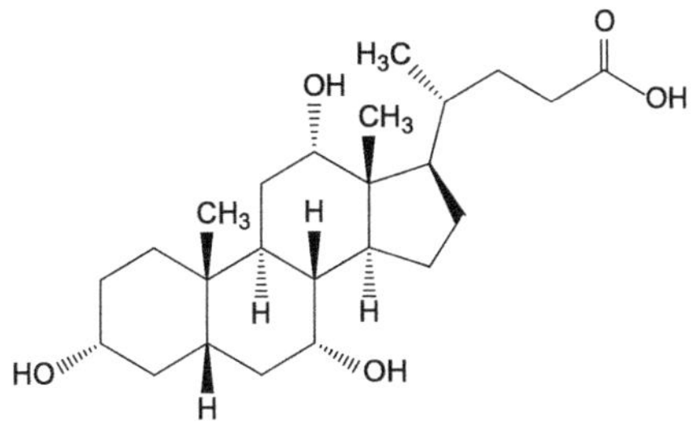 |
| 山羊 | 去氧胆酸 | 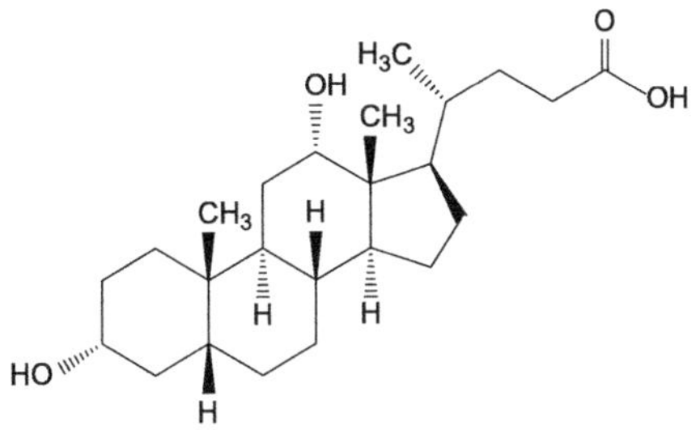 |
| 羚羊 | 胆酸 | 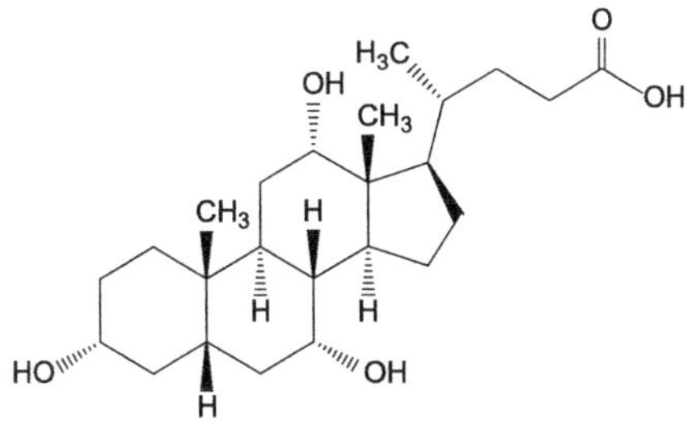 |
| 羚羊 | 去氧胆酸 | 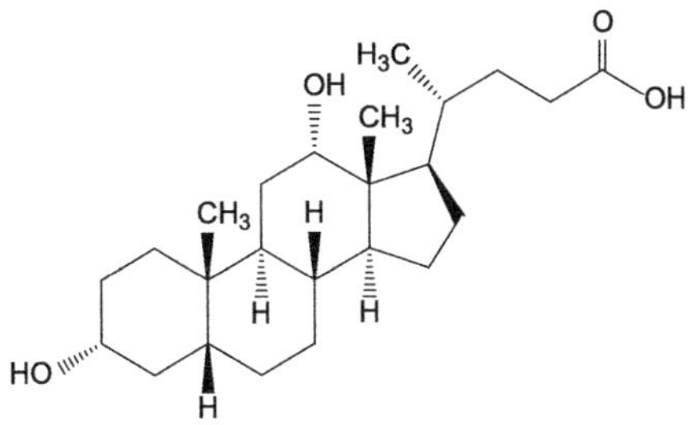 |

续表

| 人和动物名称 | 所含胆汁酸种类 | 结构式 |
|---|---|---|
| 黑猩猩 | 胆酸 | |
| | 去氧胆酸 | |
| | 鹅去氧胆酸 | |
| 大象 | 胆酸 | |
| | 去氧胆酸 | |